TEUBNER-TEXTE zur Informatik   Band 7

B. Reinwald

Workflow-Management in
verteilten Systemen

TEUBNER-TEXTE zur Informatik

Herausgegeben von
Prof. Dr. Johannes Buchmann, Saarbrücken
Prof. Dr. Udo Lipeck, Hannover
Prof. Dr. Franz J. Rammig, Paderborn
Prof. Dr. Gerd Wechsung, Jena

Als relativ junge Wissenschaft lebt die Informatik ganz wesentlich von aktuellen Bei-
trägen. Viele Ideen und Konzepte werden in Originalarbeiten, Vorlesungsskripten und
Konferenzberichten behandelt und sind damit nur einem eingeschränkten Leserkreis
zugänglich. Lehrbücher stehen zwar zur Verfügung, können aber wegen der schnellen
Entwicklung der Wissenschaft oft nicht den neuesten Stand wiedergeben.

Die Reihe „TEUBNER-TEXTE zur Informatik" soll ein Forum für Einzel- und Sammel-
beiträge zu aktuellen Themen aus dem gesamten Bereich der Informatik sein. Gedacht ist
dabei insbesondere an herausragende Dissertationen und Habilitationsschriften, spezielle
Vorlesungsskripten sowie wissenschaftlich aufbereitete Abschlußberichte bedeutender
Forschungsprojekte. Auf eine verständliche Darstellung der theoretischen Fundierung und
der Perspektiven für Anwendungen wird besonderer Wert gelegt. Das Programm der
Reihe reicht von klassischen Themen aus neuen Blickwinkeln bis hin zur Beschreibung
neuartiger, noch nicht etablierter Verfahrensansätze. Dabei werden bewußt eine gewisse
Vorläufigkeit und Unvollständigkeit der Stoffauswahl und Darstellung in Kauf genommen,
weil so die Lebendigkeit und Originalität von Vorlesungen und Forschungsseminaren beibehalten und weitergehende Studien angeregt und erleichtert werden können.

TEUBNER-TEXTE erscheinen in deutscher oder englischer Sprache.

Workflow-Management in verteilten Systemen

Entwurf und Betrieb geregelter
arbeitsteiliger Anwendungssysteme

Von Dr.-Ing. Berthold Reinwald

IBM Almaden Research Center, San Jose

2. Auflage

 Springer Fachmedien Wiesbaden GmbH 1995

Dr.-Ing. Berthold Reinwald

Geboren 1963. Von 1983 bis 1989 Studium der Informatik mit Nebenfach Betriebswirtschafts-
lehre an der Universität Erlangen-Nürnberg, Diplom 1989. Von 1989 bis 1993 wissenschaftlicher Mitarbeiter am Lehrstuhl für Datenbanksysteme der Universität Erlangen-Nürnberg bei
Prof. Dr. H. Wedekind, Promotion 1993. Seit Juli 1993 am IBM Almaden Research Center, Kali-
fornien.
Arbeitsschwerpunkte: Workflow-Management, Aktive und objektorientierte Datenbanken,
Persistente Objektsysteme.

Dissertation an der Universität Erlangen-Nürnberg

Die Deutsche Bibliothek – CIP-Einheitsaufnahme

Reinwald, Berthold:
Workflow-Management in verteilten Systemen /
Berthold Reinwald. – 2. Aufl. – Stuttgart ; Leipzig : Teubner, 1995
   (Teubner-Texte zur Informatik : Bd. 7)
   Zugl.: Erlangen, Nürnberg, Univ., Diss., 1993

ISBN 978-3-8154-2061-4   ISBN 978-3-663-11889-3 (eBook)

DOI 10.1007/978-3-663-11889-3

NE: GT

© Springer Fachmedien Wiesbaden 1993

Ursprünglich erschienen bei B. G. Teubner Verlagsgesellschaft Leipzig 1993.

Umschlaggestaltung: E. Kretschmer, Leipzig

Geleitwort

Die grundlegende Unterscheidung von Aufbau– und Ablauforganisation stammt von Nordsieck aus den 30–er Jahren. Erst heute, 60 Jahre später, ist die Wissenschaft in der Lage, Systeme zu entwerfen, die diese hochabstrakten Konzepte rechnergestützt behandeln können. Warum das so lange gedauert hat, ist eine berechtigte, aber leicht zu beantwortende Frage. Die Idee der Verteilten Systeme, die den Organisationskonzepten von Nordsieck innewohnt, hat erst systematisch von der Hardware über die Grundsoftware bis hin zur anwendungsnahen Software entwickelt werden müssen, bottom–up, wie man zu sagen pflegt. Es ist halt ein mühsames Unterfangen, von Insellösungen ohne Funktions– und Datenverteilung zu einem gesamthaften, organisationsunterstützenden System zu gelangen. Dem Autor ist sein Beitrag zu dieser integrierten Lösung vortrefflich gelungen. Es lassen sich hierfür zwei wesentliche Gründe anführen:

1. Der Autor hat ausschließlich geregelte arbeitsteilige Anwendungen im Auge. Er konzentriert sich somit auf Routinevorgänge der Ablauforganisation. Der Fehlerfall mit seinen Problemen der Erkennung, Eindämmung, Klassifikation und Behebung bleibt als ein großes Feld außen vor, da nur in einfachen Sonderfällen eine durchgängige geregelte Behandlung möglich ist. Ein Fehler führt auf eine Fragestellung sui generis.

   Eine Ablauforganisation geht einer Aufbauorganisation methodisch voraus. Um das Werk nicht zu umfangreich werden zu lassen, war es sinnvoll, Fragen der rechnergestützten Aufbauorganisation (Stellenbildung, Mittelausstattung, Kompetenzverteilung, etc.) ebenfalls auszuklammern. Gegenüber dem sehr unglücklich gewählten Ausdruck "policy management", der für solche aufbauorganisatorischen Akzentsetzungen geprägt wurde, ist der Terminus "workflow management" sehr präzise.

2. Der Leser wird systematisch, von einer Beschreibung der Klasse geregelter arbeitsteiliger Anwendungen ausgehend, über die Darstellung von Basismechanismen für den Entwurf und Betrieb zu einer Produktidee geführt, die der Autor ActMan (Activity Management) nennt und als Prototyp implementiert hat.

"Workflow Management" ist in der Informatik zu einem herausragenden Forschungsfeld geworden. Aus diesem Grunde existieren über dieses Gebiet kaum Buchpublikationen. Mit dem Erscheinen des Werkes von Reinwald wird eine bisher als schmerzlich empfundene Lücke geschlossen. Das Buch ist eine wichtige Grundlage für Informatiker, Betriebswirte und Ingenieure in Studium und Beruf.

Erlangen, Juli 1993   Prof. Dr. H. Wedekind

Vorwort

Im Laufe der Entwicklung eines Unternehmens entstehen üblicherweise dedizierte Anwendungssysteme für Teilbereiche großer Anwendungen. Die Koordination dieser (Teil-)Anwendungssysteme erfolgt mangels einer konzeptionellen Gesamtentwicklung und einer entsprechenden Systemunterstützung meist auf organisatorischer Basis "out of system", obwohl die technischen Kommunikationsmöglichkeiten vorhanden wären. Leistungsfähige Arbeitsplatzrechner und Hochgeschwindigkeitsnetze haben in den letzten Jahren eine weitreichende Rechnerunterstützung bei dezentraler Arbeitsorganisation ermöglicht. Mit der Verfügbarkeit dieser technischen Möglichkeiten zeichnet sich die Entwicklung verteilter Anwendungssysteme in zunehmendem Maße als eine systemtechnische Aufgabenstellung ab. Es müssen Systemmechanismen bereitgestellt werden, die gewachsene Anwendungsstrukturen in Form von Teilanwendungssystemen beim Aufbau integrierter verteilter Systeme berücksichtigen.

Aus der Sicht der Datenverwaltung bildet die integrierte Datenverarbeitung einen bedeutenden Meilenstein beim Betrieb verteilter Anwendungssysteme. Gemeinsame Daten, die in mehrere Teilanwendungen eingehen, werden nicht mehr lokal und somit isoliert in den Teilanwendungssystemen gespeichert, sondern von einer logisch zentralen Datenverwaltungskomponente zuverlässig und konsistent verwaltet. Der Datenhaltung als Mittel zum Austausch von Daten zwischen Teilanwendungssystemen kommt somit eine Schlüsselstellung bei der Entwicklung verteilter Anwendungssysteme zu.

Das zusätzliche Einbeziehen der Anwendungsabläufe in die integrierte Datenverarbeitung führt zum Wesen der aktionsorientierten Datenverarbeitung. Die aktionsorientierte Datenverarbeitung verfolgt die Zielsetzung einer zentralen Steuerung arbeitsteiliger Abläufe in Organisationen mit dem Anspruch der Automation, Komplexitätsbeherrschung und Vollständigkeit bei der Ablaufabwicklung. Verschiedentlich wird daher statt aktionsorientierter Datenverarbeitung auch von Ablauf- oder Vorgangssteuerung gesprochen.

Anforderungen an aktionsorientierte Datenverarbeitungssysteme wurden erstmals im Bereich der Produktionsplanung und -steuerung erarbeitet. Für diesen Anwendungsbereich wurden wesentliche Komponenten der aktionsorientierter Datenverarbeitung, wie Ablauf- und Terminplanung sowie Arbeitsvorratsverwaltung, gestaltet und in dedizierten Produktionsinformations- und -kontrollsystemen entwickelt (z. B. IBM COPICS). Eine Verallgemeinerung dieser Komponenten im Hinblick auf einen generellen unterstützenden Systemmechanismus wurde jedoch nicht vorgenommen.

Eine Vorreiterstellung für die Realisierung einer aktionsorientierten Datenverarbeitung nehmen sicherlich die Büroautomationssysteme ein, die sich bereits Ende der siebziger Jahre mit der Automation von Büroabläufen und der Schaffung einer aktenarmen Büroorganisation auseinandergesetzt haben. Diese Anstrengungen sind heute unter dem umfassenderen Schlagwort "Organizational Computing Systems" wiederzufinden. Die Büroautomationssysteme beschränken sich meist auf den Aspekt der Bürokommunikation mit Hilfe eines Nachrichtenverwaltungs- oder -verteilungssystems, ohne eine integrierte Datenverwaltung oder das nachrichtengesteuerte Initiieren von Teilanwendungssystemen in komplexen Ablaufstrukturen zu berücksichtigen. Eine grundlegende Erkenntnis der Entwicklung von Büroautomationssystemen ist die Unterscheidung zwischen der Arbeitsausführung an Arbeitsplätzen und der Arbeitsorganisation, welche die Kommunikation zwischen den Arbeitsplätzen festlegt.

Die Zielsetzung der vorliegenden Arbeit deckt sich zum großen Teil mit den verfolgten Zielen der aktionsorientierten Datenverarbeitung. Es wird der Anspruch einer umfassenden und grundlegenden Darstellung der verschiedenen Einflüsse auf die Ablaufsteuerung in arbeitsteiligen Anwendungsumgebungen und die Definition eines generellen Systemmechanismus verfolgt. Dazu wird von einer Anwendungssituation ausgegangen, in der aus der Notwendigkeit der Bearbeitung einer gemeinsamen Aufgabe ein definierter Kontroll- und Datenfluß zwischen den beteiligten Teilanwendungssystemen vorliegt. Die Teilanwendungssysteme werden in eine übergreifende Ablaufstruktur integriert, die sich aus der Ablauffolge der Teilanwendungen und dem Datenfluß konstituiert. Diese Anwendungen zeichnen sich somit durch eine ausgeprägte Geregeltheit und Arbeitsteiligkeit aus.

Das Thema der vorliegenden Arbeit wird in drei Hauptabschnitten bearbeitet. In Hauptabschnitt A wird zunächst die Klasse der geregelten arbeitsteiligen Anwendungssysteme eingeführt. Die Grundlagen und Basismechanismen für den Entwurf und Betrieb geregelter arbeitsteiliger Anwendungssysteme werden in Hauptabschnitt B aufgezeigt. Auf dieser Basis erfolgt in Hauptabschnitt C die Konzeption und Realisierung des Ablaufkontrollsystems ActMan (Activity Management). Im Mittelpunkt des entwickelten Ansatzes steht ein Aktivitätenmodell zur Unterstützung der Geregeltheit und Arbeitsteiligkeit der Aktivitäten in einer Anwendung. Die Realisierung des Ablaufkontrollsystems umfaßt ein Aktivitätensystem zur Ausführung von Aktivitäten, ein Ablaufverwaltungssystem zur Kontrolle und Steuerung der Abläufe zwischen den Aktivitäten sowie ein Datensystem zur integrierten Datenverarbeitung.

Ansätze für Ablaufkontrollsysteme werden in der Praxis als "Workflow-Management-Systeme" bezeichnet, um den Arbeitsfluß zwischen Bearbeitungsstellen zu betonen. Weitere aktuelle Begriffe sind in diesem Zusammenhang "Business Process Reengineering" und "Business Process Redesign". Mit diesen Begriffen wird angedeutet, daß mit der Einführung von Workflow-Management-Systemen das in den Köpfen verschiedener Endanwender vorhandene organisatorische Ablaufwissen in einer Spezifikationssprache beschrieben werden muß. Der durch die einheitliche Ablaufspezifikation entstehende Überblick deckt unter Umständen organisatorische Mißstände auf und führt somit im günstigsten Fall zu einer Neugestaltung und Optimierung der Abläufe.

Der Bedarf an Workflow-Management-Systemen existiert in der Praxis seit langem. Die Frage nach kommerziell verfügbaren Workflow-Management-Systemen muß jedoch mit nachfolgendem Zitat des Direktors eines Marktforschungsinstituts beantwortet werden ([Davi 91]): "Workflow appears in everybody's product literature, but very few vendors really have it." Große Softwarehersteller wie IBM, Digital Equipment, Hewlett-Packard und Wang Laboratories haben den enormen Bedarf am Markt erkannt und entwickeln firmenspezifische Systemansätze, obwohl die Grundlagen für diese Systeme noch nicht vollständig erarbeitet sind. Die weitere Entwicklung des Bereichs der Workflow-Management-Systeme kann aus diesem Grund mit der Entwicklung der TP-Monitore vor 20 Jahren verglichen werden: Die Erarbeitung der theoretisch-wissenschaftlichen Grundlagen wird (leider) erst nach den praktischen Systementwicklungen erfolgen. Die vorliegende Arbeit soll diese Problematik zumindest etwas entschärfen.

Die vorliegende Arbeit entstand während meiner Tätigkeit als wissenschaftlicher Mitarbeiter am Lehrstuhl für Datenbanksysteme der Universität Erlangen-Nürnberg. Die enorme Dringlichkeit und Bedeutung der bearbeiteten Thematik habe ich in zahlreichen Kontakten mit verschiedenen industriellen Partnern erkannt. Für die Möglichkeit einer grundlegenden Erarbeitung dieser Thematik möchte ich meinem Doktorvater Prof. Dr. Hartmut Wedekind an dieser Stelle aufrichtig danken. Seine kritischen Fragen in unzähligen Diskussionen und sein beständiger Einsatz waren mir stets Mahnung, Ansporn und Vorbild zugleich. Bei Prof. Dr. Fridolin Hofmann möchte ich mich für sein Interesse an dieser Arbeit und für die Übernahme des Korreferats trotz des engen Zeitrahmens bedanken. Die Themenbearbeitung wurde durch den Sonderforschungsbereich 182 "Multiprozessor- und Netzwerkkonfigurationen" an der Friedrich-Alexander-Universität Erlangen-Nürnberg, Teilprojekt B4 "Funktions- und Datenverteilung in Rechnernetzen", gefördert.

Die mehrjährige Beschäftigung mit einer Thematik kann nur in einer angenehmen und kritischen Arbeitsumgebung erfolgen. Für die Bereitstellung dieser Umgebung bedanke ich mich bei sämtlichen Kollegen am Lehrstuhl. Besonders hervorheben möchte ich meine beiden Freunde Thomas Ruf und Richard Lenz. Durch wertvolle Verbesserungsvorschläge bei der Fertigstellung des Manuskripts haben sie sicherlich wesentlich zum Gelingen dieser Arbeit beigetragen. Thomas Ruf sei für die erteilte Unterstützung und Förderung seit meiner Studienzeit herzlich gedankt. Frau Ursula Martin hat in mühevoller Kleinarbeit etliche Abbildungen erstellt. Nicht zuletzt gebührt allen meinen Studentinnen und Studenten ein hohes Lob; durch ihre Studien- und Diplomarbeiten haben sie meine wissenschaftliche Arbeit wesentlich vorangetrieben.

Erlangen, im Mai 1993   Berthold Reinwald

Inhaltsverzeichnis

A Geregelte arbeitsteilige Anwendungen in verteilten Systemen

Das Kernanliegen des ersten Kapitels im vorliegenden einführenden Hauptabschnitt besteht in der Darstellung und Einordnung der in dieser Arbeit bearbeiteten Problemstellung. Die Vorgehensweise bei der Bearbeitung der Problemstellung und der eingeschlagene Lösungsweg werden anhand der Inhaltsübersicht im ersten Kapitel ausführlich dargestellt. Im zweiten Kapitel wird eine typische Fallstudie aus dem Anwendungsbereich der rechnerintegrierten Produktion (CIM, *C*omputer *I*ntegrated *M*anufacturing) präsentiert. Die Fallstudie dient der Veranschaulichung der konkreten Aufgabenstellungen in dieser Arbeit. Dies begründet die relativ ausführliche Beschreibung des Beispielunternehmens in seinen Funktionalbereichen, der Hard- und Softwarestruktur sowie den Abläufen zwischen den verschiedenen Funktionalbereichen. Durch eine kritische Analyse der Fallstudie werden die in der vorliegenden Arbeit untersuchten Problemkreise verdeutlicht. Im dritten Kapitel wird die Fallstudie verallgemeinert, um grundlegende Probleme bei der Entwicklung verteilter Anwendungssysteme herausstellen zu können. Es wird eine ganze Klasse von Anwendungen charakterisiert, die als "geregelte arbeitsteilige Anwendungen" bezeichnet werden kann. Diese Anwendungsklasse stellt den dieser Arbeit zugrundeliegenden Problemkreis dar und grenzt die daraus abzuleitende Aufgabenstellung ein.

1 Einführung

Im Sinne des Taylorismus besteht ein verteiltes Anwendungssystem aus einer Vielzahl von Teilanwendungen, die beim gemeinsamen Betrieb als Verarbeitungseinheiten den Zweck der Anwendung erfüllen. Ein verteiltes Anwendungssystem ist nicht durch eine einzige Verarbeitungseinheit konstituiert, sondern durch mehrere Verarbeitungseinheiten, die zueinander in Beziehung stehen. Die aus den Beziehungen resultierenden Koordinationsaufgaben zwischen den Verarbeitungseinheiten werden nachfolgend als Problemstellung und Zielsetzung der vorliegenden Arbeit herausgestellt. Anschließend wird detailliert der Aufbau der Arbeit erläutert, um den eingeschlagenen Lösungsweg zu skizzieren.

1.1 Problemstellung und Zielsetzung

In verteilten Anwendungssystemen kooperieren mehrere Teilanwendungen, um eine gemeinsame Aufgabe arbeitsteilig zu bearbeiten. Die Arbeitsteiligkeit äußert sich darin, daß in einer Teilanwendung Ergebnisse entstehen, die von anderen Teilanwendungen weiterverarbeitet werden. Unter einer Teilanwendung wird eine organisatorische Einheit verstanden, die eine spezifizierte Funktionalität bereitstellt. In dieser Arbeit werden ausschließlich Mehrbenutzeranwendungen betrachtet, die sich aus mehreren Teilanwendungen zusammensetzen und von mehreren Benutzern betrieben werden. Eine Teilanwendung wird im weiteren auch als Anwendungsknoten bezeichnet.

In zahlreichen Anwendungsumgebungen ist der Ablauf zwischen den Anwendungsknoten a priori festgelegt. Die Definition eines Ablaufs entspricht der Festlegung der Aktivierungsreihenfolge der Anwendungsknoten (Geregeltheit). Das Wissen über die Abläufe ist in einem Unternehmen oftmals in der Betriebs- oder Ablauforganisation festgeschrieben. Anwendungen, bei denen die Abläufe zwischen den Anwendungsknoten fest spezifiziert sind, werden im weiteren als *geregelte arbeitsteilige Anwendungen* bezeichnet.

Das Ziel dieser Arbeit besteht darin, ein generisches Verarbeitungsmodell für geregelte arbeitsteilige Anwendungen zu entwickeln. Diese Modellart wird auch als anwendungsorientiertes Verarbeitungsmodell bezeichnet, weil die Modelle aus einer pragmatischen Sicht heraus definiert werden und sich jeweils eng am zu modellierenden Anwendungsbereich orientieren. Die Zielsetzungen beim Aufbau eines Verarbeitungsmodells für geregelte arbeitsteilige Anwendungen stehen im Einklang mit den Zielen der aktionsorientierten Datenverarbeitung, wie sie seit Jahren im Bereich der rechnerintegrierten Fertigung formuliert werden

([Hofm 88], [Mert 93]). Der Nutzen der Bemühungen um die Definition eines Verarbeitungs-modells liegt darin, entsprechende (System-)Mechanismen bereitstellen zu können, die das Modell interpretieren und somit die Anwendungsentwicklung unterstützen. Anhand der Geregeltheit und Arbeitsteiligkeit einer Anwendung kann die in der vorliegenden Arbeit verfolgte Problemstellung durch die nachfolgenden beiden Anforderungen an einen System-mechanismus konkretisiert werden:

- Die benutzerdefinierten Abläufe zwischen den Anwendungsknoten in einem verteilten Anwendungssystem müssen systemkontrolliert abgewickelt werden.

- In Übereinstimmung mit den Abläufen muß eine systemgestützte Steuerung des Datenflusses zwischen den arbeitsteiligen Anwendungsknoten erfolgen.

In der angloamerikanischen Fachliteratur wird die Forderung nach einer Koordination der Ablaufabwicklung auf Funktionsebene und der Datenverwaltung auf Datenebene mit der nachfolgenden Formulierung prägnant umschrieben: "Get the right data to the right tool at the right time and for the right people."

1.2 Aufbau der Arbeit

Der Aufbau der vorliegenden Arbeit entspricht der klassischen Vorgehensweise bei einer Problemlösung: zunächst wird die Aufgabenstellung veranschaulicht, anschließend werden Lösungsgrundlagen geschaffen und zum Schluß der Lösungsansatz erarbeitet und beschrieben. Aus dieser generellen Vorgehensweise ergibt sich nachfolgender konkreter Aufbau der Arbeit.

In Hauptabschnitt A, *Geregelte arbeitsteilige Anwendungen in verteilten Systemen*, wird zunächst in Kapitel 2 eine konkrete Fallstudie aus dem Bereich der rechnerintegrierten Produktionssysteme vorgestellt. Das Kernanliegen bei der Vorstellung der Fallstudie liegt darin, die Notwendigkeit für einen Systemmechanismus zur Kontroll- und Datenflußsteuerung in verteilten Anwendungssystemen herauszuarbeiten. In Kapitel 3 führt eine generelle Inter-pretation der Fallstudie zur wesentlichen Begriffsdefinition der geregelten arbeitsteiligen Anwendungssysteme als betrachtete Anwendungsklasse in dieser Arbeit. Die Begriffsdefini-tion ermöglicht zum einen eine Konkretisierung der Anforderungen an einen unterstützenden Systemmechanismus und zum anderen eine Abgrenzung von weiteren Formen kooperativer Anwendungssysteme.

Hauptabschnitt B enthält *Grundlagen und Basismechanismen für geregelte arbeitsteilige Anwendungssysteme*, die für den Entwurf und den Betrieb geregelter arbeitsteiliger Anwen-dungssysteme relevant sind. Der Hauptabschnitt wurde dazu in zwei Kapitel unterteilt: Kapitel 4 befaßt sich mit dem Entwurf und der Modellierung geregelter arbeitsteiliger Anwendungssysteme. Das Ziel dieses Kapitels liegt in der Erarbeitung der konstituierenden Komponenten geregelter arbeitsteiliger Anwendungssysteme und ihrer Beschreibungselemente und -formen. Kapitel 5 beschreibt darauf aufbauend die Basismechanismen und Realisierungsgrundlagen für den Betrieb der Anwendungssysteme. Die Darstellung und Einordnung dieser Basis-mechanismen und Realisierungsgrundlagen erfolgt anhand eines Schichtenmodells für die Implementierung geregelter arbeitsteiliger Anwendungssysteme.

Der dritte Hauptabschnitt beschreibt die *Konzeption und Realisierung des Ablaufkontroll-systems ActMan* für geregelte arbeitsteilige Anwendungssysteme. Dazu wird zunächst in Kapitel 6 ein Aktivitätenmodell definiert. Die Beschreibung des Aktivitätenmodells umfaßt sowohl ein anwendungsorientiertes Verarbeitungsmodell, das die Abwicklung der Abläufe in geregelten arbeitsteiligen Anwendungssystemen reglementiert, als auch eine rechner-gestützte Repräsentation dieses Verarbeitungsmodells durch Aktivitäten, die vom Ablauf-kontrollsystem ActMan gesteuert werden können. Die Definition des Aktivitätenmodells orientiert sich an den in Kapitel 4 geschaffenen Entwurfs- und Modellierungsgrundlagen. Kapitel 7 beinhaltet sowohl die Beschreibung der softwaretechnischen Gesamtarchitektur des Ablaufkontrollsystems als auch der konstituierenden Teilsysteme. Die Realisierung des Ablaufkontrollsystems basiert auf den in Kapitel 5 eingeführten Basismechanismen und Realisierungsgrundlagen. In Kapitel 8 wird sich mit ausgewählten Implementierungsaspekten der vorgenommenen prototypischen Entwicklung des Ablaufkontrollsystems befaßt.

Der letzte Hauptabschnitt enthält eine *Zusammenfassung* der wichtigsten Ergebnisse dieser Arbeit und gibt einen *Ausblick* auf zukünftige Entwicklungen.

2   Rechnerintegrierte Produktionssysteme: Eine Fallstudie

In diesem Kapitel wird eine konkrete Fallstudie für eine geregelte arbeitsteilige Anwendung vorgestellt. Die Fallstudie stammt aus dem Bereich der rechnerintegrierten Produktionssysteme als einem typischen Anwendungsbereich, bei dem Automation durch Rechnereinsatz und Rationalisierung durch Arbeitsteilung und -organisation erklärte Ziele sind. Das untersuchte Unternehmen eignet sich insofern als Fallstudie für die in Kapitel 1 aufgezeigte Problemstellung, weil modernste Hardware- und Softwaretechnologie in die meisten Unternehmensbereiche bereits eingezogen sind und jetzt die Integration der einzelnen Bausteine als nächster Schritt im Hinblick auf ein rechnerintegriertes Produktionssystem (CIM, *C*omputer *I*ntegrated *M*anufacturing) ansteht. Kernanliegen bei der Vorstellung der Fallstudie sind einerseits die Unterscheidung zwischen Ablaufsteuerung auf funktionaler Ebene und Arbeitsteiligkeit auf Datenebene und andererseits die Identifikation fehlender Mechanismen zur Unterstützung beider Ebenen.

Um allgemeingültige Aussagen ableiten zu können, wird bei der Vorstellung der Fallstudie auf unternehmensspezifische Eigenheiten und unnötige Details verzichtet. Des weiteren werden nur relevante Aspekte des betrachteten Anwendungsfelds ohne Anspruch auf eine vollständige Beschreibung der Infrastruktur des untersuchten Unternehmens herausgegriffen. Für eine begriffliche Einführung in den Anwendungsbereich der rechnerintegrierten Produktionssysteme wird auf grundlegende Einführungen in der Fachliteratur (z. B. [Sche 90], [Zöm 88] und [Ruf 91]) verwiesen.

2.1   Beschreibung des untersuchten Unternehmens

Die nachfolgend beschriebene Fallstudie wurde bei einem marktführenden Hersteller von Turboladern für stationäre Verbrennungsaggregate in enger Zusammenarbeit mit einem Softwarehaus im Tätigkeitsbereich der rechnerintegrierten Produktionssysteme erstellt ([Klid 90], [Raut 91]). Das Produktprogramm im untersuchten Unternehmen umfaßt Turbolader für die Innen- und Außenlagerung in Benzin- und Dieselmotoren mit einer Leistung von 200 kW bis über 18000 kW. Die Turbolader werden in vier Serien mit hoher Variantenzahl angeboten. Die hohe Variantenzahl schlägt sich insbesondere in der Fertigung kleiner Stückzahlen bis zur Losgröße 1 nieder.

Nachfolgend werden zunächst ausgewählte Funktionalbereiche des untersuchten Unternehmens charakterisiert. Anschließend werden die Hardware- und Softwarestrukturen in diesen

Bereichen im Überblick vorgestellt. Die Beziehungen und Abhängigkeiten zwischen den Funktionalbereichen werden schließlich anhand der Beschreibung der Ablaufstruktur zwischen den einzelnen Funktionalbereichen aufgezeigt.

2.1.1   Untersuchte Funktionalbereiche

Die im Beispielunternehmen für die Fallstudie ausgewählten Funktionalbereiche sind den Unternehmensbereichen Technik und Arbeitsvorbereitung zugeordnet. Diese beiden Bereiche bilden aus funktionaler Sicht das Verbindungsglied zwischen dem kaufmännischen Unternehmensbereich Produktionsplanung und -steuerung und dem technischen Unternehmensbereich Teilefertigung auf Werkstattebene. Das Aufgabengebiet der Bereiche Technik und Arbeitsvorbereitung (im folgenden kurz als Produktionsvorfeld bezeichnet) läßt sich zusammengefaßt als die Überführung eines Entwicklungs- bzw. Konstruktionsauftrags für einen Turbolader in ein auftragsneutrales Produktmodell umschreiben. Das Produktmodell umfaßt im wesentlichen das geometrische, physikalische, Produktstruktur- und technologische Modell.

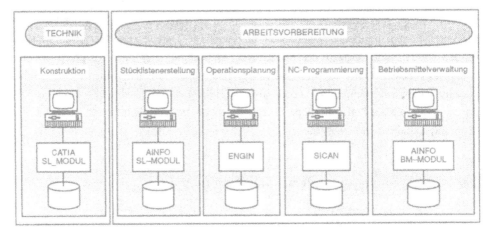

Abbildung 2-1:   Ausgewählte Funktionalbereiche des untersuchten Unternehmens

Der Unternehmensbereich Technik und Arbeitsvorbereitung des analysierten Unternehmens läßt sich in fünf Funktionalbereiche unterteilen (siehe Abbildung 2-1). Der Bereich Technik umfaßt dabei den Funktionalbereich Konstruktion, während sich der Bereich Arbeitsvorbereitung in die Funktionalbereiche Stücklistenerstellung, Operationsplanung, NC-Programmierung und Betriebsmittelverwaltung aufgliedert. Der Bereich Arbeitsvorbereitung stellt das zentrale Bindeglied zwischen der Konstruktion und der Fertigung eines Produkts dar. In diesem Bereich werden die produktbezogenen Daten der Konstruktion um die auftragsneutralen Fertigungsunterlagen (Stückliste, Operationsplan, NC-Programme und Betriebs-mitteldaten) ergänzt. Die erzeugten Fertigungsunterlagen stehen im Auftragsfall sowohl der Produktionsplanung und -steuerung für planerische und kalkulatorische Aufgaben als auch der Fertigung für die eigentliche Produktion zur Verfügung.

Nachfolgend werden die einzelnen Funktionalbereiche des Produktionsvorfelds in ihren Aufgabenstellungen kurz charakterisiert. Der Schwerpunkt liegt dabei insbesondere auf der Darstellung des Anstoßens der Funktionalbereiche und der dazu erforderlichen Datenein- und -ausgaben. Aus Relevanzgründen im Hinblick auf die Aufgabenstellung dieser Arbeit beschränkt sich die Vorstellung der Funktionalbereiche auf die Neuentwicklung eines Produkts und die auftragsneutrale Generierung der Fertigungsunterlagen. Auf die bei der Ausführung der einzelnen Aktivitäten in den jeweiligen Funktionalbereichen zum Einsatz kommende Hardware- und Softwareumgebung wird unter Bezugnahme auf Abbildung 2-1 im anschlie-ßenden Abschnitt 2.1.2 eingegangen. Die untersuchten Funktionalbereiche werden nach-folgend vorgestellt:

- Konstruktion,
- Stücklistenerstellung,
- Operationsplanung,
- NC-Programmierung und
- Betriebsmittelverwaltung.

In der *Konstruktion* wird die technische Konfiguration eines Produkts in Übereinstimmung mit einem vorliegenden Entwicklungsauftrag festgelegt. Ein Entwicklungsauftrag wird auf-grund eines externen Kundenauftrags oder aus marktpolitischen Gründen generiert. Das Ziel des Konstruktionsbereichs ist die Erarbeitung der optimalen Auslegung der technischen und physikalischen Prozesse in einem Turbolader. Die wesentlichen Ergebnisse des Konstruktions-prozesses stellen die Spezifikation des geometrischen und des physikalischen Teilemodells eines Produkts dar. Das geometrische Modell ermöglicht die Erzeugung einer Konstruktions-zeichnung als Dokumentation der Produktbeschreibung. Das physikalische Modell umfaßt beispielsweise Materialeigenschaften und ist das Ergebnis der Berechnung (z. B. *Finite-Elemente-Methode*) und Simulation physikalischer Prozesse in einem Turbolader. Abbildung 2-2 zeigt den Funktionalbereich Konstruktion als Ein-/Ausgabeeinheit im Überblick. Der Entwicklungsauftrag in dieser Abbildung ist als Auslöser der Konstruktion zu verstehen, aus einer Produktspezifikation eine Konstruktionszeichnung und -stückliste zu erzeugen.

In einer Konstruktionszeichnung sind drei Arten von Daten zu finden:

- Geometriedaten (Abmessungen, Koordinaten, etc.),
- Verwaltungsdaten (Identifikationsnummern, Ersteller, Datum, etc.) und
- Technologiedaten (Materialeigenschaften, Oberflächenbehandlung, etc.).

Zusätzlich zur Konstruktionszeichnung wird in der Konstruktion aus der Geometrieinforma-
tion eine sogenannte Konstruktionsstückliste erstellt, die im wesentlichen die Struktur des
herzustellenden Produkts wiedergibt. In dieser Stückliste wird festgelegt, welche Einzelteile
in das Produkt eingehen. Im analysierten Unternehmen werden analytische, mehrstufige
Variantenstücklisten verwendet ([MeGr 91]). Weitere Konstruktionsunterlagen wie Ferti-
gungs-, Prüf-, Liefer- und Arbeitsanweisungen seien an dieser Stelle lediglich erwähnt; aus
Gründen der Übersicht werden sie im folgenden jedoch vernachlässigt.

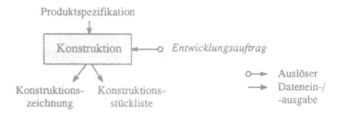

Abbildung 2-2:   Funktionalbereich Konstruktion

Nachdem in der Konstruktion bereits eine sogenannte Konstruktionsstückliste erzeugt wird,
besteht die Hauptaufgabe des Funktionalbereichs *Stücklistenerstellung* darin, die Konstruktionsstückliste um fabrikspezifische Details wie Anlieferort, Bezugsort, Teile- und Beschaf-
fungsart zu ergänzen. Die entstehende Stückliste ist wie die Konstruktionsstückliste auftrags-
unabhängig. Abbildung 2-3 zeigt den Funktionalbereich Stücklistenerstellung im Überblick.
Der Auslöser der Stücklistenerstellung entspricht der Freigabe der Konstruktion und somit
dem Vorliegen eines Auftrags für die Stücklistenerstellung.

Abbildung 2-3:   Funktionalbereich Stücklistenerstellung

Im Funktionalbereich *Operationsplanung* wird anhand der Konstruktionsunterlagen festgelegt, wie die Geometrie des zu produzierenden Teils aus fertigungstechnischer Sicht und
unter Berücksichtigung der technischen Möglichkeiten des Unternehmens in einem Ferti-
gungsablauf erzeugt werden kann (technologisches Modell). Das Ergebnis der Operations-

planung wird im sogenannten Operationsplan als Sequenz einzelner Operationen dokumentiert[1]. Für jede Operation im Operationsplan werden die zur Ausführung notwendigen
Betriebsmittel, wie Werkzeuge, Spann- und Meßmittel, festgelegt. Die Betriebsmittel einer
Operation werden in sogenannten Betriebsmittellisten aufgeführt. Im Betriebsmittelbestand
nicht vorhandene Betriebsmittel werden bei der Betriebsmittelverwaltung in Form von
Betriebsmittelbestellkarten angefordert. Für Operationen, die auf NC-Maschinen auszuführen
sind, müssen von der NC-Programmierung die notwendigen NC-Programme erstellt werden.
In Abbildung 2-4 sind die Ein- und Ausgaben der Operationsplanung nochmals aufgeführt.
Auslöser der Operationsplanung ist ein Planungsauftrag.

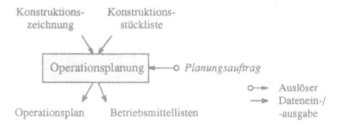

Abbildung 2-4:   Funktionalbereich Operationsplanung

Die Ausführung von Operationen des Operationsplans auf NC-Maschinen in der Fertigung
erfordert die Bereitstellung von NC-Programmen für die Steuerung der NC-Maschinen. Die
Aufgabe des Funktionalbereichs *NC-Programmierung* besteht im Generieren dieser NC-
Programme. Für die NC-Programmierung sind die Beschreibung der zu realisierenden Operation im Operationsplan sowie die Konstruktionszeichnung erforderlich. Die einzusetzenden
Betriebsmittel für ein NC-Programm, wie Werkzeuge, Vorrichtungen und Spannmittel, werden

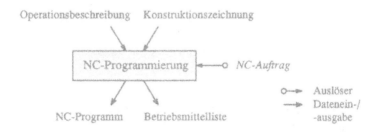

Abbildung 2-5:   Funktionalbereich NC-Programmierung

---

1)   An dieser Stelle wird die unternehmensspezifische Terminologie Operationsplan verwendet. In der einschlägigen Literatur werden der Operationsplan als Arbeitsplan und die einzelnen Operationen des Operationsplans als Arbeitsgänge bezeichnet.

bei der NC-Programmierung festgelegt und mit dem NC-Programm verwaltet. Nicht vorhandene Betriebsmittel müssen, ähnlich wie bei konventionellen Operationen, bei der
Betriebsmittelbeschaffung angefordert werden. Die Zuordnung zwischen einer Operation im
Operationsplan und einem NC-Programm einschließlich der notwendigen Betriebsmittel
erfolgt über sogenannte NC-Programm-Nummern. Abbildung 2-5 zeigt die Arbeitsweise in
der NC-Programmierung.

Der Bereich *Betriebsmittelverwaltung* ist für die Beschaffung, Logistik und Pflege der
Betriebsmittel verantwortlich. Betriebsmittel sind beispielsweise Werkzeuge, Meß- und Prüf-
mittel, Transport- und Hebewerkzeuge sowie Aufspannvorrichtungen. Der Auslöser der
Betriebsmittelverwaltung ist ein Betriebsmittelauftrag aus der Operationsplanung oder der
NC-Programmierung. Ein Betriebsmittelauftrag wird erstellt, wenn ein Betriebsmittel spezifiziert wird, das sich nicht im Betriebsmittelbestand befindet. Der Betriebsmittelbestand ist
ein Verzeichnis aller vorhandenen Betriebsmittel. Beschaffte Betriebsmittel bekommen eine
eindeutige Identifikationsnummer und werden in den Betriebsmittelbestand aufgenommen
(Abbildung 2-6).

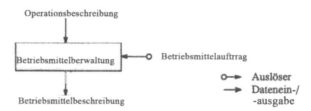

Abbildung 2-6:   Funktionalbereich Betriebsmittelverwaltung

2.1.2   Hardware- und Softwareumgebung

Nachdem im vorangegangenen Abschnitt die Aufgabenstellungen ausgewählter Funktionalbereiche des analysierten Unternehmens kurz skizziert wurden, soll in diesem Abschnitt eine
statische Sicht auf die dabei zum Einsatz kommenden Hardware- und Softwaresysteme
gegeben werden. Eine statische Sicht liegt insofern vor, als zunächst keinerlei Beziehungen
im Sinne eines Kontroll- oder Datenflusses zwischen den einzelnen Systemen aufgezeigt
werden. Die Ablaufstruktur zwischen den einzelnen Systemen wird in Abschnitt 2.1.3
erläutert.

2.1.2.1 Hardwaresysteme

Bei der Rechnerkonfiguration im untersuchten Unternehmen handelt es sich um ein heterogenes verteiltes System an drei Standorten mit jeweils lokalen Netzwerken. Die drei Standorte
sind über Netzbrücken und Gateways miteinander verbunden.

Der Bereich Technik und Teile der Arbeitsvorbereitung (Stücklistenerstellung) werden in
einer IBM-Rechnerumgebung betrieben. Die Konstruktion erfolgt auf IBM 5080 Graphik-
Arbeitsplätzen unter dem Betriebssystem MVS, die Stücklistenerstellung auf einer IBM 3090
unter MVS/XA. Die IBM-Rechner kommunizieren in einem lokalen Netzwerk über das
Kommunikationssystem SNA. Weiterhin werden große Teile der kaufmännischen Applika-
tionen (Produktionsplanung und -steuerung) auf diesen Rechnern betrieben.

Die Funktionalbereiche Operationsplanung und NC-Programmierung laufen jeweils auf einer
VAX 11/785 der Firma DEC unter dem Betriebssystem VMS. Teile des Funktionalbereichs
Betriebsmittelbeschaffung sind auf diesen beiden VAX-Maschinen installiert. Der Datenaus-
tausch zwischen der Operationsplanung und der NC-Programmierung erfolgt über das
Kommunikationssystem DECnet auf Ethernet-Basis. Ein SNA-Gateway verbindet die IBM-
und DEC-Rechner.

Zur Kommunikation mit der Fertigung wird eine Glasfaserleitung mit einer Übertragungs-
kapazität von 10 MBit/s eingesetzt. Über entsprechende Brückenprogramme können die
Fertigungsunterlagen - insbesondere die NC-Programme - an den Fertigungsleitrechner in
der Werkstatt übermittelt werden. Beim Fertigungsleitrechner handelt es sich um eine VAX
11/785 unter dem Betriebssystem VMS. Der Fertigungsleitrechner übernimmt letztendlich
die Steuerung der NC-Maschinen.

2.1.2.2 Anwendungssysteme

Die in Abbildung 2-1 gezeigten Funktionalbereiche der Technik und Arbeitsvorbereitung
werden durch eine Vielzahl von Anwendungssystemen realisiert. In diesem Abschnitt werden
einige dieser Anwendungssysteme anhand der in Tabelle 2-1 gezeigten Merkmale kurz
vorgestellt.

Im Bereich der Konstruktion steht für die Erstellung von Zeichnungen das CAD-System
CATIA der Firma IBM zur Verfügung. Das CATIA-Basissystem verwendet ein 3D-Draht-
modell; für die Teilemodellierung kommen 3D-Freiformflächen- und 3D-Volumen-
Modellierer zum Einsatz ([Eber 84]). Die Datenhaltung erfolgt in einem internen Datenformat
auf der Basis des MVS-Dateisystems. Jedes Teilemodell wird in einer Betriebssystemdatei
verwaltet. CATIA wird interaktiv betrieben. Das Schnittstellenprogramm CADGEO ermöglicht den Zugriff auf die CATIA-Geometriedatenbasis.

Merk-mal / System	Hardware	Betriebs-system	Progr.-Sprache	Daten-haltung	Datengrob-struktur	Betriebs-art
CATIA	IBM 5080	MVS	Fortran	Datei-system	pro Teil eine Datei	interaktiv
AINFO-SL	IBM 3090	MVS/XA	PL/1 IMS-DC	IMS-Datenbank	Datenbank-schema	batch, interaktiv
ENGIN	VAX 11/785	VMS	Turbo-Pascal	Datei-system	pro Teil mehrere Dateien	batch, interaktiv
SICAN	VAX 11/785	VMS	Pascal	Datei-system	1 Quell-Datei, 1 NC-Datei	interaktiv
AINFO-BM	IBM 3090	MVS/XA	PL/1 IMS-DC	IMS-Datenbank	Datenbank-schema	batch, interaktiv

Tabelle 2-1:   Anwendungssysteme

Für die Erstellung und Verwaltung der Stücklisten wird eine Software-Eigenentwicklung namens SL verwendet. Das SL-Modul ist Bestandteil des im kaufmännischen Bereich einge-setzten Produktionsplanungs- und -steuerungssystems. Als Bedienoberfläche steht das System AINFO zur Verfügung. Die Stücklistendaten werden mit dem hierarchischen Datenbank-system IMS der Firma IBM verwaltet. 30 % der Stücklistenanwendungen laufen im Batch-Betrieb ab, 70 % sind interaktive Anwendungen.

Im Bereich Operationsplanung ist das System ENGIN der Firma CAMOS in Betrieb. ENGIN wird für die Generierung von Operationsplänen, Betriebsmittellisten und Operations-Vorgabe-zeiten verwendet. Die Funktionsweise von ENGIN entspricht einem generativen Arbeits-planungsverfahren ([Ruf 91]). Die Repräsentation des Planungswissens erfolgt auf der Basis von Entscheidungstabellen. Für die Datenhaltung wird das Dateisystem des verwendeten Betriebssystems herangezogen. Die Daten der Operationsplanung zu einem Produkt können in mehreren Dateien abgelegt sein. ENGIN kann sowohl interaktiv als auch im Batch-Modus betrieben werden. Im Batch-Betrieb werden die zur Auswertung der Entscheidungstabellen notwendigen Teileparameter in einer ENGIN-konformen Eingabedatei abgelegt, woraus ENGIN in einer Ausgabedatei den entsprechenden Operationsplan produziert.

Das auf APT/EXAPT basierende NC-Programmiersystem SICAN umfaßt einen Compiler zum Übersetzen der NC-Quellprogramme in ein Zwischenformat (CLDATA, DIN 66215) und jeweils einen Postprozessor zum Generieren der NC-Steuerdaten für die jeweiligen NC-Maschinen. Die Eigenentwicklung Turbo-Shell als Bestandteil von SICAN erzeugt die notwendigen Betriebsmittellisten.

Das betriebsintern entwickelte Modul BM zur Betriebsmittelbeschaffung ist wie das SL-Modul Bestandteil des Produktionsplanungs- und -steuerungssystems. Das BM-Modul übernimmt die Wiederbeschaffung, Erfassung und Verwaltung der angeforderten Betriebsmittel. Zusätzlich wird das Modul zur Erzeugung von Betriebsmittellisten verwendet. Als Datenhaltungssystem kommt wie bei der Stücklistenerstellung das Datenbanksystem IMS zum Einsatz.

2.1.3 Beziehungen zwischen den Funktionalbereichen

Bei der Betrachtung der Beziehungen zwischen den Funktionalbereichen kann eine funktions- und eine datenorientierte Sichtweise eingenommen werden. Bei der funktionsorientierten Sicht steht die Ausführungsreihenfolge der zu durchlaufenden Funktionalbereiche im Vordergrund; bei der datenorientierten Sicht werden dagegen die Daten betrachtet, die zwischen den Funktionalbereichen auszutauschen sind. Es ist offensichtlich, daß mit der Ausführungsreihenfolge der Funktionalbereiche, d. h. dem Kontrollfluß aus Steuerungssicht, auch stets ein Datenfluß zwischen den Funktionalbereichen verbunden ist.

2.1.3.1 Kontrollfluß

Der Kontrollfluß zwischen den Funktionalbereichen reflektiert unmittelbar die Vorgehensweise bei der Entwicklung eines Produkts. Die Realisierung des Kontrollflusses erfolgt durch den Austausch von Kontrolldaten zwischen den Funktionalbereichen. Die Kontrolldaten führen letztendlich zur Aktivierung der Funktionalbereiche.

Der Ausgangspunkt des Kontrollflusses zwischen den Funktionalbereichen bei der Neukonstruktion eines Produkts ist das Eintreffen eines Entwicklungsauftrages in der Konstruktion (siehe Abbildung 2-7). Aufgrund der damit verbundenen Produktspezifikation erfolgt die Konstruktion des Produkts. Nach der Freigabe der Konstruktion wird die Stücklistenerstellung angestoßen. Auf der Grundlage der Vorgaben aus der Konstruktion wird zum entworfenen Produkt eine Stückliste generiert. Mit der Freigabe der Konstruktion kann auch die Operationsplanung ausgelöst werden. Aufgabe der Operationsplanung ist es, anhand der geometrischen und technologischen Vorgaben der Konstruktion einen Operationsplan zu entwerfen. Das wichtigste Ergebnis der Operationsplanung ist der Operationsplan mit den Verweisen auf die Anforderungen an die NC-Programmierung und die Betriebsmittelverwaltung. Für jede Operation auf einer NC-Maschine wird ein NC-Auftrag an die NC-Programmierung und für jedes nicht im Betriebsmittelbestand vorhandene Betriebsmittel ein Betriebsmittelauftrag an die Betriebsmittelverwaltung übermittelt. In der NC-Programmierung muß für jeden NC-Auftrag ein NC-Programm erstellt werden; ebenso entspricht jedem Betriebsmittelauftrag eine Betriebsmittelbeschaffung. Betriebsmittelaufträge können auch von der

NC-Programmierung vergeben werden. Nach der Bearbeitung sämtlicher Aufträge in der NC-Programmierung und Betriebsmittelverwaltung gilt der Entwicklungsauftrag als erledigt. Die erzeugten Fertigungsunterlagen werden archiviert und stehen der Fertigung zur Verfügung.

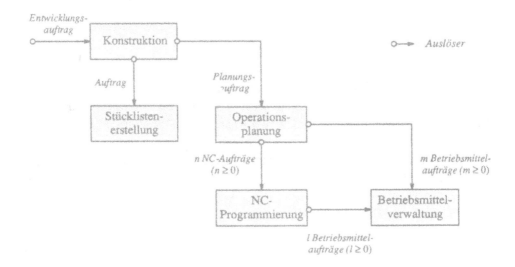

Abbildung 2-7:   Kontrollfluß zwischen den Funktionalbereichen

2.1.3.2   Datenfluß und -bestände

Nachdem im vorangegangenen Abschnitt der Kontrollfluß zwischen den Funktionalbereichen beschrieben wurde, soll in diesem Abschnitt der Datenfluß betrachtet werden.

Abbildung 2-8 zeigt den Datenfluß zwischen den Funktionalbereichen im Überblick. Die Aufgabe der Konstruktion besteht darin, zu einem Entwicklungsauftrag die entsprechenden Konstruktionsunterlagen zu erzeugen. Die Konstruktionsunterlagen umfassen die Konstruktionszeichnung und die Konstruktionsstückliste. Die Konstruktionsstückliste geht in die Stücklistenerstellung ein, die Konstruktionszeichnung in die NC-Programmierung und sämtliche Konstruktionsunterlagen in die Operationsplanung. Die Operationsplanung generiert den Operationsplan und die Betriebsmittellisten. Die Beschreibungen der auf NC-Maschinen auszuführenden Operationen des Operationsplans müssen an die NC-Programmierung übermittelt werden. Analog ist die Übermittlung von Operationsbeschreibungen mit nicht vorhandenen Betriebsmitteln von der Operationsplanung oder NC-Programmierung an die Betriebsmittelverwaltung zu verstehen.

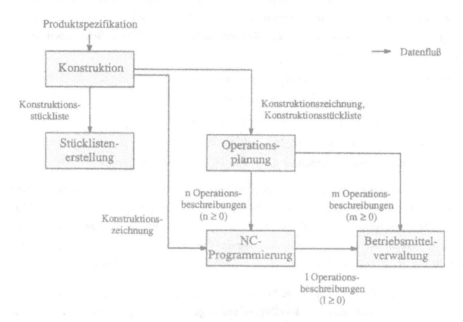

Abbildung 2-8:   Datenfluß zwischen den Funktionalbereichen

Der in Abbildung 2-8 skizzierte Datenfluß macht eine Differenzierung der Datenbestände einer Anwendung in lokale und globale Daten deutlich. Lokale Daten sind Daten, die ausschließlich für Aktivitäten in einem Funktionalbereich benutzt werden und nur für diesen Bereich von Interesse sind. Beispiele für lokale Daten sind die NC-Bibliotheken in der NC-Programmierung oder die Entscheidungstabellen des ENGIN-Systems in der Operations-planung. Globale Daten werden dagegen von mehr als einem Funktionalbereich benutzt und sind somit im Datenfluß wiederzufinden. Das Volumenverhältnis zwischen lokalen und globalen Daten im analysierten Unternehmen entspricht einem 1:10-Verhältnis.

2.2   Kritische Analyse der Fallstudie

Nachdem in den vorangegangenen Abschnitten die Funktionalbereiche des Beispielunter-nehmens aus anwendungs- und systemorientierter Sicht dargestellt wurden, werden in diesem Abschnitt Problemkreise aufgezeigt, die sich aus der Notwendigkeit des Zusammenwirkens der Funktionalbereiche ergeben. Im Hinblick auf abzuleitende Aufgabenstellungen und zu erfüllende Anforderungen bezüglich der Problemkreise sei auf die generelle Interpretation der Fallstudie in Kapitel 3 verwiesen.

Der technische Stand der Systemunterstützung innerhalb der untersuchten Funktionalbereiche ist als sehr fortschrittlich einzuschätzen. Der Stand der Integration der Teilbereiche weist dagegen auf Kontrollfluß- und Datenflußebene einige Mängel bzw. Schwächen auf, die anschließend erläutert werden:[2]

- Heterogenität auf Anwendungs- und Datenebene,
- isolierte Datenverwaltung in jedem Funktionalbereich,
- isolierte Verarbeitung in jedem Funktionalbereich,
- mangelnder Überblick über den Auftragsfortschritt und
- fehlende Trennung zwischen Kontroll- und Anwendungsdaten.

Wie in den vorangegangenen Abschnitten aufgezeigt wurde, weist das untersuchte Unternehmen hinsichtlich der eingesetzten Hardware, Anwendungssoftware und Datenmodelle eine erhebliche Heterogenität auf. Während die Heterogenität der diversen Hardwarekomponenten durch entsprechende Netzverbindungsbausteine als technisch gelöst betrachtet werden kann, bleiben die *Heterogenität auf Anwendungs- und Datenebene* zu diskutieren.

Heterogenität auf Anwendungsebene bedeutet, daß in den verschiedenen Systemen konzeptionell von unterschiedlichen Modellvoraussetzungen ausgegangen wird. Beispielsweise kommt im Bereich Technik das Konzept der Variantenkonstruktion zum Einsatz, während in der Operationsplanung ein generativer Planungsansatz verfolgt wird, was in der Konstruktion einer jeweiligen Neukonstruktion gleichkommen würde. In der vorliegenden Fallstudie wirkt sich diese Heterogenität auf konzeptioneller Ebene der Anwendungssysteme nur mittelbar aus, da die Kommunikation zwischen den Anwendungssysteme auf Datenebene durch den Austausch von Ergebnisdaten der verschiedenen Bereiche vollzogen wird. Nach welchem Verfahren diese Ergebnisdaten jeweils generiert werden, spielt für einen nachfolgenden Bereich zunächst keine Rolle. Aus Optimierungsgründen wäre jedoch eine Gesamtabstimmung der in den einzelnen Bereichen zum Einsatz kommenden Verfahren wünschenswert, um Durchgängigkeit und Redundanzfreiheit im Gesamtansatz zu erzielen und Mehrfacharbeit zu vermeiden ([Ruf 91], S. 9).

Die Heterogenität auf Datenebene äußert sich insbesondere in der Verwendung verschiedener Datenmodelle und -schemata. Die heterogenen Datenmodelle sind sicherlich eine Konsequenz der unterschiedlichen lokalen Datenverwaltungssysteme, die in den verschiedenen Funktionalbereichen zum Einsatz kommen. Während die Daten der Konstruktionszeichnungen in Dateien mit CATIA-internem Datenformat verwaltet werden, sind die Daten der Stücklisten in einer IMS-Datenbank abgespeichert (vgl. Tabelle 2-1). Die heterogenen Datenschemata dagegen resultieren aus den lokalen Anforderungen der jeweiligen Anwendungssysteme an die Daten-

---

2) Ähnliche Problemkreise lassen sich auch aus anderen Fallstudien im Fertigungsbereich ableiten (siehe beispielsweise [JaRR 90] bzw. [JaRR 91]).

strukturierung. Dies äußert sich sowohl auf syntaktischer als auch auf semantischer Ebene. Die syntaktische Heterogenität zieht unterschiedliche Datentypen nach sich: die Teilenummer beispielsweise ist in der Konstruktion als INTEGER deklariert, in der Operationsplanung dagegen als STRING. Die semantische Heterogenität birgt zwei Problemkreise als Ursachen in sich. Der erste Problemkreis betrifft den Entwurf eines Datenschemas selbst; beispielsweise wird der Operationsplan in der Operationsplanung als Einheit in einer Datei abgelegt, in der NC-Programmierung dagegen sind nur einzelne Operationen relevant, so daß auch einzelne Operationen aus dem Operationsplan verwaltet werden. Der zweite Problemkreis tangiert die Definition der Datenattribute in ihrer Bedeutung. Das Datenattribut Vorgabezeit beispielsweise bedeutet in der NC-Programmierung die reine Laufzeit eines NC-Programms, in der Operationsplanung dagegen umfaßt es zusätzlich die Rüstzeit einer NC-Maschine für eine Operation. Die Datenheterogenität der einzelnen Anwendungssysteme erschwert insbesondere den Datenaustausch zwischen den Funktionalbereichen.

Die untersuchten Funktionalbereiche verwalten ihre Daten jeweils lokal in ihren Kontrollbereichen, so daß eine *isolierte Datenverwaltung in den Funktionalbereichen* vorliegt. Aufgrund der aufgezeigten Datenflußabhängigkeiten zwischen den Funktionalbereichen besteht die Notwendigkeit, Daten aus einem Funktionalbereich anderen Funktionalbereichen zugänglich zu machen. Im untersuchten Unternehmen gibt es zur Datenkopplung der Funktionalbereiche noch keinerlei Systemunterstützung. Der Datenfluß zwischen den Funktionalbereichen erfolgt sehr häufig in Papierform; dies ist mit mehrfacher manueller Datenerhebung und -erfassung und der Gefahr von Erfassungsfehlern und Datenverlusten verbunden. Als Konsequenzen dieses Umstandes sind potentiell sämtliche Nachteile einer nicht integrierten Datenverarbeitung in Kauf zu nehmen ([Mert 93]). Vor allem zwischen der Konstruktion und der NC-Programmierung würde eine systemgestützte Datenübertragung zu einer enormen Arbeitserleichterung führen. Geometrie- und Technologiedaten, die im CAD-System bereits erfaßt sind und in der NC-Programmierung benötigt werden, müssen heute noch in der NC-Programmierung aus der Konstruktionszeichnung abgelesen und erneut manuell in das NC-Programm eingegeben werden.

In den einzelnen Funktionalbereichen erfolgt eine *isolierte Verarbeitung* der jeweiligen Aufgabenstellungen mit Hilfe autonomer Anwendungssysteme. Die Anwendungssysteme wurden meist separat voneinander entwickelt - auf die damit einhergehende Heterogenität wurde bereits im ersten Problemfeld hingewiesen - und können unabhängig voneinander ihre spezifischen Aufgabenstellungen bearbeiten. Für die Gesamtanwendung und die globale Aufgabenstellung gibt es dagegen kein Integrationskonzept bezüglich einer systemgestützten Kooperation der abhängigen Funktionalbereiche. Die fehlende Systemunterstützung beim Kontrollfluß hat ähnliche Auswirkungen wie der fehlende systemgestützte Datenfluß zwischen den Funktionalbereichen: obwohl ein Funktionalbereich bereits seine Aktivitäten abgeschlossen hat, werden mangels eines Integrationskonzepts die im Kontrollfluß nachfolgenden

Funktionalbereiche nicht zur Ausführung ihrer Aktivitäten angestoßen. In der vorgestellten Fallstudie wäre beispielsweise nach Beendigung der Konstruktion ein automatisches Anstoßen bzw. Benachrichtigen der Operationsplanung möglich. Die sofortige Beauftragung der Operationsplanung würde zu einer erheblichen Verkürzung der Durchlaufzeiten im Produktionsvorfeld führen.

Der manuelle Kontroll- und Datenfluß zwischen den Funktionalbereichen führt dazu, daß der *aktuelle Fortschritt eines Auftrags* im Bereich Arbeitsvorbereitung nicht systemseitig nachvollziehbar ist. Dieses Informationsdefizit zieht zweierlei Probleme nach sich: zum einen erschwert es die Realisierung von Informationssystemen, die beispielsweise dem Fertigungsplaner den aktuellen Auftragsfortschritt und noch auszuführende Aktivitäten anzeigen, zum anderen ist die aktuelle Auftragssituation (Last) zum Zwecke einer Auftragsbalancierung und -planung nicht eruierbar.

Wie die Beschreibung des Kontroll- und Datenflusses in der Ablaufstruktur des analysierten Unternehmens deutlich macht, gibt es *Kontrolldaten*, die zwischen den Funktionalbereichen ausgetauscht werden, um nachfolgende Funktionalbereiche zu aktivieren, und *Anwendungsdaten*, welche die Objekte der Anwendung repräsentieren. Kontrolldaten sind beispielsweise Planungsaufträge an die Operationsplanung, Anwendungsdaten dagegen die erzeugten Operationspläne der Operationsplanung. Die Kontrolldaten führen letztendlich zur Aktivierung (zum Aufruf) von Funktionalbereichen und stellen eine Verbindung zwischen der Steuerungs- und der Ausführungsebene her.[3] Ein Kontrolldatenfluß ist zwar stets mit einem Austausch von Anwendungsdaten verbunden, jedoch müssen die jeweiligen Datenströme nicht absolut identisch verlaufen, wie ein Vergleich der Abbildungen 2-7 und 2-8 zeigt. Für den Datenfluß von der Konstruktion in die NC-Programmierung gibt es beispielsweise keinen entsprechenden direkten Kontrollfluß. Eine Vermischung der Kontroll- und Anwendungsdaten führt zu komplexen, unstrukturierten Anwendungssystemen, bei denen die Kontrolldaten mit in den Anwendungsdaten modelliert sind. Eine Änderung des Kontrollflusses hat dann unter Umständen eine Änderung des Datenschemas der Anwendungsdaten zur Konsequenz und umgekehrt.

Zusammenfassend läßt die kritische Analyse der Fallstudie erkennen, daß die aufgezeigten Mängel bzw. Schwächen im untersuchten Unternehmen durch einen Systemmechanismus zur Kontroll- und Datenflußsteuerung zwischen den Funktionalbereichen gelöst werden können. Der Steuerungsmechanismus führt zwangsläufig - soweit wie nötig - zu einer Behandlung der Heterogenitätsproblematik, legt eine Trennung zwischen den Kontroll- und Anwendungsdaten nahe und schafft die notwendige Transparenz der Betriebsabläufe. Die explizite Fixierung der Kontroll- und Datenflüsse eröffnet ein enormes Automatisierungspotential auf Ablauf- und Datenebene.

---

3) Die Steuerungs- und Ausführungsebene werden in der Wissenschaftstheorie als Meta- und Objektebene unterschieden.

3 Geregelte arbeitsteilige Anwendungssysteme

Die im vorangegangenen Kapitel beschriebene Fallstudie stellt ein konkretes Beispiel eines geregelten arbeitsteiligen Anwendungssystems dar. In diesem Kapitel wird die Fallstudie im Hinblick auf geregelte arbeitsteilige Anwendungssysteme generell interpretiert. Es wird zunächst eine Begriffsdefinition für die geregelten arbeitsteiligen Anwendungssysteme als Problemstellung dieser Arbeit vorgenommen, um im weiteren Verlauf von einer Klasse von zu unterstützenden Anwendungssystemen ausgehen zu können. Daran anschließend wird auf spezielle Anforderungen an einen Systemmechanismus zur Unterstützung dieser Anwendungsklasse und die Nutzeffekte eines solchen Mechanismus eingegangen. Das Kapitel schließt mit einer Abgrenzung der geregelten arbeitsteiligen Anwendungssysteme von anderen Formen arbeitsteiliger Anwendungssysteme, die in der Literatur häufig auch als kooperative Anwendungssysteme bezeichnet werden.

3.1 Begriffsdefinition

In diesem Abschnitt werden die geregelten arbeitsteiligen Anwendungssysteme begrifflich eingeführt. Die Begriffsdefinition erfolgt durch eine Einordnung dieser Systeme als spezielle verteilte Anwendungssysteme, wobei die spezialisierenden Eigenschaften in Form charakterisierender Merkmale beschrieben werden.

Aus Anwendungssicht sind die Programme eines verteilten Anwendungssystems autonome Anwendungsknoten, die jeweils eine organisatorische Einheit der Anwendung mit dedizierter Funktionalität und eingegrenztem Aufgabenbereich repräsentieren.[1] Die Anwendungsknoten kommunizieren über den Austausch von Nachrichten, um eine gemeinsame Anwendung betreiben zu können. Der Nachrichtenaustausch dient dazu, den notwendigen Kontext einer gemeinsamen Aufgabenbearbeitung im Sinne der Arbeitsteiligkeit über mehrere Anwendungsknoten hinweg zu erzeugen. Dabei wird von einer vollen logischen Vermaschung der Anwendungsknoten ausgegangen ([MüSc 92]).

Ausgehend von obiger Definition verteilter Anwendungssysteme werden nachfolgend die geregelten arbeitsteiligen Anwendungssysteme charakterisiert. Das Ziel dieser Bemühungen ist letztendlich die Definition eines anwendungsorientierten Verarbeitungsmodells, das diese

---

1) Aus Systemsicht verbergen sich hinter Anwendungsknoten Programme, die in unterschiedlichen Adreßräumen mit eigenem Programmzähler ablaufen.

Anwendungsklasse unterstützt. Die Definition der Anwendungsklasse ist nicht auf den spezifischen Anwendungsbereich der rechnerintegrierten Produktionssysteme der behandelten Fallstudie beschränkt. Entsprechende Fallstudien für geregelte arbeitsteilige Anwendungssysteme
sind auch in zahlreichen anderen Bereichen zu finden, zum Beispiel:

- Begutachtungsprozeß von Konferenzpapieren ([Zism 77]),
- Abwicklung eines Kundenauftrags ([Krei 84]),
- Buchen einer Urlaubsreise ([FeFi 85]),
- Abrechnung einer Dienstreise ([Arts 90a]) und
- Entwicklung von Software ([EmGr 90]).

Im weiteren Verlauf der vorliegenden Arbeit wird von folgender Arbeitsdefinition für den
Begriff der geregelten arbeitsteiligen Anwendungssysteme ausgegangen: "Ein geregeltes
arbeitsteiliges Anwendungssystem setzt sich aus mehreren Anwendungsknoten zusammen,
die geregelt und arbeitsteilig (kooperativ) in Abläufen nach einem definierten Ablaufschema
eine gemeinsame Anwendung bearbeiten, wobei die unterschiedlichen Abläufe um die Belegung der Anwendungsknoten konkurrieren." Diese Definition enthält nachfolgende klärungs-
bedürftige Begriffe, die anschließend erläutert werden:

- Anwendungsknoten,
- Ablaufschema,
- Arbeitsteiligkeit und
- Belegung der Anwendungsknoten.

Geregelte arbeitsteilige Anwendungssysteme bestehen aus einer Vielzahl unterschiedlicher
Anwendungsknoten, die jeweils organisatorische Einheiten mit eingegrenzten Aufgaben-
bereichen repräsentieren. Das Granulat eines Anwendungsknotens ist beliebig und wird von
der Anwendung vorgegeben. Zur Erfüllung der Aufgaben verfügt jeder Anwendungsknoten
über eine definierte Funktionalität, wobei der dabei eingesetzte Verarbeitungsalgorithmus
für die Einbindung in das arbeitsteilige Anwendungssystem irrelevant bleibt. Bei einem
Anwendungsknoten handelt es sich um eine interaktive oder automatisierte Verarbeitung.
Die Funktionalität der Anwendungsknoten wird als Eingabe/Ausgabe-Verarbeitungseinheit
benutzt: Eingabedaten werden entsprechend den Anforderungen an den Anwendungsknoten
zu Ausgabedaten verarbeitet. Neben dem operationellen Aspekt verfügen die Anwendungsknoten im allgemeinen über eine lokale Datenverwaltung. Der verwaltete Datenbestand
umfaßt dabei die Ein- und Ausgabedaten der Verarbeitung sowie lokale Daten, die bei der
Verarbeitung benutzt werden. Abbildung 3-1 zeigt den Funktionalbereich "Operationsplanung" der Fallstudie aus Kapitel 2 als Anwendungsknoten.

Die Anwendungsknoten sind unter den Gesichtspunkten des Entwurfs und der Ausführung
autonome Systeme. Entwurfsautonomie bedeutet, daß die Anwendungsknoten unabhängig

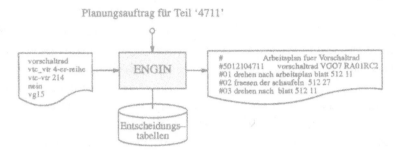

Abbildung 3-1:   Anwendungsknoten "Operationsplanung"

voneinander konzipiert werden. Die Entwurfsautonomie ist eine unmittelbare Konsequenz des isolierten, schrittweisen Entstehens der Anwendungsknoten. Aus der Entwurfsautonomie folgt die Heterogenität der Anwendungsknoten auf Verarbeitungs- und Datenebene (vgl. Abschnitt 2.2), da die homogenisierende Abstimmung einer Gesamtentwicklung fehlt. Auch die Ausführungsautonomie ist eine unmittelbare Konsequenz des isolierten Entstehens der Anwendungsknoten. Da die Anwendungsknoten unabhängig voneinander entworfen wurden, sind sie auch in der Lage, ihre Aufgabenstellungen ohne Interferenzen mit anderen Anwendungsknoten zu bearbeiten.[2]

Die Geregeltheit der Anwendungsknoten drückt sich in einem a priori (zur Definitionszeit des Gesamtsystems) definierten *Ablaufschema* der Anwendungsknoten aus. Das Ablaufschema repräsentiert eine wohldefinierte Aktivierungsreihenfolge der Anwendungsknoten und legt das Zusammenwirken, die Kooperation, der Anwendungsknoten im Hinblick auf die Gesamtaufgabe fest. Die Anwendungsknoten sind in einem Ablaufschema nicht mehr isoliert voneinander, sondern stehen in einem organisatorischen Kontext. Eine konkrete Folge von Verarbeitungen in Anwendungsknoten entspricht einer Instanz des Ablaufschemas und wird als Ablauf (engl.: course) bezeichnet. Verschiedene Abläufe sind strukturell gleich, haben jedoch unterschiedliche Falldaten. Das Ablaufschema läßt beispielsweise Verzweigungsmöglichkeiten offen, die für einen konkreten Ablauf erst anhand der Falldaten festgelegt werden. In einem geregelten arbeitsteiligen Anwendungssystem kann es zu einem Zeitpunkt mehrere konkrete Abläufe geben.[3]

---

2)   Autonomie ist ein Phänomen, das nicht nur bei verteilten Anwendungssystemen in Erscheinung tritt, sondern allgemein beim Entwurf von verteilten Softwaresystemen eine Rolle spielt. In [ShLa 90] beispielsweise werden die verschiedenen Aspekte der Autonomie bei der verteilten Datenverwaltung diskutiert.

3)   In [SaAM 91] werden Abläufe als "multi-person collaborative activities" bezeichnet, um anzudeuten, daß es sich bei Abläufen um eine geordnete Aktivierung von Ablaufschritten mit einem gemeinsamen Kontext handelt, wobei die Ablaufschritte von verschiedenen Benutzern bearbeitet werden können.

Die *Arbeitsteiligkeit* der Anwendungsknoten drückt sich darin aus, daß die Anwendungsknoten mit ihrer Aufgabenstellung und Funktionalität Teilaufgaben im Rahmen einer Gesamtaufgabe erfüllen. Unter dem vorweg diskutierten Autonomieaspekt wird diese Form von
Arbeitsteiligkeit auch als kooperative Autonomie verstanden ([Ensl 78]). Der Lösungsbeitrag
der Anwendungsknoten wird in Ergebnisdaten dokumentiert und anderen Anwendungsknoten
zur Weiterverarbeitung zur Verfügung gestellt (Datenfluß zwischen den Anwendungsknoten),
so daß die Anwendungsknoten bezüglich der Daten in einer Erzeuger/Verbraucher-Relation
stehen. Die gemeinsamen Daten werden in der angloamerikanischen Fachliteratur auch als
"global workspace" bezeichnet, da es sich bei den auszutauschenden Daten im Unterschied
zu den lokalen Daten in einem Anwendungsknoten (Entscheidungstabellen in Abbildung
3-1) um globale Daten handelt, auf die von mehreren Anwendungsknoten zugegriffen wird.

Die Anwendungsknoten sind als zu belegende Ressourcen zu betrachten, die zu einem
Zeitpunkt unter Umständen nur einen Ablauf bedienen können (*Belegung der Anwendungsknoten*). Bei einer manuellen Verarbeitung in einem Anwendungsknoten durch einen Benutzer
ist dies offensichtlich. Da in einem geregelten arbeitsteiligen Anwendungssystem sehr viele
Abläufe gleichzeitig existieren und die Abläufe um die Belegung der Anwendungsknoten
konkurrieren, werden entsprechende Synchronisationsmechanismen erforderlich, die eine
Serialisierung der konkurrierenden Abläufe vor den Anwendungsknoten realisieren. Bezüglich
der Fallstudie aus Kapitel 2 bedeutet dies, daß im Bereich Technik und Arbeitsvorbereitung
gleichzeitig mehrere Entwicklungsaufträge mit unterschiedlichem Auftragsfortschritt zu bearbeiten sind. Da ein NC-Programmierer zu einem Zeitpunkt nur ein NC-Programm zu einem
Auftrag erstellen kann, kommt es zu einer Konkurrenzsituation um die Ressource "NC-
Programmierung".

3.2   Anforderungen und Nutzeffekte einer Systemunterstützung

Nach der begrifflichen Einführung geregelter arbeitsteiliger Anwendungssysteme im vorangegangenen Abschnitt werden in diesem Abschnitt einerseits Anforderungen an eine Systemunterstützung gestellt, um die Zielsetzung einer Realisierung zu konkretisieren, und andererseits die unmittelbaren Nutzeffekte einer Systemunterstützung aufgezeigt.

3.2.1   Anforderungen

Primäres Ziel bei der Unterstützung geregelter arbeitsteiliger Anwendungssysteme ist die
durchgängige ablauf- und datentechnische Integration der verschiedenen Anwendungsknoten

eines verteilten Anwendungssystems durch einen systemgestützten Kontroll- und Datenfluß-
mechanismus. In diesem Abschnitt werden die sich aus dieser Zielsetzung ergebenden
Anforderungen an die Ablaufsteuerung und Datenverwaltung konkretisiert.

3.2.1.1   Ablaufsteuerung

Im Hinblick auf die Ablaufsteuerung ist eine explizite Spezifikation des Ablaufschemas
erforderlich. Die Definition des Ablaufschemas besteht aus der Beschreibung der Anwendungsknoten, einschließlich des Kontextes in Form von Datenbeständen, und der Aktivierungsreihenfolge dieser Knoten. Die Aktivierungsreihenfolge umfaßt die sequentielle und
parallele Verarbeitung. Anhand des Ablaufschemas ist es möglich, eine Automation der
konkreten Abläufe vorzunehmen, indem zu definierten Ereignissen die jeweiligen Anwendungsknoten aktiviert bzw. die Knoten über anstehende Aufgaben benachrichtigt werden.

Ein Anwendungsknoten enthält den Aufruf eines (automatisierten) Anwendungsprogramms
oder ist lediglich Platzhalter einer manuellen Tätigkeit. Ein Knoten stellt eine gekapselte
Aktion bereit, die bei der Abwicklung von Abläufen abgerufen wird, so daß der Benutzer
von konkreten Aufrufbefehlen für Anwendungsprogramme absehen kann. Zusätzlich zur
Funktionalität des Anwendungsknotens ist vorzusehen, daß ein abstrakter Benutzer anhand
einer Benutzerklassifikation durch die Verwendung eines sogenannten Rollenkonzepts konkretisiert werden kann. Zum Beispiel wird ein abstrakter Benutzer "Operationsplaner" im
konkreten Fall zu einem Benutzer "Müller" oder "Meier".

Das Ablaufschema der Anwendungsknoten darf nicht starr festlegt werden, sondern muß
in Abhängigkeit von konkreten Falldaten spezifische Bearbeitungsreihenfolgen ermöglichen
(Flexibilität). Diese Forderung erlaubt insbesondere eine flexible Fehlerbehandlung durch
alternative Bearbeitungsreihenfolgen.

Die Realisierung eines Anwendungssystems vollzieht sich nicht "auf der grünen Wiese",
sondern die vorhandene Infrastruktur in einem Unternehmen ist beim Systemaufbau zu
berücksichtigen. Die Einsetzbarkeit bereits vorhandener Anwendungsprogramme muß bei
der Entwicklung neuer Systeme gewährleistet sein. Ebenso müssen aber auch bereits eingesetzte Systeme durch Systeme mit gleicher oder zusätzlicher Funktionalität ersetzbar sein,
ohne umfangreiche und weitreichende Änderungen in der gesamten Software-Architektur
vornehmen zu müssen. Diese propagierten Anforderungen werden durch eine sogenannte
"Plug-in"-Funktionalität erfüllt. Diese Funktionalität ermöglicht die Wiederverwendbarkeit
vorhandener Systeme sowie eine einfache Modifizierbarkeit (Adaptivität), Wartbarkeit und
Erweiterbarkeit verteilter Anwendungssysteme.

Die Synchronisation der Belegung der Anwendungsknoten ist entsprechend den Charakteristika geregelter arbeitsteiliger Anwendungssysteme zu realisieren. Das Aktivieren eines

Anwendungsknotens hängt nicht nur vom Fortschritt eines einzigen Ablaufs ab, sondern muß vielmehr aus der Sicht des Anwendungsknotens betrachtet werden, der von verschiedenen Abläufen angefordert wird. Da es sehr viele konkurrierende Abläufe eines Ablaufschemas mit jeweils unterschiedlichem Ablauffortschritt geben kann, ist vor jedem Anwendungsknoten eine Synchronisation der Abläufe vorzunehmen. Diese ablaufübergreifende Synchronisation ist unabhängig von der ablaufinternen Synchronisation bei der Zusammenführung eines parallelen Ablaufs.

3.2.1.2   Datenverwaltung.

Die Ablaufsteuerung ist für die reihenfolgegemäße Aktivierung der Anwendungsknoten zuständig. Die Bereitstellung der bei der Verarbeitung der Anwendungsknoten notwendigen Daten erfolgt in der Datenverwaltung. Die Problematik der Datenverwaltung für geregelte arbeitsteilige Anwendungen birgt zwei Dimensionen in sich: zum einen ist die datentechnische Anbindung der Anwendungsknoten an die globalen Daten zu berücksichtigen und zum anderen ist die Organisation und Verwaltung der globalen Daten selbst in einem verteilten System zu realisieren. Im Unterschied zur allgemeinen Problematik der Datenverwaltung in verteilten System können hier die spezifischen Informationen der Ablaufsteuerung bei der verteilten Datenverwaltung zu Optimierungszwecken herangezogen werden.

Bei der Anbindung eines Anwendungsknotens an einen konkreten Ablauf muß der Anwendungsknoten mit dem relevanten aktuellen Kontext des Ablaufs versorgt werden. Der Kontext für einen Anwendungsknoten entspricht der Ausführungsumgebung, in der ein Anwendungsknoten ablaufen soll. Für eine Editier-Aufgabe in einem Anwendungsknoten beispielsweise heißt dies, daß der Anwendungsknoten mit dem zu editierenden Dokument zu versorgen ist. Eine flexible und vollständige Datenbereitstellung bei der Aktivierung von Anwendungsknoten muß gewährleistet sein, so daß der Benutzer von Dateinamen, Verzeichnissen, Zugriffsrechten, Datenversionen, etc. absehen kann.

Eng verbunden mit dem Kontext der Anwendungsknoten ist die Datendurchgängigkeit zwischen den Anwendungsknoten. Datendurchgängigkeit bedeutet, daß die globalen Daten an den jeweiligen Anwendungsknoten verfügbar gemacht werden müssen. Dabei liegen Datenbestände aufgrund unterschiedlicher Datenbeschreibungen in den Anwendungsknoten unter Umständen in heterogenen Repräsentationen vor. Auf die damit verbundene Problematik der syntaktischen und semantischen Datenheterogenität wurde bereits in Abschnitt 2.2 kurz eingegangen. Eine logische Integration der Datenbestände der Anwendungsknoten und ein systemkontrollierter, automatisierter Datenfluß zum Zwecke des Datenaustausches zwischen den Anwendungsknoten werden notwendig. Die lokale Datenverwaltung hat zur Konsequenz, daß heterogene Datenmodelle, -schemata und -anfragesprachen zum Einsatz kommen können ([ShLa 90]).

Die Verteilung der Anwendungsknoten auf unterschiedliche Rechnerknoten favorisiert eine verteilte Verwaltung der globalen Daten und somit eine Datenverteilung. Aufgrund der spezifischen Situation durch die Ablaufsteuerung in geregelten arbeitsteiligen Anwendungssystemen ergeben sich neue Möglichkeiten im Hinblick auf die Datenallokation, -replikation und -aktualisierung in einem verteilten System. Bei der Beschreibung von Integrationssoftware finden sich dazu häufig nachfolgende Aussagen: "Store files where they are most used" oder "Put the right information to the right person at the right time". Die verteilte Datenverwaltung muß konsistent mit dem Fortschritt der Abläufe auf Anwendungsebene vollzogen werden. Entsprechende Anforderungen an die Datenverwaltung, wie Dauerhaftigkeit, Mehrbenutzerbetrieb oder Fehlerbehandlung, sind selbstverständlich und sollen hier nicht explizit ausgeführt werden.

3.2.2 Nutzeffekte

Nach der Charakterisierung geregelter arbeitsteiliger Anwendungssysteme und der Anforderungsanalyse an die Ablaufsteuerung und Datenverwaltung für solche Anwendungen sollen in diesem Abschnitt die Nutzeffekte einer entsprechenden Systemunterstützung aufgezeigt werden. Dabei wird sich im wesentlichen auf die Nutzeffekte aus der Sicht des Anwenders beschränkt. Auf die Darstellung der Vorteile bei der Anwendungsprogrammierung und Datenverwaltung sei hier verzichtet, da sie sich unmittelbar aus den aufgezeigten Anforderungen im vorangegangenen Abschnitt 3.2.1 ableiten lassen.

Die Nutzeffekte einer Systemuntersützung stellen sich unmittelbar in nachfolgenden Punkten ein, die anschließend ausgearbeitet werden:

- Unterstützung von Routinearbeit,
- Entlastung des Anwenders,
- Unterstützen einer Methodik,
- Trennung von Arbeitsdurchführung und -organisation und
- Transparenz des Ablauffortschritts.

Der Nutzen einer Systemunterstützung stellt sich bei der Abwicklung von *Routinearbeiten* ein. Die Bearbeitung immer wiederkehrender Tätigkeiten wird einmal in einem Ablaufschema festgelegt und kann entsprechend abgerufen werden, so daß eine einfache, aufwandslose Wiederholbarkeit sichergestellt wird. Das Ablaufschema erfüllt den Zweck einer sogenannten Check-Liste, um keine auszuführenden Arbeitsschritte zu vergessen (Vollständigkeit). Eng verbunden mit der schlichten Wiederholung entsprechend einem Ablaufschema ist das damit einhergehende Automatisierungspotential. Einer Bearbeitung nachfolgende Anwendungsknoten können automatisch benachrichtigt und unter Umständen aktiviert werden. Dadurch

wird eine Verkürzung der Durchlaufzeiten errreicht, da Leerzeiten zwischen Bearbeitungsschritten minimiert werden.

Eine unmittelbare *Entlastung des Anwenders* bewirkt die automatische Benachrichtigung
nachfolgender Anwendungsknoten, da der Anwender den globalen Überblick zu einer Bearbeitung nicht kennen muß. Die Benachrichtigung zwischen den Anwendungsknoten könnte
papierlos stattfinden, um die Papierflut in Organisationen einzuschränken. Die Systemkontrolle der Ablaufabwicklung ermöglicht auch die systemgestützte Realisierung von aus
Benutzersicht administrativen Tätigkeiten wie Protokollierung, Führen von Bearbeitungslisten
(To-do-Listen), etc.

Ein meist bei der Verwendung von Software-Werkzeugen als Anwendungsknoten angeführter
Nutzen ist die Entlastung des Anwenders von der Datei- bzw. Datenverwaltung. Da das
Software-Werkzeug und dessen Datenschnittstellen Bestandteile des Ablaufschemas sind,
muß sich der Anwender nicht mehr um den korrekten Aufruf des Software-Werkzeugs
kümmern bzw. in welchem Directory oder welchen Dateien die jeweiligen relevanten Anwendungsdaten stehen. Dieser Aspekt wird von der im vorangegangenen Abschnitt beschriebenen
Anforderung der Erzeugung einer Ausführungsumgebung für Anwendungsknoten abgedeckt.

Abgesehen von Routinetätigkeiten forciert eine Systemunterstützung auch eine Systematisierung und Durchsetzung der *uniformen Behandlung von Abläufen*. Dieser Aspekt spielt
insbesondere im Entwurfsbereich von Produkten eine entscheidende Rolle. Der konsequente
Einsatz einer Entwurfsmethodik kann eine konstante Produktqualität sicherstellen.

Die Trennung zwischen *Arbeitsdurchführung* in den Anwendungsknoten und *Arbeitsorganisation* im Ablaufschema entspricht der in der Informatik hinlänglich bekannten Unterscheidung zwischen Zustand und Zustandswechsel bzw. Übergang. Der Nutzen einer
Trennung im vorliegenden Fall liegt insbesondere im strukturierten Aufbau entsprechender
Anwendungssoftware und somit der Berücksichtigung der im vorangegangenen Abschnitt
gestellten Anforderungen nach Flexibilität, Adaptivität, Erweiterbarkeit, etc. Es können
Änderungen in der Arbeitsorganisation vorgenommen werden, ohne die Arbeitsdurchführung
in den einzelnen Anwendungsknoten modifizieren zu müssen und umgekehrt.

Durch die systemgestützte Abwicklung und Protokollierung der Abläufe ist stets der aktuelle
Fortschritt der Abläufe eruierbar. Dies ermöglicht eine einfache Realisierung sogenannter
Management-Funktionen wie beispielsweise Anwendungen zur Ablaufverfolgung, -beaus-
kunftung sowie -überwachung. Durch eine Aggregation dieser Informationen kann die
aktuelle Last in einem verteilten Anwendungssystem auch im Hinblick auf eine mögliche
Lastverteilung dargestellt werden.

3.3   Abgrenzung von anderen Formen kooperativer Anwendungssysteme

In arbeitsteiligen (kooperativen) Anwendungssystemen arbeiten sehr viele Individuen zusammen und führen Aktivitäten aus.[4] Die Kooperation der Individuen im Hinblick auf ein gemeinsames Ziel setzt eine Interaktion voraus. Interaktion ist das gegenseitige Beeinflussen durch Information und Abstimmung. Die Interaktion enthält somit einen Kommunikationsaspekt zum Zweck des Informationsaustausches und einen Synchronisations-(Koordinations-)aspekt, um die Individuen aufeinander abzustimmen. Diese Begriffe werden in Abschnitt 5.4 aus Sicht der Systemprogrammierung eingeführt. Nachfolgend wird eine gängige Klassifikation kooperativer Anwendungssysteme eingeführt, um daraus anschließend eine Ein- und Abgrenzung der in dieser Arbeit betrachteten Anwendungsklasse vornehmen zu können.

Eine gängige Klassifikation kooperativer Anwendungssysteme erfolgt in einer Raum/Zeit-Taxonomie ([Joha 91], [ElGR 91], [GaHe 92]). Die Dimension des Raumes bezieht sich darauf, ob eine Anwendung räumlich zentral oder verteilt betrieben wird; die Dimension der Zeit dagegen soll zum einen zum Ausdruck bringen, ob eine Interaktion zwischen den Kooperationsteilnehmern in Realzeit synchron bzw. asynchron erfolgt, und zum anderen, ob die Effekte einer Interaktion synchron oder asynchron den anderen Kooperationsteilnehmern sichtbar werden. Tabelle 3-1 zeigt die Raum/Zeit-Klassifikation mit entsprechenden Beispielen für Groupware-Systeme. Aufgrund der Prägnanz und Verbreitung werden die angloamerikanischen Systembezeichnungen beibehalten; vertiefende Erläuterungen zu den Systemen sind in [Gibb 89] und [ElGR 91] zu finden.

Zeit / Raum	*synchron*	*asynchron*
zentral	Face-to-Face-Meeting, Group Decision Support Systems (GDSS)	Bulletin Board, Time scheduling
verteilt	Shared Screen, Computer Conferencing, Real-time Group Editors	Procedure Coordination, Message System

Tabelle 3-1: Klassifikation von Groupware-Systemen

---

4) Das entsprechende Schlagwort CSCW (*Computer Supported Cooperative Work*) wurde von Irene Greif und Paul Cashman geprägt und mit nachfolgender Umschreibung eingeführt ([Grei 88]): "… as a shorthand way of referring to a set of concerns about supporting multiple individuals working together with computer systems." Die unterstützenden Hard- und Softwaresysteme werden unter dem Begriff Groupware-Systeme subsumiert ([Joha 88] enthält dazu einen Überblick.).

Da in kooperativen Anwendungssystemen insbesondere die Bearbeitung einer gemeinsamen Aufgabe im Vordergrund steht, soll anhand dieser eingeführten klassischen Taxonomie nach Raum und Zeit zusätzlich der Aspekt der Koordination der Kooperationsteilnehmer untersucht werden. Die Form einer Koordination orientiert sich am Maß der Geregeltheit einer Anwendung. Es werden nachfolgend drei Formen der systemgestützten Koordination von Kooperationsteilnehmern beschrieben, die sich wesentlich in der Strenge der Koordination unterscheiden:

- keine systemgestützte Koordination,
- indirekte Koordination und
- direkte Koordination.[5]

Bei der Strenge der Koordination ist das vereinbarte Protokoll zwischen den Kooperationsteilnehmern entscheidend. Keine systemgestützte Koordination bedeutet, daß die Koordination, wie bei einem Telefongespräch, dem Benutzer überlassen wird. Bei einer indirekten Koordination treten die Kooperationsteilnehmer nur bei Zugriff auf gemeinsame Ressourcen zueinander in Beziehung. Für die Koordination bei Zugriff auf gemeinsame Ressourcen gibt es eine Vielzahl von Koordinationskonzepten, die jeweils einen gegenseitigen Ausschluß erzeugen. Im Betriebssystembereich sind das die entsprechenden Ansätze zum Schutz kritischer Abschnitte, im Datenbankbereich die Sperrkonzepte. Bei der direkten Koordination müssen direkte, wechselseitige Beziehungen zwischen Kooperationsteilnehmern kontrolliert werden, um ein gemeinsames Ziel zu erreichen. Als Beziehungen kommen hier einzuhaltende Reihenfolgen der Kooperationsteilnehmer in Betracht.

Der Ursprung der direkten Koordination liegt in der Verwaltung und im Betrieb großer Organisationen. Aufgabe der Organisationslehre ist die Konfiguration organisatorischer Strukturen und der Entwurf von Prozessen in Organisationen, um die verschiedenen Elemente einer Organisation als koordiniertes Ganzes zusammenzufügen. Jede Aktivität in einer Organisation kann auf ein auslösendes Ereignis zurückgeführt werden. Beispielsweise wird die Aktivität der Erzeugung von Fertigungsunterlagen in einem Industriebetrieb durch das Eintreffen eines Kundenauftrags ausgelöst. In der Organisationslehre wird in Abhängigkeit davon, ob zu einem auslösenden Ereignis die auszuführenden Aktionen bekannt sind, zwischen

- Routineaktivitäten und
- Problemlöseaktivitäten

unterschieden ([MaSi 58]). Bei einer Routineaktivität führt ein auslösendes Ereignis zur Ausführung vordefinierter Aktionen, bei einer Problemlöseaktivität dagegen sind zunächst entsprechende Aktionen zu entwickeln (Entscheidungsfindung), um auf ein auslösendes

---

5) Die Einteilung nach der Strenge der Koordination darf nicht mit der in [Ditt 91] eingeführten Klassifikation nach dem Ort der Koordination verwechselt werden. Er unterscheidet, ob der Benutzer, die gemeinsamen Ressourcen oder ein Koordinationssystem die Koordination vollziehen.

Ereignis reagieren zu können. In gut strukturierten Organisationen überwiegt die Anzahl der Routineaktivitäten die Anzahl der Problemlöseaktivitäten. In [MaSi 58] (S. 141) wird dieser Sachverhalt folgendermaßen umschrieben: "Situations in which a relatively simple stimulus sets off an elaborate program of activitiy without any apparent interval of search, problem-solving, or choice are not rare". Nach Vollzug eines Lernprozesses und einer Systematisierung können die Problemlöseaktivitäten auf Routineaktivitäten zurückgeführt werden.

Eine Aktivität in einer Organisation besteht aus der eigentlichen auszuführenden Aktion und der Spezifikation der Umstände (auslösende Ereignisse, Ausführungsbedingungen, etc.), unter denen die Aktion aufgerufen wird. "... a program-execution step by one member of an organization may serve as a program-evoking step for another member. ..., the receipt of a purchase order from the inventory clerk is a program-evoking step for the purchasing department" ([MaSi 58], S. 147). Die Koordinationsaufgaben in einer Organisation leiten sich aus den zahlreichen Verknüpfungen der Aktivitäten ab.

Die in Abschnitt 3.1 charakterisierten geregelten arbeitsteiligen Anwendungssysteme sind auf jeden Fall der Kategorie der Routineaktivitäten zuzurechnen. Aufgrund des a priori definierten Ablaufschemas ist sowohl festgelegt, wie die Aktivitäten miteinander verknüpft sind, als auch, welche Aktivität zu einem auslösenden Ereignis einer anderen Aktivität gehört. Mintzberg ([Mint 73]) schreibt in diesem Zusammenhang von

- ungeregelter (informaler) und
- geregelter (formaler) Kooperation in Anwendungen.

Während bei ungeregelten Anwendungen die Planbarkeit der Kommunikation zwischen Aktivitäten einer Anwendung sehr niedrig ist und somit die Kooperationsbeziehungen nicht festgelegt werden können, liegen bei geregelten Anwendungen eine hohe Planbarkeit und somit festgelegte Kommunikationsbeziehungen vor, die sich in einem hohen Koordinations- bedarf zwischen den Aktivitäten äußern. In neueren Quellen wird zwischen gut strukturierten (highly-structured repetitive activities) und wenig strukturierten (less structured, ad hoc oder unanticipated activities) Aktivitäten unterschieden ([SaAM 91]). Aufgrund der hohen Planbar- keit und der festgelegten Kommunikationsbeziehungen zwischen den Aktivitäten einer An- wendung erfolgt die Realisierung geregelter arbeitsteiliger Anwendungssysteme anhand von Ablaufkontrollsystemen, die in der Raum/Zeit-Klassifikation in Tabelle 3-1 als asynchrone, verteilte Systeme eingeordnet sind.

B Grundlagen und Basismechanismen für geregelte arbeitsteilige Anwendungssysteme

Im vorangegangenen Hauptabschnitt wurden geregelte arbeitsteilige Anwendungssysteme als Spezialisierung verteilter Anwendungssysteme eingeführt und charakterisiert. Der Inhalt des Hauptabschnitts B besteht darin, Grundlagen und Basismechanismen aufzuzeigen, die für den Entwurf und den Betrieb geregelter arbeitsteiliger Anwendungssysteme relevant sind.

Der vorliegende Hauptabschnitt wurde dazu in zwei Kapitel unterteilt: Kapitel 4 befaßt sich mit dem Entwurf und der Modellierung geregelter arbeitsteiliger Anwendungssysteme. Der Schwerpunkt liegt dabei auf einer durchgängigen Darstellung von Entwurf, Modellierung, Beschreibung und Repräsentation der einzelnen Komponenten in geregelten arbeitsteiligen Anwendungssystemen. In Kapitel 5 werden daran anschließend die Basismechanismen und Realisierungsgrundlagen aufgezeigt, die für den Betrieb geregelter arbeitsteiliger Anwendungssysteme notwendig sind.

4 Entwurf und Modellierung geregelter arbeitsteiliger Anwendungssysteme

Entwurf und Modellierung geregelter arbeitsteiliger Anwendungssysteme sind klassische Aufgabenstellungen der Software-Entwicklung. In diesem Kapitel werden zunächst die wesentlichen Komponenten geregelter arbeitsteiliger Anwendungssysteme eingeführt. Der Entwurf dieser Komponenten wird daran anschließend anhand grundlegender Konstruktionsprinzipien beschrieben. Die Verarbeitungsvorgänge in geregelten arbeitsteiligen Anwendungssystemen können in verschiedenen Modellansätzen idealisiert abgebildet werden. Ein Vergleich dieser Modellansätze führt dazu, daß lediglich die sogenannten Vorgangsmodelle als Ansatz für geregelte arbeitsteilige Anwendungssysteme in Frage kommen. Nach Auswahl der Vorgangsmodelle als Modellansatz werden sie hinsichtlich ihrer Beschreibungselemente und verschiedenen Beschreibungsformen kategorisiert. Aufgrund der enormen Bedeutung der Abläufe in geregelten arbeitsteiligen Anwendungssystemen werden zum Abschluß des Kapitels mögliche formale Repräsentationsformen für die Geregeltheit einer Anwendung aufgezeigt.

4.1 Komponenten geregelter arbeitsteiliger Anwendungssysteme

In diesem Abschnitt werden die relevanten Komponenten geregelter arbeitsteiliger Anwendungssysteme vorgestellt. Es handelt sich um die funktionalen, kontroll- und datentechnischen Aspekte eines Anwendungssystems, die nachfolgend beschrieben werden. Eine weitere Analyse der kontrolltechnischen Aspekte führt zur Festlegung der Begriffe Kontroll- und Datenfluß. Der Abschnitt schließt mit der Darstellung verschiedener Ansätze zur Kontroll- und Datenflußbeschreibung und einer Zusammenfassung.

4.1.1 Funktionale, kontroll- und datentechnische Aspekte

Ein geregeltes arbeitsteiliges Anwendungssystem enthält funktionale, kontroll- und datentechnische Aspekte. Die *funktionalen Aspekte* betreffen die Funktionen in einem Anwendungssystem einschließlich ihrer Schnittstellen. Eine funktionale Aufgabenteilung ermöglicht die effiziente Bearbeitung von Teilaufgaben einer Anwendung durch eine jeweils dedizierte Funktionalität. Bei den funktionalen Aspekten stehen das "Was" und "Wie" einer Anwendung im Vordergrund. Das "Was" soll auch die Daten umfassen, die von den einzelnen Funktionen benötigt bzw. erzeugt werden. Die Ablaufstruktur zwischen den Funktionen (das "Wann" einer Funktionsausführung) bleibt zunächst unberücksichtigt. Die Funktionen in komplexen Anwendungssystemen stellen in sich geschlossene, weitgehend unabhängige Einheiten dar. Die Beschreibung einer Funktion umfaßt ein bestimmtes Werkzeug, das zur Bearbeitung der Aufgabe herangezogen wird, sowie sogenannte Rollen, die diese Funktion ausführen dürfen.

Rollen ermöglichen eine konkrete Verbindung zwischen Benutzern und Funktionen. Ein Benutzer kann verschiedene Rollen einnehmen, und eine Funktion kann nur in gewissen Rollen ausgeführt werden. Die Benutzer oder Mitarbeiter einer Organisation sind in einer Art Personalstamm zusammen mit ihren möglichen Rollen zu führen. Mit einer Rolle sind Pflichten und Verantwortungsbereiche verbunden. Da das Benutzer/Rollenkonzept in dieser Arbeit nicht den Schwerpunkt der Untersuchungen bildet, wird es nur der Vollständigkeit halber erwähnt. Im weiteren wird von einer einfachen 1:1:1-Beziehung zwischen Benutzer, Rolle und Funktion ausgegangen, so daß diese drei Begriffe zusammenfallen und unter dem Begriff "Funktion" gemeinsam angesprochen werden können.

Die *kontrolltechnischen Aspekte* betreffen die operative Verknüpfung der identifizierten Funktionen in einem Anwendungssystem, um funktionsübergreifende Verarbeitungen kontrollieren zu können. Es ist die Frage zu beantworten, wann und/oder unter welchen Bedingungen eine Funktion auszuführen ist; dies kommt der Definition einer Aktivierungsreihenfolge gleich. Die Verknüpfung von Funktionen hinsichtlich ihrer Aktivierungsreihenfolge hat aufgrund der Datenquelle/-senke-Abhängigkeiten zwischen den Funktionen auch entsprechende Konsequenzen auf der Datenebene.

Die *datentechnischen Aspekte* eines Anwendungssystems sind zweigeteilt: zum einen betreffen sie die in einer Anwendung anfallenden Datenbestände, zum anderen ist der bereits angedeutete Datenfluß zwischen den Funktionen eines Anwendungssystems zu berücksichtigen. Die Strukturierung der Datenbestände ist eine klassische Datenverwaltungsaufgabe. Der Datenfluß mit Quelle/Senke eines Datums dagegen entspricht der dualen Fragestellung zur funktionalen Sicht, welche Daten von welcher Funktion gebraucht/erzeugt werden. Die Daten, die von einer Funktion erzeugt wurden, werden von einer nachfolgenden Funktion weiterverarbeitet ("information pipelining").

In der Organisationslehre werden die funktionalen, kontroll- und datentechnischen Aspekte einer Anwendung in die Bereiche Aufbau- und Ablauforganisation unterteilt ([Nord 34], Abbildung 4-1). In der Aufbauorganisation werden sogenannte Stellen gebildet, in denen Aufgaben zu bearbeiten sind. Dazu werden den Stellen Aufgabenträger (Personal) und Sachmittel (Software-Werkzeuge) sowie für die Aufgabenerfüllung notwendige Informationen zugeordnet. Zwischen den Stellen bestehen statische Zuordnungsbeziehungen in Form von

Leitungs- oder Kommunikationsbeziehungen. Die Ablauforganisation beschreibt dagegen die zeitlichen Folgebeziehungen zwischen den Stellen. Zusammenfassend bedeutet dies, daß in der Aufbauorganisation die funktionalen und datentechnischen Aspekte einer Anwendung festgelegt sind, in der Ablauforganisation dagegen die kontrolltechnischen.

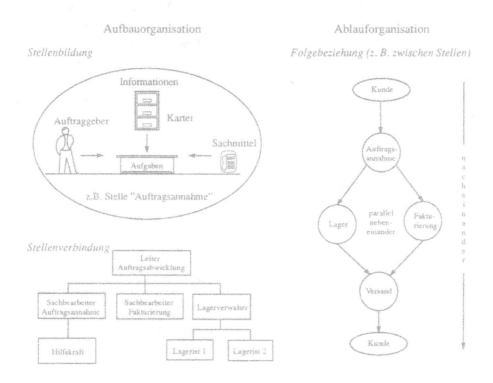

Abbildung 4-1:   Aufbau- und Ablauforganisation am Beispiel einer Auftragsabwicklung (nach [LiSu 88])

4.1.2   Kontroll- und Datenfluß als kontrolltechnische Aspekte

Während die funktionalen und datentechnischen Aspekte eindeutig zugeordnet werden können, betreffen die kontrolltechnischen Aspekte eines Anwendungssystems sowohl die Steuerung der auszuführenden Funktionen als auch den damit verbundenen Datenfluß zwischen den Funktionen. Diese Unterteilung der kontrolltechnischen Aspekte wird nachfolgend unter den beiden Begriffen Kontroll- und Datenfluß erläutert.

Beim Entwurf und Betrieb von Anwendungssystemen kann zwischen der Funktions- und Datenebene unterschieden werden. Um die Begriffe Kontroll- und Datenfluß definieren zu können, werden nachfolgend orthogonal zur Funktions- und Datenebene eine lokale Sicht innerhalb der Funktionen und eine funktionsübergreifende Sicht eingeführt. Diese Unterscheidung überträgt sich aufgrund der Erzeuger/Verbraucher-Abhängigkeiten auch auf die Daten. Die beiden Sichten sollen im folgenden als Intra- und Inter-Sicht bezeichnet werden. Die Trennung zwischen Intra- und Inter-Sicht ergibt sich bei der Entwicklung von Anwendungssystemen meist implizit, da zunächst mit kleinen Einheiten begonnen wird und diese anschließend miteinander verknüpft werden. Tabelle 4-1 zeigt das aus der Gegenüberstellung der beiden Dimensionen entstehende Klassifikationsschema mit entsprechenden Beispielansätzen, die nachfolgend erläutert werden. In einer dritten Dimension kann bei der Einordnung von Ansätzen noch die Einteilung (a) Methodologie, (b) Repräsentation (Beschreibung) und (c) Realisierung berücksichtigt werden.[1]

Ebene \ Sicht	Intra-Sicht	Inter-Sicht
Daten	a) Datenschema-Entwurf b) Entity-Relationship-Modell c) Relationales Datenbanksystem (I)	a) Entwurf des Datenflußschemas b) Datenflußdiagramm c) Checkin/Checkout-Mechanismen (II)
Funktionen	a) Strukturierte Analyse b) Programmiersprache c) Lauffähiges Programm (III)	a) Entwurf d. Prozeßstrukturschemas b) Ablaufdiagramm c) Kommunikations-/Synchronisationssystem (IV)

Tabelle 4-1: Ebenen und Sichten in einem Anwendungssystem

Die Intra-Sicht auf Datenebene[I] betrifft den Entwurf eines konzeptionellen Datenschemas. Dabei können die bekannten Techniken aus dem Datenbankbereich angewendet werden, wie Normalformenlehre, Funktionalrelationen oder Prädikation/Abstraktion (siehe [LoSc 87] und [Wede 91]). Das Datenschema kann beispielsweise in einem Entity-Relationship-Modell oder semantischen Datenmodell dokumentiert und mit Hilfe eines relationalen Datenbanksystems implementiert werden. Die Inter-Sicht[II] auf Datenebene dagegen enthält die Beschreibung des Datenflusses zwischen den Funktionen. Der Datenfluß wird in Datenflußdiagrammen repräsentiert und datenbankgestützt durch Checkin/Checkout-Mechanismen (Einbringen und Auslesen von Datenbankobjekten) realisiert. Auf Funktionsebene liegen bei der Intra-Sicht[III]

---

1) Eine ähnliche, jedoch anwendungsbereichsspezifische Klassifizierung wird in [Klei 92] vorgeschlagen. Der Autor beschreibt ein betriebliches Informationsmodell, bestehend aus den Komponenten betriebliche Informationen, betriebliche Funktionen, Informations- und Kommunikationsbeziehungen sowie Prozessen.

isolierte Funktionen vor, die durch entsprechende Software-Entwicklungsmethoden gewonnen werden. Der Entwurf wird durch eine Methodik erleichtert, die Strukturierungsmechanismen wie Verfeinern und Zusammenfassen zur Verfügung stellt, und eine Anleitung gibt, wie vorgegangen werden soll (z. B. Strukturierte Analyse). Die Beschreibung der Funktionen erfolgt in einer beliebigen Programmiersprache, so daß letztendlich lauffähige Programme entstehen. Die isolierten Funktionen können aus einer globalen Sicht (Inter-Sicht[IV]) heraus mit Ablaufstrukturen in einem Prozeßstrukturschema verknüpft werden. Die Repräsentant dieser Strukturen erfolgt in einem Ablaufdiagramm. Als Realisierungsmechanismen kommen Kommunikations- und Synchronisationsmechnismen aus dem Programmiersprachen- und Betriebssystembereich zum Einsatz. Bei den Bestrebungen zur Integration von Daten und Funktionen (Methoden) aus Intra-Sicht [V] ist die objektorientierte Vorgehensweise ein vielversprechender Ansatz. In einem Klassenschema werden im Sinne einer Kapselung die Daten und die darauf definierten Operationen modelliert. Unter einer Integration der Daten- und Funktionsebene aus Inter-Sicht[VI] ist die Abstimmung der Kontroll- und Datenflüsse zu verstehen, wie beispielsweise die Anforderung, daß eine Funktion erst aktiviert werden darf, wenn die entsprechenden Daten auf Datenebene zur Verfügung stehen.

Die Ablaufstrukturen auf Funktionsebene bestimmen den Kontrollfluß. Die Daten zur Realisierung der Ablaufstrukturen heißen Kontrolldaten. Aus Anwendungssicht handelt es sich bei den Kontrolldaten beispielsweise um Auftragsdaten, Formulare und dergleichen. Die ausgetauschten Anwendungsdaten zwischen den Funktionen, wie z. B. Kundenstammsätze und Produktbeschreibungen, bilden dagegen den Datenfluß ([ReWe 92a]).

Anhand des Klassifikationsschemas in Tabelle 4-1 lassen sich viele in der Literatur zu findenden Begriffe im Zusammenhang mit der Modellierung der statischen Systemeigenschaften und des dynamischen Systemverhaltens einordnen und gegeneinander abgrenzen. Die Modellierung der statischen Systemeigenschaften beschränkt sich in den meisten Fällen auf den Entwurf des konzeptionellen Datenschemas; dynamische Modellierung bezeichnet die Beschreibung des Verhaltens eines Systems. Problematisch ist die Verwendung des Begriffs dynamische Modellierung insofern, als er nicht die Dynamik eines Modells im Sinne der Weiterentwicklung oder Anpassung des Modells an geänderte Anforderungen einer Anwendung ausdrückt. Dieser Aspekt wird in [FaOP 92] als evolutionär oder in [RaVe 92] als Dynamik zweiter Ordnung bezeichnet und soll in dieser Arbeit nicht weiter betrachtet werden.

Das "Verhalten" eines Systems kann sowohl auf die Funktionen als auch auf die Daten bezogen werden. Unter dem dynamischen Verhalten der Daten versteht man den Lebenszyklus eines Objekts: ein Student schreibt sich ein, legt das Vordiplom ab, fertigt eine Diplomarbeit an und erhält ein Diplom. Diese dynamischen Aspekte werden in [Saka 90] als "behaviour of objects" bezeichnet. Die Daten unterliegen Zuständen und Übergängen, wobei die Über-

gänge mit Hilfe von Petri-Netzen modelliert werden. Ein ähnliches Konzept wird mit dem
BIER-Ansatz (*B*ehaviour *I*ntegrated *E-R* Approach) verfolgt ([EKTW 87]). Beim dynamischen Verhalten auf Funktionsebene dagegen wird häufig von Aktivitäten- oder Prozeßmodellierung gesprochen, womit sowohl die Intra- als auch die Inter-Sicht des obigen Klassifikationsschemas gemeint werden. In [KuSö 86] beispielsweise wird unter "activity modelling"
die Spezifikation von Aktivitäten und ihrer strukturellen Beziehungen verstanden. Die Modellierung der eigentlichen Dynamik des Systemverhaltens dagegen wird als "behaviour modell-
ling" bezeichnet. In [FeFi 85] wird der Ausdruck "action modelling" verwendet. Die Autoren
unterscheiden zwischen allgemeinen Funktionen in einem Anwendungssystem und elementaren Funktionen, die Veränderungen an Datenbeständen vornehmen und im wesentlichen
Datenbanktransaktionen entsprechen. Die elementaren Funktionen werden in Aktionen zerlegt. Eine Aktion operiert auf einem Datenobjekt und legt dessen Verhalten fest ("behaviour
of data"). In Analogie zum Ausdruck "entity modelling" wird der Ausdruck "action
modelling" verwendet, um die Modellierung der Beziehungsstrukturen zwischen den Aktionen zu bezeichnen.

4.1.3   Ansätze zur Kontroll- und Datenflußbeschreibung

Nach der thematischen Einführung der Begriffe Kontroll- und Datenfluß im vorangegangenen
Abschnitt werden in diesem Abschnitt ausgewählte Ansätze zur Beschreibung des Kontroll-
und Datenflusses kritisch vorgestellt (zu weiteren Ansätzen siehe [FrWa 80]). Die Ansätze
stammen aus dem Bereich der strukturierten Analyse bei der Software-Entwicklung. Sie
sind als Beispieleinträge in der Tabelle 4-1 für die Inter-Sicht auf Funktions- und Datenebene
zu verstehen. Im einzelnen handelt es sich um nachfolgende Ansätze; sie werden am Ende
des Abschnitts tabellarisch zusammengefaßt:

- SADT und SA für die Datenflußbeschreibung und
- SA/RT und PSL/PSA zur Kontrollfluß- und Datenflußbeschreibung.

SADT (*S*tructured *A*nalysis and *D*esign *T*echnique) ist eine Methode für die funktionale
Dekomposition eines Systems und die Beschreibung der Abhängigkeiten zwischen den
Systemkomponenten in Form von Datenflüssen ([Ross 77], [RoSc 77]). Der Ansatz unterstützt
eine graphische Beschreibungssprache ("box-and-arrow diagramming language"), die ein
System durch Rechtecke und Pfeile darstellt. Je nachdem, ob die Rechtecke Aktivitäten und
die Pfeile Datenflüsse repräsentieren oder umgekehrt, entsteht ein Aktivitäten- oder ein
Datendiagramm (Abbildung 4-2). Aktivitäten- und Datendiagramme sind dual zueinander,
werden jedoch häufig redundant entwickelt, um Inkonsistenzen in der Spezifikation zu
erkennen. Aufgrund der Dualitätseigenschaft wird nachfolgend nur das Aktivitätendiagramm
beschrieben.

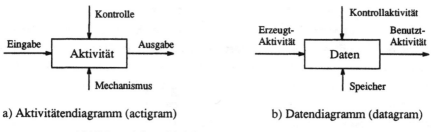

a) Aktivitätendiagramm (actigram)   b) Datendiagramm (datagram)

Abbildung 4-2:   Aktivitäten- und Datendiagramm in SADT

Die Pfeile eines Aktivitätendiagramms beschreiben die Schnittstellen einer Aktivität. Die Ein-/Ausgabe-, Mechanismus- und Kontrollpfeile zeigen das *was*, *wie* und *warum* einer Aktivität an. Die Aktivität selbst wird lediglich benannt und verbal beschrieben. Die Ein- und Ausgabepfeile deuten eine Datentransformation an. Der Mechanismuspfeil drückt die Art der Aktivitätenausführung (Programm, Experte, etc.) aus, und der Kontrollpfeil stellt die Beeinflussung der Aktivitätenausführung durch die Vorgabe von Rand- und Ausführungsbedingungen dar. Beispielsweise wird bei einer Aktivität "Zimmer_Reservierung" in einer Hotelanwendung mit dem Kontrollpfeil die Bedingung spezifiziert, daß für eine Reservierung noch Zimmer frei sein müssen. Der Ausgabepfeil eines Aktivitätendiagramms kann mit dem Eingabe- und/oder Kontrollpfeil anderer Aktivitätendiagramme verknüpft werden.

Charakteristisch an SADT ist die strikte Top-down-Vorgehensweise beim Systementwurf. Durch eine schrittweise Verfeinerung der Diagramme entstehen neue Diagramme in Ebenen mit höherem Detaillierungsgrad. Eine Aktivität wird in mehrere Teilaktivitäten zerlegt, wobei darauf zu achten ist, daß alle Pfeile der übergeordneten Aktivität in der Verfeinerung entsprechenden Teilaktivitäten zugeordnet werden. Die Beschreibungssprache von SADT umfaßt 40 Sprachelemente und enthält unter anderem Elemente für die Und- (branch/join) und Oder-Verzweigung/Zusammenführung (or-branch/or-join) eines Datenflusses sowie das Vereinigen eines Eingabeflusses (bundle) und Aufteilen eines Ausgabeflusses (spread).

SADT sieht lediglich eine rein textuelle und keine formale Beschreibung der Aktivitäten vor. Die textuelle Darstellung läßt insbesondere keine formalen Konsistenz- und Vollständigkeitsprüfungen zu. Aus diesem Grund ist auch keine Schematisierung der zwischen den Aktivitäten auszutauschenden Dateneinheiten möglich. Versuche, erweiterte Petri-Netze als mathematisches Modell zur Definition der Semantik von SADT-Diagrammen einzusetzen, sind kritisch zu bewerten, da sich nicht jedes der 40 Sprachelemente abbilden läßt ([Ross 85], [Tse 91]). Die Pfeile eines SADT-Diagramms repräsentieren lediglich Beziehungen (Datenkommunikation) zwischen den Aktivitätendiagrammen und drücken insbesondere keine kontrolltechnischen Aspekte in dem in der vorliegenden Arbeit verwendeten Sinne aus. SADT ist somit lediglich als Spezifikationstechnik für Datenflüsse zu verstehen. Ein Verarbeitungsmodell im Sinne eines Programmier- oder Ausführungsmodells gibt es für SADT nicht.

Ähnliche Methoden wie bei SADT werden bei *SA* (*Structured Analysis*) zur Datenflußbeschreibung eingesetzt. SA ist hier als Sammelbegriff für verschiedene in der Praxis
eingesetzte Software-Entwicklungs-Methoden (Yourdon-Methode YSM, DeMarco-Methode,
Gane-Sarson-Methode, etc.) zu verstehen. Die SA-Werkzeuge beschränken sich häufig auf
die Bereitstellung graphischer Datenflußdiagramm-Editoren, die sich meistens nur in ihrer
Notation unterscheiden. Die gebräuchlichsten Notationen sind die von DeMarco ([Marc 78])
und Gane/Sarson ([GaSa 79]). SA bezieht zusätzlich zum Datenfluß in den SADT-Aktivitäten-
diagrammen sogenannte Datenspeicher und externe Einheiten mit in den Systementwurf ein;
dagegen wird auf die Spezifikation der Kontrollbedingungen und Mechanismen verzichtet
(Abbildung 4-3). Der Datenfluß und die Datenspeicher werden in einfachen Datenstrukturen
mit untypisierten Datenelementen beschrieben und in einem Daten-Wörterbuch abgelegt. Eine
externe Einheit repräsentiert eine Person, Organisation oder allgemein ein System, das Daten
an das im Datenflußdiagramm beschriebene System sendet. Bekannte Werkzeuge zur Unterstützung von Datenflußdiagrammen sind z. B. IEF (*Information Engineering Facility*) von
Texas Instruments, INNOVATOR von MID, CASE*Designer von ORACLE und Excelerator
von Index Technology Corp. (zu weiteren Ansätzen siehe [BaCN 91]).

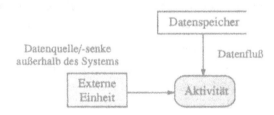

Abbildung 4-3:   Gane/Sarson-Datenflußdiagramme ([GaSa 79])

Die SA-Ansätze sind eine bewährte Spezifikationstechniken, weisen jedoch in der vorgestellten klassischen Form erhebliche Schwachstellen auf. Auf die daraus resultierenden
Probleme beim Software-Entwurf wird in [Glin 91] hingewiesen:

- fehlende Schnittstellenbeschreibungen zu Teilsystemen,
- Beschränkung auf den Datenfluß als alleiniges Organisationsprinzip sowie
- unklare Semantik und beschränkte Ausführbarkeit der Spezifikation.

Erweiterungen der SA-Ansätze mit ihren Datenflußdiagrammen um sogenannte Kontrollflußdiagramme werden unter der Bezeichnung *SA/RT* (*Structured Analysis/Real Time*) zusammengefaßt ([ScNé 90]). Es handelt sich hierbei um die beiden Ansätze nach Hatley/Pirbhai (1988)
und Ward/Mellor (1985). Beide Ansätze bauen auf der strukturierten Analyse nach DeMarco
auf. Während ein Datenflußdiagramm lediglich festlegt, welche Daten zwischen den Aktivitäten fließen, wird in Kontrollflußdiagrammen spezifiziert, wann und unter welchen Um-

ständen eine Aktivität ausgelöst wird (Reihenfolge der Aktivitäten). Wie die Analyse der Anwendung in Kapitel 2 bereits deutlich machte, müssen der Kontroll- und Datenfluß nicht immer übereinstimmen. Für die Darstellung der Kontrollflußdiagramme kommen im wesentlichen die gleichen Beschreibungselemente wie in Abbildung 4-3 für Datenflußdiagramme zum Einsatz, mit dem Unterschied, daß keine Anwendungsdaten, sondern Kontrolldaten (Steuersignale und Ereignisse) entlang der Pfeile fließen und statt Aktivitäten sogenannte Steuerprozesse verwendet werden. Die Steuerprozesse transformieren eingehende in ausgehende Ereignisflüsse. Die Spezifikation dieser Transformation erfolgt im Ward/Mellor-Ansatz nach einem Zustandsübergangsdiagramm gemäß den endlichen Mealy-Automaten ([Ward 86]).

Während bei SA/RT die Beschreibung des Kontrollflusses anhand graphischer Sprachelemente erfolgt, unterstützt der Ansatz *PSL/PSA* (Problem Statement Language, Problem Statement Analyzer) mit PSL die formale Beschreibung und mit PSA die automatische Analyse von Systemdefinitionen ([TeHe 77]). PSL ist eine formale, nicht-prozedurale Beschreibungssprache zur Definition funktionaler Systemstrukturen. Die Definition umfaßt den Eingabe/Ausgabe-Fluß im System, Systemeigenschaften, Datenstrukturen und dynamisches Systemverhalten. Nachfolgender Ausschnitt aus einem Beispiel soll einen Eindruck der PSL-Sprache vermitteln:

```
PROCESS hourly-employee-processing;
DESCRIPTION;   this process performs those actions needed to interpret time cards to ...
GENERATES:     pay-statement, error-listing, hourly-employee-report;
RECEIVES:      time-card;
SUBPARTS ARE:  hourly-paycheck-validation, hourly-emp-update,
               h-report-entry-generation, hourly-paycheck-production;
PART OF:   payroll-processing;
DERIVES:   pay-statement            USING  time-card, hourly-employee-record;
DERIVES:   hourly-employee-report  USING  time-card, hourly-employee-record;
PROCEDURE;     1. compute gross pay from time card data.
               2. compute tax from gross pay.       ...
HAPPENS:       number-of-payments TIMES-PER pay-period;
TRIGGERED BY: hourly-emp-processing-event;
TERMINATION-CAUSES: new-employee-processing-event;
```

PSL ermöglicht durch Objekttypen und Beziehungen zwischen Objekttypen eine Kontroll- und Datenflußbeschreibung. Objekttypen sind beispielsweise PROCESS, INPUT, OUTPUT oder SET (Daten), Beziehungen zwischen Objekttypen RECEIVES oder TRIGGERED BY. Datenmanipulationen innerhalb eines Prozesses werden mit USES (Daten lesen), DERIVES (Daten schreiben) und UPDATES (Daten ändern) spezifiziert. Die Sprachkonstrukte TRIGGERED BY und TERMINATION-CAUSES spezifizieren Auslösebeziehungen zwischen Prozessen. Ein PROCESS wird beim Eintreten eines Ereignisses angestoßen und erzeugt mit seiner Beendigung andere Auslöseereignisse. Mit diesem Ereignismodell (stimulus-response model) ist es möglich, den Kontrollfluß zwischen den Prozessen zu beschreiben. Der Gedanke des ereignisorientierten Auslösens von Funktionen hat sich in zahlreichen weiteren Ansätzen etabliert (z. B. Dämonen-Mechanismus in Gist [BaCG 83]).

Nach der Einführung verschiedener Ansätze zur Kontroll- und Datenflußbeschreibung und einer jeweiligen Bewertung werden die diversen Ansätze zum Abschluß in der Tabelle 4-2 zusammengefaßt. Die Ansätze SADT, SA und SA/RT wurden aufgrund ihrer Gemeinsamkeiten in eine Spalte gefaßt. Weiterführende Literatur auch zu verwandten Ansätzen ist neben der jeweiligen Originalliteratur in [Part 90] und [ScNé 90] aufgeführt.

Kriterium \ Ansatz	*SADT, SA* und *SA/RT*	*PSL/PSA*
Beschreibungssprache	graphisch und natürlichsprachlich	semiformal (PSL)
Entwurfsregeln	40 Sprachelemente, Verfeinerungsregel	Triggern der Prozesse
Repräsentationsform	Aktivitätendiagramm, Datendiagramm	Text oder Prozeßnetzwerk
Funktionsbeschreibung	textuell (structured english)	textuell
Kontrollfluß	SADT u. SA: keine Ablaufreihenfolgen SA/RT: Ereignisfluß	Triggered-By, Termination-Causes
Datenstrukturen	keine Datenmodellierung	Hierarch. Dekomposition (keine Typen)
Datenfluß	Ein-/Ausgabefluß	Ein-/Ausgabefluß

Tabelle 4-2: Ansätze zur Kontroll- und Datenflußbeschreibung

4.1.4   Zusammenfassung

Die Repräsentation geregelter arbeitsteiliger Anwendungssysteme muß die funktionalen, kontroll- und datentechnischen Aspekte einer Anwendung umfassen, wobei die kontrolltechnischen Aspekte in den Kontroll- und Datenfluß zerlegt werden können. Ansätze zur Beschreibung des Kontroll- und Datenflusses werden insbesondere aus dem Bereich der strukturierten Analyse von Softwaresystemen aufgegriffen. Neben der strukturierten Analyse haben nach [Öste 81] noch zahlreiche weitere Entwurfsmethoden für betriebliche Informationssysteme eine gewisse Bedeutung in Theorie und Praxis erlangt: HIPO (Beschreibung der hierarchischen Systemstruktur und der Eingabe-Ausgabe-Beziehung der Prozesse), ADT (Abstrakter Datentyp), Jackson-Methode (Beschreibung des funktionalen Zusammenhangs von Systemkomponenten mit Hilfe von Strukturblöcken, die in einem Baumdiagramm angeordnet werden), etc. Aufgrund der Vielzahl, Ähnlichkeit und gegenseitigen Verzahnung der Ansätze wurde sich im vorangegangenen Abschnitt auf einige wenige Ansätze beschränkt.

Ansätze für einen ganzheitlichen Systementwurf werden in [OHMR 88] (Anhang A.2) charakterisiert: ACM/PCM, IEM, MERISE, REMORA, etc. Die Literaturstelle enthält 34 sogenannte Methodologien für den Entwurf von Informationssystemen. Bei einer genaueren Betrachtung dieser Ansätze stellt man fest, daß es sich - abgesehen von einigen kommerziellen Eigenheiten - bei diesen Methodologien um Beschreibungsmittel handelt, die Ansätze aus den Bereichen

- Datenbank- (Entity-Relationship-Modell, semantische Datenmodelle, etc.),
- Software- (Strukturierte Analyse) und
- Prozeßmodellierung (Petri-Netze, Zustands/Übergangsdiagramme, etc.)

vereinen und als integrierte Software-Entwicklungswerkzeuge anbieten.[2] In [CaNa 87] wird beispielsweise ein Ansatz SA-ER mit dem Ziel verfolgt, eine funktionale und datenorientierte Spezifikation von Informationssystemen durch Kombination von Techniken der strukturierten Analyse und der Entity-Relationship-Modellierung zu ermöglichen. Der Datenfluß wird dabei aus der Beschreibung des Kontrollflusses abgeleitet. Die Repräsentation von Datenflüssen zwischen Funktionen kann in einem erweiterten Entity-Relationship-Ansatz erfolgen ([Mark 90]). Als Vorteile einer Kombination von Ansätzen aus den verschiedenen Bereichen erhofft man sich eine vollständige und vor allem konsistente Systembeschreibung.

4.2 Konstruktion geregelter arbeitsteiliger Anwendungssysteme

Nach der Einführung der Komponenten geregelter arbeitsteiliger Anwendungssysteme im vorangegangenen Abschnitt werden in diesem Abschnitt grundlegende Prinzipien für die Konstruktion dieser Komponenten vorgestellt. Die Anwendung der Konstruktionsprinzipien wird anschließend anhand der Theorie der Kontrollsphären erläutert. Kontrollsphären sind ein allgemeines Konzept, um Abläufe und Beziehungen in komplexen Systemen zu systematisieren und deren Darstellung zu strukturieren.

4.2.1 Grundlegende Konstruktionsprinzipien

Der Entwurf der verschiedenen Komponenten eines Anwendungssystems kann nach drei grundlegenden Konstruktionsprinzipien erfolgen ([Wede 92b]):

---

2) [CuKO 92] verfeinert diese drei Einflußbereiche zu 12 sogenannten Basissprachtypen und ordnet sie den funktionalen, kontroll- und datentechnischen Aspekten in einem Anwendungssystem zu.

- Komposition,
- Abstraktion und
- operative Zusammensetzung.

Es ist vorab festzuhalten, daß die Komposition und Abstraktion konstitutiv, das heißt einführend sind, und somit der operativen Zusammensetzung methodisch vorangehen. Komposition und Abstraktion werden für die funktionalen und datentechnischen Aspekte eines Anwendungssystems herangezogen, während durch die operative Zusammensetzung der Kontrollfluß zwischen den methodisch eingeführten Funktionen festgelegt wird.

Die *Komposition* wird als Syntheseprinzip verstanden, um aus gegebenen Bausteinen (Funktionen oder Daten) komplexe Strukturen zusammenzusetzen.[3] Das der Komposition entsprechende Analyseprinzip heißt Individuation. Im Mittelpunkt der Komposition steht die Teil/Ganze-Relation $\leq$ ($x \leq y$, gelesen: x ist ein Teil von y), die durch nachfolgende drei Axiome definiert wird ([Mitt 84]):

- Reflexivität $\forall_x (x \leq x)$
- Transitivität $\forall_{x,y} (x \leq y \land y \leq z \rightarrow x \leq z)$
- Kennzeichnung $\iota_x\ G(x)$ mit $G(x) =_{def.} \forall_y (y \circ x \leftrightarrow \exists_z (P(z) \land y \circ z))$[4]

Das durch die Aussageform P(x) eindeutig bestimmte Objekt heißt das aus den Teilen, die P(x) erfüllen, gebildete Ganze $\kappa_x\ P(x)$ (gelesen: das ganze P). Als fundamentaler Unterschied zur Menge der Objekte, die P(x) erfüllen, entsteht mit $\kappa_x\ P(x)$ ein Objekt vom gleichen logischen Typ wie die Objekte, die P(x) erfüllen.

Wesentlich an der Komposition ist, daß durch die Zusammensetzung von Teilen keine neue Sprachstufe eingeführt, sondern im Objektbereich des gleichen logischen Typs verblieben wird. Die zusammengesetzte Struktur und ihre Bausteine sind somit vom gleichen logischen Typ. Darin liegt auch der entscheidende Unterschied zur Klassenlogik, bei der durch die Zusammensetzung von Teilen eine Menge von Objekten entsteht, die P(x) erfüllen. Weiterhin gilt zu beachten, daß die Teile eines zusammengesetzten Teils in keiner Reihenfolgebeziehung zueinander stehen, d. h. es ist gleichgültig, ob bei der Komposition erst die Teile A und B und dann C oder erst B und C und dann A zusammengesetzt werden.

Beispiele für den Einsatz der Komposition als Konstruktionsprinzip sind sowohl beim Daten- als auch Funktionsentwurf zu finden. Klassisch im Bereich der Datenmodellierung ist das Beispiel der Stückliste. Abbildung 4-4 zeigt den Gozinto-Graphen einer Stückliste und das

---

3) Die Grundlagen der Komposition liegen in der Mereologie, der Lehre vom Teil und Ganzen, die auf den polnischen Logiker Lesniewski zurückgeht.

4) ι ist der Kennzeichnungsoperator. $x \circ y$ beschreibt die Überlappung und wird gelesen: x überlappt y. Die Überlappung wird wie nachfolgend definiert: $x \circ y =_{def.} \exists_z (z \leq x \land z \leq y)$.

entsprechende Konstruktionsdiagramm für ein konzeptionelles Datenschema ([Wede 91]). Für die Stückliste gilt Reflexivität, Transitivität und die eindeutige Kennzeichnung eines Teils durch seine Einzelteile. Die Kanten im Gozinto-Graphen drücken die Aussageform P des Axioms (3) obiger Definition aus. Beispiele für die Anwendung der Komposition im Bereich der Software-Entwicklung sind in der Compiler-Technik unter dem Stichwort Makroexpansion zu finden. Bei dieser Technik werden bestehende Funktionen zusammengesetzt, wobei als Ergebnis nicht eine Menge von Funktionen, sondern wiederum eine Funktion entsteht. Ein weiteres Beispiel ist im Bereich der verteilten Systeme zu finden. Hier werden globale Operationen durch mehrere lokale Operationen realisiert, die auf verschiedenen Rechnern ablaufen.

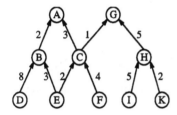 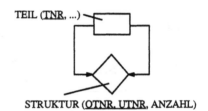

a) Stückliste als Gozinto-Graph   b) Konstruktionsdiagramm einer Stückliste

Abbildung 4-4:   Komposition bei der Datenmodellierung

Das zweite Konstruktionsprinzip beim Entwurf von Anwendungssystemen ist die *Abstraktion* bzw. die Konkretion als entsprechendes Zerlegungsprinzip.[5] Die Abstraktion wird als Ausdrucksweise verstanden, bei der über konkrete Objekte (Funktionen oder Daten), die bezüglich einer Äquivalenzrelation invariant sind, ein Abstraktionsschema eingeführt wird ([Mitt 84]). Es gilt

$$\alpha\, x\, \varepsilon\, A\, =_{Def} \forall_x\, (y \sim x \rightarrow y\, \varepsilon\, A)$$

mit α als Abstraktor und $\sim$ als Äquivalenzrelation. Das Schema drückt aus: Wenn die Aussage A für x gilt, ist sie auch für alle y, die zu x in der genannten Äquivalenzrelation stehen, richtig. Der Abstraktor α zeigt an, welche Äquivalenzrelation der jeweiligen Abstraktion zugrunde liegt. Abstrakte Gegenstände können zur Basis weiterer Abstraktionen werden. Der Sinn der abstrakten Ausdrucksweise liegt darin, daß durch die Abstraktion ein Kontext erzeugt wird, in dem nur die invarianten Aussagen von Interesse sind. Dazu wird eine neue Sprachebene, die abstrakte Ebene, im Unterschied zur konkreten Ebene eingeführt. Der Abstraktor Zahl beispielsweise deutet einen arithmetischen Kontext an, in dem die konkreten

---

5)   Das hier verwendete Abstraktionsverfahren geht in seiner Grundidee auf Gottlob Frege zurück.

Ziffernfolgen (Zählzeichen) keine Rolle spielen. Die Ziffern "3" und "III" sind somit auf abstrakter Ebene äquivalent, auf konkreter Ebene aber natürlich unterschiedlich.

Ein gängiges Beispiel im Bereich der Datenmodellierung ist der Übergang von den Objekten "Mann" und "Frau" durch Abstraktion zum Objekt "Wähler". Die Objekte "Mann" und "Frau" sind im Kontext einer Wahl äquivalent (Abbildung 4-5a). In der Datenbanklehre wird diese Form der Abstraktion als Subordination oder Art/Gattungsbeziehung bezeichnet ([Wede 91]). Weit verbreitet ist die Abstraktion auch bei der Software-Entwicklung. Beispielsweise ist im Kontext Listenverarbeitung lediglich die Sortierung einer Liste wesentlich, das angewandte konkrete Sortierverfahren ist gleichgültig. Die Verfahren QuickSort und MergeSort sind somit auf abstrakter Ebene als äquivalent zu betrachten (Abbildung 4-5b).

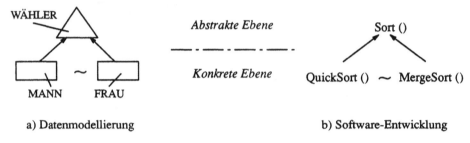

a) Datenmodellierung   b) Software-Entwicklung

Abbildung 4-5:   Abstraktion bei der Datenmodellierung und in der Software-Entwicklung

Bei der *operativen Zusammensetzung* als drittes Konstruktionsprinzip werden die durch Komposition oder Abstraktion methodisch konstituierten Funktionen mit Hilfe von Ablaufstrukturen verknüpft. Es handelt sich bei der operativen Zusammensetzung um eine Form der Programmierung, bei der die Funktionen auf einer ersten Stufe (Objektstufe) erstellt und ihre Zusammensetzung auf einer zweiten Stufe (Metastufe) behandelt werden. Auf einer Metaebene wird *über* die Objekte auf Objektebene gesprochen. Meta- und Objektebene stehen relativ zueinander, so daß mehrere Ebenen eingeführt werden können ([Mitt 84]).[6]

Bei der operativen Zusammensetzung von Funktionen sind nachfolgende elementare Strukturen zu unterscheiden:

- Sequenz,
- Parallelverzweigung und
- bedingte Verzweigung.

6) Die Unterscheidung zwischen Meta- und Objektebene wurde in der Logik von A. Tarski als Metastufung eingeführt. Die Unterscheidung wird insbesondere in formalen Sprachen zur Vermeidung semantischer Antinomien verwendet, z. B. Lügner-Paradoxie oder Grellingsche Antinomien.

Bei einer sequentiellen Verarbeitung hat eine Funktion genau eine, bei einer Verzweigung dagegen mehrere Nachfolgerfunktionen. Die parallele Verzweigung dient der nebenläufigen Ausführung von Nachfolgerfunktionen. Bei der bedingten Verzweigung werden zwar mehrere Nachfolgerfunktionen spezifiziert, diese werden aber nur bei einer jeweils erfüllten Bedingung ausgeführt. Zu jeder Verzweigung gehört eine Zusammenführung.

Bei der parallelen Verzweigung existiert die Unterscheidung, ob bei der Zusammenführung einer parallelen Verzweigung alle parallelen Pfade abgeschlossen sein müssen oder nur einer. Diese Unterscheidung wird in der Logikprogrammierung durch Und- und Oder-Parallelität zum Ausdruck gebracht ([BaST 89], S. 274). Da die Oder-Parallelität nur bei semantisch äquivalenten Verarbeitungen sinnvoll ist, wird im Hinblick auf geregelte arbeitsteilige Anwendungssysteme von dieser Form von Parallelität abgesehen. Arbeitsteilige Anwendungssysteme sind gerade dadurch gekennzeichnet, daß jeder Funktion ein eigener Aufgabenbereich zugeordnet wird, der sich nicht mit anderen überlappt.

Aus logischer Sicht entspricht die sequentielle Verarbeitung dem konstruktiven Subjunktor ($\rightarrow$)[7], die parallele Verzweigung der Konjunktion ($\wedge$) bzw. der schwachen Disjunktion (Adjunktion $\vee$). Die bedingte Verzweigung wird im konkreten Fall nach einer Bedingungsauswertung auf eine sequentielle oder parallele Verarbeitung zurückgeführt. Abbildung 4-6 zeigt die oben eingeführten Ablaufstrukturen und ihre logische Darstellung. Die prädikatenlogischen Ausdrücke $P_1(x)$ und $P_2(x)$ beschreiben Bedingungen, unter denen die Nachfolgerfunktionen ausgeführt werden. Die aufgeführten elementaren Ablaufstrukturen können beliebig kombiniert und so zu sogenannten höheren Ablaufstrukturen zusammengesetzt werden, wie z. B. mehrfache Fallunterscheidung (case-Konstrukt), abweisende und annehmende Schleifen (while-do- und repeat-until-Konstrukt), Zählschleifen und nichtsequentielle Sprachkonzepte.

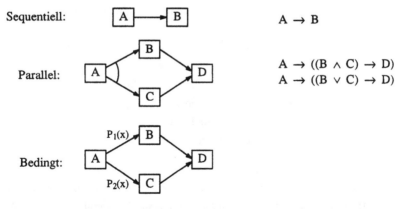

Abbildung 4-6:   Elementare Ablaufstrukturen und ihre logische Darstellung

---

7) Der konstruktive Subjunktor unterscheidet sich vom klassischen dadurch, daß er sich nicht auf Negation und Disjunktion zurückführen läßt, sondern eine strikte Sequentialität definiert: $A \rightarrow B \neq \neg A \vee B$.

4.2.2   Strukturierung von Anwendungssystemen mit Kontrollsphären

Im vorangegangenen Abschnitt wurden die drei Konstruktionsprinzipien Komposition, Abstraktion und operative Zusammensetzung als grundlegende Prinzipien herausgestellt. Die Anwendung dieser Prinzipien kann generell in den verschiedensten Bereichen erfolgen; in [Wede 92a] beispielsweise werden sie zur objektorientierten Schemaentwicklung benutzt. Im Hinblick auf die Komponenten geregelter arbeitsteiliger Anwendungssysteme werden die Komposition und Abstraktion für die funktionalen und datentechnischen Aspekte einer Anwendung herangezogen, während durch die operative Zusammensetzung der Kontrollfluß zwischen den methodisch eingeführten Funktionen festgelegt wird. In diesem Abschnitt wird nachfolgend die Theorie der Kontrollsphären als Beispiel für die Anwendung der eingeführten Konstruktionsprinzipien betrachtet ([Wede 92b]). Diese Theorie wurde Anfang der siebziger Jahre von Davies/Bjork für den Entwurf von Mehrbenutzer-Anwendungssystemen mit Wechselwirkungen entwickelt ([Davi 72], [Davi 73], [Davi 78]). Die Autoren haben ein allgemeines Konzept zur Systematisierung und Strukturierung komplexer Systeme entworfen, um Abläufe und Beziehungen in solchen Systemen besser verstehen und einfacher kontrollieren zu können.

Kontrollsphären sind als unteilbare, isolierte Prozesse zu verstehen, die die operativen Elemente eines Systems repräsentieren. Mit Kontrollsphären lassen sich die dynamisch entstehenden, wechselseitigen Abhängigkeiten bei der Benutzung gemeinsamer Ressourcen in einem System kontrollieren und Fehler aufgrund unerwünschter Nebenwirkungen vermeiden. Die Theorie der Kontrollspären untersucht Prozeßabhängigkeiten aufgrund gemeinsamer Daten und auf den entstehenden Abhängigkeiten basierende Fehlerverfolgungsmaßnahmen. Es ist somit nicht verwunderlich, daß in den Kontrollsphären die Grundlagen für das heutige Transaktionskonzept in Datenbanksystemen zu finden sind. Für eine detaillierte Beschreibung des Aufbaus einer Kontrollsphäre sei auf die Quelliteratur verwiesen; eine Kurzfassung findet sich in [Reut 81] (S. 120 ff.). Für das weitere Verständnis der nachfolgenden Ausführungen reicht die Vorstellung einer Kontrollsphäre als logische Hülle um die aktiven Elemente eines Systems aus. Diese logische Hülle stellt Maßnahmen bereit, um eine Kontrollsphäre zu aktivieren (Anfordern, Stabilisieren und Protokollieren von Ressourcen), zurückzusetzen oder zu wiederholen und zu deaktivieren (Protokollierung, Rückgabe der Kontrolle über Ressourcen, etc.).

Eine Kontrollsphäre kann als abstrakter Datentyp aufgefaßt werden, um zum einen auf das Prinzip des Informationsverbergens innerhalb einer Kontrollsphäre hinzuweisen (Kapselung) und zum anderen die Konsequenzen einer Datenfreigabe hervorzuheben, wenn ein Datum eine Kontrollsphäre verläßt. In [GrRe 92] (S. 174 ff.) werden die Abhängigkeiten zwischen Kontrollsphären in dynamische und statische Abhängigkeiten unterteilt. Die dynamischen Abhängigkeiten entstehen bei der Benutzung gemeinsamer Daten (Datenabhängigkeiten), die statischen Abhängigkeiten werden dagegen beim Kontrollsphärenentwurf spezifiziert und reflektieren eine hierarchische Systemstruktur.

In der vorliegenden Arbeit werden ausschließlich die strukturellen Abhängigkeiten zwischen Kontrollsphären betrachtet. Eine Kontrollsphäre repräsentiert ein aktives Element, das als Komponente eines Anwendungssystems eine Teilaufgabe bearbeitet. Davies verwendet im Hinblick auf die Systemstrukturierung eine hierarchische Darstellung der Kontrollsphären. Für den Entwurf von Kontrollsphären stehen drei Verknüpfungsformen zur Verfügung:

- geschachtelt,
- sequentiell und
- parallel.

Abbildung 4-7a zeigt die graphische Darstellungsweise von Kontrollsphären. Die Abbildung enthält eine Kontrollsphäre A_1 mit den beiden geschachtelten Kontrollsphären B_1 und B_2 und die Kontrollsphäre B_2 mit den beiden Kontrollsphären C_1 und C_2. Der sequentielle Verlauf der Kontrollsphären B_1 und B_2 bedeutet, daß die Kontrollsphäre B_1 abgeschlossen sein muß, bevor die Kontrollsphäre B_2 beginnt. Der parallele Verlauf der Kontrollsphären C_1 und C_2 ermöglicht eine unabhängige, nebenläufige Ausführung bei Ressourcenverfügbarkeit.

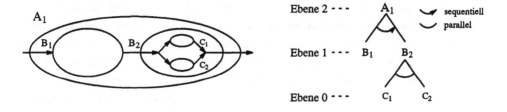

a) Kontrollsphärendarstellung

b) Überlagerte Darstellung der Konstruktionsprinzipien

Abbildung 4-7:   Graphische Darstellung von Kontrollsphären und ihre Konstruktion

Die Frage nach dem angewandten Konstruktionsprinzip bei der Schachtelung von Kontrollsphären ist differenziert zu beantworten. Entsteht die Kontrollsphäre A_1 durch Abstraktion, so stellt die Kontrollsphärendarstellung in Abbildung 4-7a nur eine mögliche konkrete Implementierung der Kontrollsphäre A_1 dar, zu der es noch weitere äquivalente Implementierungen gibt. Bei der Abstraktion findet beim Übergang von der konkreten zur abstrakten Ebene ein Kontextwechsel statt (Ebene 0 nach Ebene 1 bzw. Ebene 1 nach Ebene 2 in Abbildung 4-7b). Im Kontext der Kontrollsphäre A_1 auf Ebene 2 ist die konkrete Implementierung der Kontrollsphäre auf Ebene 1 irrelevant. Die Schachtelung von Kontrollsphären könnte auch als Komposition interpretiert werden. In diesem Fall entsteht die Kontrollspäre A_1 als Kontrollsphäre im Objektbereich des gleichen logischen Typs wie die Kontrollsphären B_1 und B_2. Mit der Kontrollsphäre A_1 wird das Ganze bestehend aus den einzelnen Kontrollsphären B_1 und B_2 angesprochen. Da sich bei der Komposition auf der gleichen logischen Stufe bewegt wird, entsteht keine Ebenenbildung, so daß die Abbildung 4-7b einer rein strukturellen Darstellung entspricht.

Die drei Konstruktionsprinzipien können sich in ihrer Anwendung überlagern, wie Abbildung 4-7b zeigt. Zum einen kann die Kontrollsphäre A_1 durch Abstraktion entstehen und die Kontrollsphäre B_2 durch Komposition. In diesem Fall sollte jedoch aus Unterscheidungsgründen eine entsprechende Symbolik in der Kontrollsphärendarstellung eingeführt werden. Zum anderen enthält die Darstellung in Abbildung 4-7b auch das Prinzip der operativen Zusammensetzung in Form der sequentiellen und parallelen Ausführung der Kontrollsphären.

Zusammenfassend läßt sich festhalten, daß die Theorie der Kontrollspären die drei aufgezeigten Konstruktionsprinzipien enthält. Die Darstellungsform weist jedoch einige Unklarheiten hinsichtlich des angewandten Konstruktionsprinzips auf. Bezüglich der operativen Zusammensetzung wird die sequentielle und parallele Verarbeitung unterstützt. Die bedingte Verzweigung kann strukturell nicht dargestellt werden.

Eine breite Einordnung der Kontrollsphären kann anhand der beiden Strukturierungskonzepte von Lauer/Needham mit nachrichten- und prozedurorientieren Modellen erfolgen ([LaNe 78]), die sich grundsätzlich in der Prozeßstrukturierung und -synchronisation unterscheiden.[8] Die Kontrollsphären nach Davies sind den prozedurorientierten Modellen zuzuordnen, da die Synchronisation bzw. Kontrolle der Abhängigkeiten zwischen den Prozessen nicht durch das Versenden von Nachrichten zwischen den Prozessen erfolgt, sondern durch das explizite Beantragen und Freigeben der Betriebsmittel beim Aktivieren und Deaktivieren einer Kontrollsphäre. Von besonderer Bedeutung sind die Ergebnisse der Untersuchungen von Lauer/Needham insofern, als sie in ihrer Arbeit gezeigt haben, daß die prozedur- und nachrichtenorientierten Modellansätze funktional äquivalent in ihrer Ausdruckskraft und ineinander überführbar sind (Dualität).

---

8) Eine Fortführung der Arbeiten von Lauer/Needham im Hinblick auf Software-Fehlertoleranz wurde von Shrivastava/Mancine/Randell vorgenommen ([ShMR 88]). In Anlehnung an die Kategorisierung in nachrichten- und prozedurorientierte Modelle unterscheiden die Autoren zwischen PM-Modellen (*Process/Message*) und OA-Modellen (*Object/Action*).

4.3 Modellansätze für geregelte arbeitsteilige Anwendungssysteme

Die Modellansätze für geregelte arbeitsteilige Anwendungssysteme lassen sich im wesentlichen in die beiden Gruppen Vorgangs- und Objektmigrationsmodelle unterteilen, die nachfolgend kurz vorgestellt werden ([ReWe 92b]). Neben diesen beiden Gruppen werden noch sogenannte Basismodelle eingeführt, die als Grundlagen der Vorgangs- und Objektmigrationsmodelle dienen können. Durch eine abschließende Bewertung und einen Vergleich der Ansätze im Hinblick auf geregelte arbeitsteilige Anwendungssysteme wird für den weiteren Verlauf dieser Arbeit eine Fokussierung auf die Vorgangsmodelle vorgenommen.

Die Unterteilung der Ansätze orientiert sich an gängigen Einteilungen aus dem Bereich der Gruppenkommunikation ([Prin 89]). Andere Unterteilungen, insbesondere aus dem Büroautomationsbereich, sind in [BrPe 84] und [Krat 86] zu finden. Kratzer beispielsweise unterscheidet zwischen prozeduralen (präskriptiven) und zielorientierten (deskriptiven) Modellen; diese Einteilung entspricht der in Abschnitt 3.3 eingeführten Klassifikation von Aktivitäten in Routine- und Problemlöseaktivitäten. Die nachfolgende Darstellung beschränkt sich mit den Vorgangs- und Objektmigrationsmodellen auf die prozeduralen Ansätze.

4.3.1 Vorgangsmodelle

Bei den Vorgangsmodellen[9] steht die Modellierung und Kontrolle der Präzedenzstruktur der verschiedenen Einzelschritte eines Vorgangs bzw. Ablaufs im Vordergrund der Modellierung. Vorgangsmodelle verfolgen das Ziel, alle Einzelschritte eines Ablaufs einer integrierten Kontrolle zu unterziehen, um deren Ausführung zu unterstützen oder zu automatisieren. Die Einzelschritte in Abläufen verfügen über kein globales Ablaufwissen und werden von einer übergeordneten Kontrollkomponente nur benutzt. Bei den Modellen handelt es sich im allgemeinen um adaptierte Formen von Petri-Netzen in der Art und Weise, daß die Terminologie der Petri-Netze durch eine anwendungsorientierte Terminologie, beispielsweise aus dem Bürobereich, ersetzt wird. Vorgangsmodelle sind eine sehr übersichtliche Darstellungsform für Abläufe. Sie ermöglichen eine ganzheitliche Betrachtung der Abläufe in geregelten arbeitsteiligen Anwendungssystemen einschließlich Nebenläufigkeit. Beispielansätze und -realisierungen von Vorgangsmodellen werden in Abschnitt 4.4.4 aufgezeigt und tabellarisch gegenübergestellt.

4.3.2 Objektmigrationsmodelle

Die Objektmigrationsmodelle haben sich insbesondere in Büroumgebungen als Kooperationsmodell etabliert. Bei den Objektmigrationsmodellen stehen die Daten eines Anwendungs-

---

9) Andere geläufige Bezeichnungen für Vorgangsmodelle sind ablauf- oder prozedurorientierte Modelle.

systems im Vordergrund der Betrachtung und nicht wie bei den Vorgangsmodellen die
einzelnen Bearbeitungsschritte. Die Vorgangsbeschreibung unterliegt nicht einer zentralen
Kontrolle, sondern wird mit den Objekten dezentral geführt. Die gemeinsame Bearbeitung
von Objekten wird typischerweise als eine Art Umlauf von Formularen in sogenannten
elektronischen Umlaufmappen modelliert. Eine Umlaufmappe besteht aus zwei Teilen:

- den Anwendungsdaten eines Umlaufs (den Dokumenten) und
- dem Aktionspfad, der eine geordnete Reihenfolge der einzelnen Bearbeitungsstellen
  eines Umlaufs repräsentiert.

In Büroorganisationen werden einfache Umläufe benutzt, um Informationsmaterial allen
Mitarbeitern unter anderem zur Kenntnisnahme und Einsicht vorzulegen. Das Informationsmaterial wird mit einem Umlaufzettel, beispielsweise der Liste der Mitarbeiter, versehen
und migriert von Arbeitsplatz zu Arbeitsplatz. Eine globale Übersicht - wo befindet sich
welcher Umlauf - liegt nicht vor.

Den Objektmigrationsmodellen liegt die Vorstellung zugrunde, daß eine Umlaufmappe durch
ein Netz von Aktivitäten (Sachbearbeiter im Büro) migriert und dabei bearbeitet wird. Beim
Vergleich von Objektmigrationsmodellen muß deutlich darauf geachtet werden, ob der Aktionspfad lediglich der Adressierung von Bearbeitungsstellen dient oder ob der Pfad wirklich
eine Sequenz von Aktionen beschreibt, die mehr oder weniger automatisch auf der Umlaufmappe ausgeführt werden können. Der wesentliche Unterschied zu den Vorgangsmodellen
liegt in der dezentralen Kontrolle der Umlaufmappen. Da die Umlaufmappen selbst die
Ablaufkontrolle beinhalten, spricht man auch von aktiven Dokumenten.[10]

Abbildung 4-8 zeigt die graphische Darstellung eines Aktionspfades für eine Umlaufmappe.
Die Abbildung dient der Problematisierung von parallelen Aktionspfaden, da eine Umlaufmappe konzeptionell unteilbar ist. Der physisch konkurrierende Zugriff durch die Sachbearbeiter Bill, Beth und Bob auf die Umlaufmappe ist im Modell nicht geregelt. Neuere
Ansätze für Objektmigrationsmodelle versuchen zwar, Nebenläufigkeit durch eine Partitionierung der Objekte oder durch abhängige Umlaufmappen zu unterstützen; dies widerspricht
jedoch dem charakteristischen Konzept der Kapselung der Anwendungsdaten mit der Ablaufkontrolle in Objektmigrationsmodellen. Weiterhin kann eine Partitionierung der Anwendungsdaten in Abstimmung mit dem Aktionspfad nur dann erfolgen, wenn nebenläufige Zweige
im Aktionspfad auf disjunkten Partitionen agieren. Ansonsten entstehen erhebliche Probleme
bei der Zusammenführung einer parallelen Verarbeitung, da die Konsistenz der Daten der
Umlaufmappe nicht mehr gewährleistet werden kann.

---

10) Die Bezeichnung aktives Dokument ist nicht mit den *aktiven Dokumenten* in Desktop-Publishing-
Systemen oder sogenannten *aktiven Bildschirmformularen* zu verwechseln, bei denen Formulareinträge
automatisch durch Datenbankanfragen oder Berechnungen aus anderen Formulareinträgen ermittelt
werden.

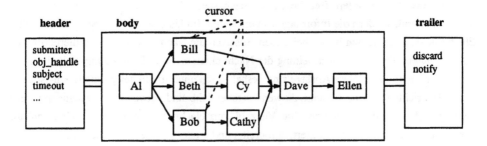

Abbildung 4-8:   Paralleler Aktionspfad bei der Objektmigration (aus [Arts 90a])

Eine repräsentative Beispielimplementierung eines Objektmigrationsmodells stellt der Ansatz ECF (*E*lectronic *C*irculation *F*older, [KaRW 90]). Weitere Ansätze wie Hermes ([AAST 89]) und IPSO (*I*ntegrated *P*rocedure *S*upport for *O*ffice Applications, [Schi 90]) können als Implementierungssprachen von Objektmigrationssystemen eingeordnet werden. Inzwischen sind auch kommerzielle Systeme wie LIFE (Motorola), Case Tracking System (I. Levy & Associates), WORKFLO (FILENET Corporation) und WAF (IBM) verfügbar, die meist vollständige Anwendungsentwicklungsumgebungen bereitstellen ([TAGL 90]). Vergleichbar mit den Aktionspfaden in Objektmigrationsmodellen sind sogenannte Datenfreigabe-prozeduren, wie sie beispielsweise in Sherpa (Sherpa Corpopration, [Sher 90]) zu finden sind. Eine Datenfreigabeprozedur enthält jedoch keine Bearbeitungsstellen, sondern Freigabe-stufen, die einen erreichten Entwicklungsstand von Daten repräsentieren.

4.3.3   Weitere Basismodelle

In diesem Abschnitt werden Ansätze eingeführt, die wegen ihrer Allgemeinheit nicht aus-schließlich den Vorgangs- oder Objektmigrationsmodellen zugeordnet werden können. Sie werden deshalb als grundlegende Modelle vorgestellt, die auch zur Unterstützung geregelter arbeitsteiliger Anwendungen beitragen können. Bei den nachfolgenden Ansätzen handelt es sich um Ansätze zur Unterstützung der Kommunikation zwischen Bearbeitungsstellen. Die Kommunikation stellt sicherlich einen wesentlichen Aspekt in geregelten arbeitsteiligen Anwendungen dar:

- Nachrichtensysteme mit Verarbeitungsregeln,
- Aktions- und Triggernachrichten,
- Nachrichten-Routing und
- konversationsstrukturorientierte Ansätze.

Nachrichtensysteme mit Verarbeitungsregeln sind vor allem im Bereich der Gruppenkommunikation entwickelt worden. Bei diesen Ansätzen steht nicht der aktive Steuerungsgedanke
im Vordergrund, sondern die Informationsübertragung. Im Unterschied zu den herkömmlichen
Electronic-Mail-Systemen haben bei diesen Ansätzen die Nachrichten eine definierte Struktur
mit Attributen, die bei der Verarbeitung der Nachrichten an einer Bearbeitungsstelle herangezogen werden können. Diese Ansätze sind deshalb auch unter der Bezeichnung (semi-)struktu-
rierte Nachrichtensysteme bekannt. Anwendungsbereiche sind Anwendungssysteme mit Bearbeitungsstellen, in denen täglich eine Vielzahl von Nachrichten einlaufen, welche anhand
von Verarbeitungsregeln klassifiziert, aufbereitet und weiterverarbeitet werden (mail filter).[11]
Die Verarbeitungsregeln haben die Form:

IF <condition> THEN <action>.

<condition> bezieht sich auf Felder in einer Nachricht und <action> erlaubt die Ausführung
beliebiger Operationen auf der Nachricht. Da diese Verarbeitungsregeln lokal zu einer
Bearbeitungsstelle gehören und es im eigentlichen Sinne keinen Aktionspfad für die Nachrichten gibt, handelt es sich bei diesen Ansätzen nicht um Objektmigrationsmodelle im oben
beschriebenen Sinn. Vertreter dieses Ansatzes sind die Systeme LENS (MIT, [MGLR 87])
und PAGES (Helsinki University of Technology, [HäSB 87]).

Eine konsequente Fortführung des Prinzips der Nachrichtensysteme mit Verarbeitungsregeln
führt zu sogenannten *Aktions- und Triggernachrichten*, die den Kern einer aktionsorientierten
Datenverarbeitung bilden ([Bert 83], [Hofm 88]). Während bei den Nachrichtensystemen
mit Verarbeitungsregeln Operationen auf Nachrichten im Vordergrund stehen, sind mit Ak-
tions- und Triggernachrichten generelle Aktivitäten auf beliebigen Daten verbunden. Aktionsnachrichten sind Nachrichten von Benutzern oder Anwendungsprogrammen an Benutzer und
fordern zur Ausführung einer Aktivität auf, Triggernachrichten dagegen lösen auf Anforderung eines anderen Anwendungsprogramms eine Programmausführung direkt aus. In sogenannten Trigger-Tabellen wird für jede Trigger-Nachricht das Programm definiert, das ausgeführt werden soll, sowie eventuelle Ausführungsbedingungen. Ausführungsbedingungen
können sein: eine bestimmte Uhrzeit, wiederholtes Aufrufen in zeitlichen Abständen oder
eine bestimmte Anzahl von Meldungen in einer Trigger-Warteschlange. Die Terminologie
Aktions- und Triggernachricht ist weitestgehend dem Nachrichtensteuerungssystem CORMES
(*Communication oriented Message System*, [IBM 81]) entlehnt. CORMES wird innerhalb
des Produktionsplanungs- und -steuerungssystems COPICS der Firma IBM als Dialogsystem
zur Steuerung des Informationsflusses in einem Unternehmen eingesetzt.

Während die beiden vorstehend beschriebenen Ansätze aktivitätenorientiert sind, erlaubt das
Nachrichten-Routing die Definition sogenannter logischer Pfade von Knoten, die von Nach-

---

11) Typisch ist das Filtern sogenannter "junk mail".

richten durchlaufen werden müssen, und ist somit ablauforientiert aus Sicht einer Nachricht. Einziger bekannter Vertreter dieser Art ist das System MMS (*Message Management System*, Universität Toronto, [MaLo 84]). Die logischen Pfade sind mit den Aktionspfaden der Objektmigrationsmodelle vergleichbar, beschränken sich jedoch auf die logische Abfolge der Knoten und lassen eine mögliche Aktionsbeschreibung für die Knoten gänzlich außer acht. Hervorzuheben bei diesem Ansatz ist die Berücksichtigung des Falles, daß eine Nachricht mehrmals einen Knoten durchlaufen kann. Besonderer Erwähnung gebühren außerdem die Möglichkeiten der Ausnahmenbehandlung in MMS. Im Fehlerfall während der Verarbeitung einer Nachricht in einem logischen Pfad kann mit einer Ad-hoc- oder manuellen Bearbeitung die Verarbeitung fortgesetzt werden. Ad-hoc-Bearbeitung bedeutet, daß die aktuelle Nachrichteninstanz ab der Unterbrechung im logischen Pfad mit einem anderen logischen Pfad fortgesetzt wird. Manuelle Bearbeitung dagegen heißt, daß die Nachrichteninstanz ohne logischen Pfad manuell weiterverarbeitet wird.

Vorreiter des Nachrichten-Routings sind die sogenannten intelligenten Nachrichten, die zwischen Benutzern zirkulieren. Ein Skript spezifiziert einen möglichen Nachrichtenpfad zusammen mit ausgewählten Aktionen. Eine intelligente Nachricht wickelt einen einfachen Dialog mit dem Empfänger einer Nachricht ab und "verschickt sich selbst" aktiv aufgrund von Benutzereingaben ([HoGa 84]). Eine typische Anwendung für dieses Konzept ist beispielsweise das Einholen eines Abstimmungsergebnisses bei allen betroffenen Benutzern mittels einer intelligenten Nachricht.

Bei den *konversationsstrukturorientierten Modellen* liegt der Schwerpunkt auf der Beschreibung und Untersützung der Interaktionsmuster zwischen Knoten, die sogenannte Agenten repräsentieren. Es wird davon ausgegangen, daß die Interaktionen zur Koordination der verschiedenen Aktivitäten der Agenten in Konversationen erfolgen. Die Kategorisierung der Interaktionen erfolgt dabei auf der Basis der Sprechakttheorie als formales Modell. Die Sprechakttheorie geht auf den englischen Sprachphilosophen J. Austin ("How to do things with words", 1962) zurück, der die Klasse der performativen Sprechakte untersuchte und zum Ergebnis kam, daß der Sprechakt aus einem illokutionären Akt (Absicht einer Äußerung) und einem perlokutionären Akt (das Äußern selbst) besteht. J. Searle formalisierte die illokutionären Sprechakte und klassifizierte fünf grundlegende Kategorien von Äußerungstypen ([Sear 82]): assertive (feststellen), direktive (auffordern), kommissive (versprechen), expressive (zum Ausdruck bringen) und deklarative (erklären). Diese Äußerungstypen werden in konversationstrukturorientierten Modellen als Nachrichtentypen in Konversationen verstanden. In sogenannten Konversationsregeln wird eine bestimmte Reihenfolge (Anordnung) von Nachrichtentypen zwischen kooperierenden Agenten gefordert, wodurch Verlaufsmöglichkeiten einer Konversation beschrieben werden, die mit Protokollen vergleichbar sind. Entsprechend diesen Verlaufsmöglichkeiten entstehen unterschiedliche Konversationstypen, zum Beispiel Konversation zum Austausch von Meinungen (conversation for possibilities) oder Konversation bezüglich eines Ziels und damit verbundene Handlungen (conversation for action). Die Anwendbarkeit der Sprechakttheorie für verteiltes Problemlösen und Gruppenkommunikation wird in [Woit 91] anhand eines Terminvereinbarungssystems mit multilateralen Konversationen nachgewiesen. Typische Vertreter von Ansätzen auf der Basis der Sprechakttheorie sind die Systeme The Coordinator (Action Technology, [Acti 87], [WiFl 87]), CHAOS (Commitment Handling Active Office System, Universität Mailand, [CMSV 86]), COSMOS (Configurable Structured Message System, Universitäten London, Manchester und Nottingham, [BoCR 88]) und CONTRACT (DEC, [Marc 89]). Unterschiede in den aufgelisteten Systemen bestehen bezüglich der Anzahl der Konversationsteilnehmer (bilateral, multilateral) und den möglichen Konversations- und Nachrichtentypen.

4.3.4   Bewertung

In diesem Abschnitt erfolgt eine prinzipielle Kritik und Bewertung der Vorgangs-, Objekt-migrations- und Basismodelle hinsichtlich ihrer Anwendbarkeit in geregelten arbeitsteiligen Anwendungssystemen.

Die *Vorgangsmodelle* gehen von einer logisch zentralisierten Kontrolle der Abläufe in dem Sinne aus, daß die Einzelschritte eines Ablaufs von einer übergeordneten Modellkomponente überwacht und somit auch aktiviert werden können. Dieser Ansatz kommt der Ablauf-steuerung in geregelten arbeitsteiligen Anwendungssystemen in vielen Anforderungspunkten entgegen, beispielsweise Automatisierbarkeit von Einzelschritten und Integrierbarkeit von Anwendungsprogrammen. Die Mehrebenenvorstellung ermöglicht die Kontrolle neben-läufiger Abläufe. Problematisch bei den Vorgangsmodellen ist jedoch die Repräsentation der einzelnen Abläufe als isolierte Instanzen des Ablaufschemas. Ablaufübergreifende Betrachtungen, die sich zwangsläufig ergeben, wenn unterschiedliche Abläufe um die Belegung von Bearbeitungsstellen konkurrieren, sind meist nicht modellierbar.

Die *Objektmigrationsmodelle* gehen von einer dezentralen Kontrolle der Abläufe aus, da die Objekte selbst ihre Bearbeitung kontrollieren und von Bearbeitungsstelle zu Bearbeitungs-stelle migrieren. Diese Modellvorstellung bringt zusätzlich zu obigem Kritikpunkt der fehlen-den Modellierung ablaufübergreifender Zusammenhänge zwei weitere schwerwiegende Probleme mit sich: zum einen der mangelnde Überblick zum Ablauffortschritt und zur aktuellen Objektverteilung im Anwendungssystem und zum anderen die Probleme bei Paral-lelverzweigungen in Abläufen. Bei einer konsequenten Anwendung des Objektmigrations-ansatzes gibt es keine globale Systemkontrolle. Häufige Anfragen, wie beispielsweise, wo sich ein Umlauf befindet, wie weit er fortgeschritten und wann er fertig ist, können nicht beantwortet werden. Die Problematik paralleler Abläufe wurde bereits in Abschnitt 4.3.2 bei der Vorstellung der Objektmigrationsmodelle erläutert und führte zum Ergebnis, daß Objektmigrationsmodelle lediglich für sequentielle Abläufe geeignet sind.

Während bei den Vorgangsmodellen die Datenverwaltung in den meisten Fällen gänzlich außer acht gelassen und lediglich der Fluß der Aktionsnachrichten betrachtet wird, ist bei den Objektmigrationsmodellen die Kapselung der Daten mit der Ablaufsteuerung und die Bereitstellung der zu einem Ablauf gehörenden Daten zur Aktionsausführung möglich. Problematisch an der Kapselung ist jedoch zum einen, daß nicht der allgemeine Arbeitsfluß, sondern der Datenfluß dargestellt wird. Zum anderen führt dieser datengesteuerte Arbeitsfluß zu einer Änderungsproblematik, da Änderungen im Ablauf meist zwangsläufig zu Änderungen im konzeptionellen Datenschema führen. Die Ursache dafür liegt in der fehlenden Unterscheidung zwischen Kontroll- und Datenfluß.

Zusammenfassend läßt sich aus der Diskussion der Vorgangs- und Objektmigrationsmodelle für den weiteren Verlauf dieser Arbeit folgern, daß aufgrund der gewichtigen Argumente für die Mehrebenensteuerung und der Bedeutung der Modellierbarkeit einer Folge von Bearbeitungsstellen als Einheit eines Ablaufes im weiteren die Vorgangsmodelle verfolgt werden. Die Vorgangsmodelle müssen jedoch um entsprechende Konzepte für eine adäquate Datenverwaltung ergänzt werden. Von den vorgestellten *Basismodellen* verdeutlicht insbesondere der MMS-Ansatz zum Nachrichten-Routing die Unterscheidung zwischen einem Ablaufschema und den möglichen Ausprägungen konkreter Abläufe. Konkrete Abläufe, deren Verlauf sich aus dem Laufzeitverhalten (Kontextdaten) ergibt, werden in einem Ablaufschema als äquivalent beschrieben. Die konversationsstrukturorientierten Modelle können methodologisch zur Beschreibung der Kommunikationsprotokolle zwischen den Bearbeitungsstellen herangezogen werden. Das Prinzip der Aktions- und Triggernachrichten ist dagegen als Realisierungsgrundlage zu bewerten, wobei die Nachrichten eine Aufforderung zur Ausführung von Bearbeitungsschritten darstellen.

4.4 Beschreibungselemente und -formen in Vorgangsmodellen

Die Diskussion der Modellansätze im vorangegangenen Abschnitt hat gezeigt, daß die Vorgangsmodelle bei Berücksichtigung der aufgezeigten Kritik den Anforderungen geregelter arbeitsteiliger Anwendungssysteme am weitesten entgegenkommen. In diesem Abschnitt werden nachfolgend die Beschreibungselemente und mögliche Beschreibungsformen in Vorgangsmodellen herausgearbeitet. Die Beschreibungselemente umfassen Aktivitäten, Abläufe und Daten. Der Abschnitt schließt mit einer tabellarischen Gegenüberstellung ausgewählter Beispielansätze von Vorgangsmodellen hinsichtlich der eingeführten Beschreibungselemente. Bezüglich einer kurzen Beschreibung der Beispielansätze, auf die bereits bei der Vorstellung der Beschreibungselemente referiert wird, sei somit auf Abschnitt 4.4.4 verwiesen.

4.4.1   Aktivitäten

Die Aktivitäten entsprechen den ausführenden Einheiten in geregelten arbeitsteiligen Anwendungssystemen. Im Kern enthält eine Aktivität eine ausführbare Aktion, sämtliche Maßnahmen zur Vor- und Nachbereitung der Aktionsausführung sind Bestandteil einer logischen "Hülle" um diese Aktion. Der Aufbau einer Aktivität wird durch nachfolgende fünf Beschreibungselemente charakterisiert, die anschließend erläutert werden. Ausgewählte Realisierungen und ein Spektrum an Möglichkeiten für die Beschreibungselemente einer Aktivität werden in Abschnitt 4.4.4 zusammenfassend dargestellt:

1. Vorbedingung,

2. Eingabedaten,

3. Aktion,

4. Ausgabedaten und

5. Nachbedingung.

Die *Vorbedingung* einer Aktivität muß zur Ausführung der Aktivität erfüllt sein. Die Auswertung der Vorbedingung erfolgt anhand der zugrundeliegenden Datenbasis.

Die *Eingabedaten* sind Daten, die bei der Aktivitätenausführung zugegriffen und verarbeitet werden sollen. In den meisten Realisierungen handelt es sich dabei um Dateien, die beispielsweise zu verarbeitende Dokumente enthalten. Auch im Rahmen eines Funktionsaufrufs übergebene Parameter gelten als Eingabedaten. Unterschiede zwischen den Ansätzen bestehen auch darin, ob ein logisch globaler Datenbestand verwaltet wird, auf den die Aktivitäten beliebig zugreifen, oder ob dediziert für die Aktivität eine Datenbereitstellung im Sinne einer Datenaufbereitung stattfindet. Der bei der Datenbereitstellung selektierte Datenausschnitt, der von einer Aktivität zu bearbeiten ist, wird auch als "focal entity" bezeichnet (z. B. in OPL, [ABCL 90]). Die *Ausgabedaten* entsprechen den erzeugten Anwendungsdaten einer ausgeführten Aktivität. Ihre Verarbeitung erfolgt analog zur Vorgehensweise bei den Eingabedaten.

Die *Aktion* ist der eigentliche Kern einer Aktivität, der die Verarbeitung vornimmt. Realisierungstechnisch stellt eine Aktion den Aufruf einer Programmfunktion oder eines Anwendungsprogramms dar, das interaktiv oder automatisch ablaufen kann. Die Möglichkeiten der Gestaltung dieser Aktionen sind in verschiedenen Realisierungsansätzen sehr unterschiedlich.

Die *Nachbedingung* einer Aktivität dient der Validierung einer Aktivitätenausführung. Sie ist eine Bedingung, die sich auf die Ausgabedaten oder den Status einer Aktivitätenausführung bezieht. Die Nachbedingung könnte andererseits auch als Auslöser für andere Aktivitäten dienen. Dieser Aspekt der Aktivitätenverkettung wird jedoch hier ausgeklammert und statt dessen mit der Ablaufbeschreibung abgedeckt.

Beschreibung von AblaAbschließend sei auf die Bereitstellung eines Verfeinerungskonzepts für Aktivitäten hingewiesen. Durch Anwendung eines Verfeinerungskonzeptes können sich hinter einer Aktivität mehrere Aktivitäten verbergen.

4.4.2 Abläufe

Konkrete Abläufe bestehen aus Folgen von Aktivitätenausführungen und müssen als Einheit identifizierbar sein. Ein Ablaufschema beschreibt alle möglichen Abläufe durch die operative Zusammensetzung von Aktivitäten mit Ablaufstrukturen. Die Ablaufstrukturen legen die prinzipiellen Verlaufsmöglichkeiten der Abläufe fest. Ihre Beschreibung wird auch als Aktivitätenkoordinationsskript oder einfach Skript bezeichnet. Reine Triggermechanismen zum Überwachen von Bedingungen und Anstoßen von Aktionen reichen als Beschreibungsmittel nicht aus, da in diesem Fall die Einheit eines "Ablaufs" nicht ausgedrückt werden kann: "It is very beneficial to be able to view office procedures as a whole rather than just as collections of activities with triggers associated with each" ([ABCL 90]).

Die wesentlichen Unterschiede bei der Ablaufbeschreibung betreffen die nachfolgenden Kriterien, die anschließend ausgearbeitet werden:

- die Definition der Ablaufstrukturen in einem Ablaufschema und
- die Art und Weise der Kommunikation zwischen den Aktivitäten.

Bei der *Definition der Ablaufstrukturen* in einem Ablaufschema wird vom Konzept der Mehrebenenprogrammierung ausgegangen. Dieses Konzept sieht eine explizite Trennung der eigentlichen Aktivitäten von der Beschreibung der Ablaufstrukturen zwischen den Aktivitäten vor (vgl. Abschnitt 4.2.1). Abbildung 4-9 gibt einen Überblick über die unterschiedlichen Beschreibungsmöglichkeiten, die nachfolgend erläutert werden.[12]

Die Diskussion um eine explizite oder implizite Definition von Ablaufstrukturen ist in der Programmiersprachentechnik unter der Fragestellung "prozedurale oder deklarative Programmierung" hinlänglich bekannt und soll an dieser Stelle nicht aufgearbeitet werden. Die Unterscheidung wird hier nur im Rahmen einer generellen Klassifikation für die aufgezeigte Anwendungsklasse eingeführt.

Bei einer expliziten Definition der Ablaufstrukturen wird eine entsprechende Syntax für die operative Zusammensetzung von benannten Aktivitäten eingeführt. Bei einer graphischen

---

12) Auf graphische Beschreibungsformen wird hier nicht eingegangen. Repräsentativ sei dazu lediglich die graphische Ablaufbeschreibungssprache VST (*Visual Scripting Tool*, [KVNG 89]) aufgeführt. Danach setzt sich ein Skript aus wiederverwendbaren Softwarekomponenten mit definierten Schnittstellen (typisierten "ports") zusammen, die über sogenannte "links" miteinander verbunden werden.

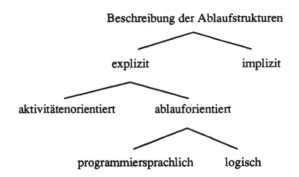

Abbildung 4-9:   Beschreibung der Ablaufstrukturen in einem Ablaufschema

Veranschaulichung der Ablaufstrukturen mit Knoten und Kanten kann eine aktivitätenorientierte oder eine ablauforientierte Sichtweise eingenommen werden. Die aktivitätenorientierte Beschreibung geht von einer knotenorientierten Sicht auf ein Anwendungssystem
aus, die ablauforientierte Beschreibung dagegen von einer kantenorientierten Sicht. Ein
typischer Vertreter der aktivitätenorientierten Vorgehensweise ist die Vorgangssprache CoPlan
(*C*oordination *P*rocedure *L*anguage, [WoKr 87]). Die Aktivitäten werden einzeln zusammen
mit ihren einlaufenden (*benötigt*) und auslaufenden (*produziert*) Kanten beschrieben. Der
Kontrollfluß zwischen den Aktivitäten ergibt sich aus der Produziert/benötigt-Verbindung
zwischen den Aktivitäten. Bei einer ablauforientierten Vorgehensweise werden dagegen direkt
die Verküpfungen zwischen den Aktivitäten beschrieben. Je nach Ursprung der verwendeten
Sprachelemente kann nochmals zwischen einer programmiersprachlichen und einer logischen
Beschreibung unterschieden werden. Programmiersprachliche Sprachelemente werden von
OPL (*O*ffice *P*rocedure *L*anguage, [ABCL 90]) und OCT-CAD ([ChKK 91]) verwendet,
logische Operatoren von AMS (*A*ctivity *M*anager *S*ystem, [TuLF 88]).

Die implizite Definition von Ablaufstrukturen ist insbesondere durch regelbasierte Sprachen
wie Prolog oder OPS5 bekannt geworden ([Nils 82]). Bei einer impliziten Definition der
Abläufe werden sogenannte Vorgangsregeln in Wenn-dann-Form eingeführt. Die Ausführbarkeitsbedingungen im Wenn-Teil und die Aktion(en) im Dann-Teil einer Regel beziehen sich
auf sogenannte Vorgangsbelege, die den Zweck von Kontrolldaten erfüllen. Repräsentanten
dieser Beschreibungsform sind CHS mit der regelbasierten Vorgangsbeschreibungssprache
CPDL (*C*ase *P*rocessing *D*escription *L*anguage, [Lehm 89]) und SCOOP mit der Sprache
OPSL (*O*ffice *P*rocedure *S*pecification *L*anguage, [Zism 77]). Nachfolgendes Beispiel für
eine CPDL-Regel dient der Verdeutlichung dieser Beschreibungsform: sobald eine Bewerbung
und eine Arbeitsplatzkarte vorliegen und der Bewerber noch keinen Vertrag bzw. keine
Absage erhalten hat, soll eine Einstellung erfolgen.

```
case rule Organisation-Einstellung: variant Einstellung =
    role : Sekretariat,
        if exist        b : Bewerbung, apk : Arbeitsplatzkarte
           exist not     v : Vertrag, a : Absage
           where b.person = v.person and
                 b.person = a.person and
                 b.stelle = apk.stelle
    then
        action Einstellung-vornehmen =
            produce  Vertrag (arbeitnehmer=b.person, bedingungen =*),
            update   Arbeitsplatzkarte (arbeitnehmer = b.person, ...),
            delete   b;
```

Die Ablaufstrukturen bei einer impliziten Definition entstehen durch eine inhaltliche Verknüpfung der Aktions- und Bedingungsteile der entsprechenden Regeln, indem der Aktionsteil einer Regel den Bedingungsteil einer anderen Regel validiert. Alternativen werden in CPDL durch unterschiedliche Regelvarianten beschrieben, wobei sich die Bedingungsteile gegenseitig ausschließen.

An dieser Stelle sollen kurz die zielorientierten Beschreibungsformen von Ablaufstrukturen erwähnt werden, da diese Ansätze mit der impliziten Definition eng verwandt sind. Bei zielorientierten Ansätzen besteht die Beschreibung einer Aktivität aus den Komponenten Ziel der Aktivität, Vorbedingung, Teilziele und Effekte. Ein Planer expandiert ausgehend von einem Ziel die Teilziele einer Aktivität, bis alle Aktivitäten nicht weiter zerlegbar sind. Ein typisches Planungs- und Repräsentationssystem dieser Art ist das POLYMER-System von Croft/Lefkowitz ([CrLe 88]). In [Lutz 88] bzw. [LuKo 91] wird ein Ansatz für Büroabläufe vorgestellt, der ausgehend von der Repräsentation eines Ziels und der Ausgangssituation eines Büroablaufs durch Techniken des Rückwärts- und Vorwärtsplanens einen Büroablauf erzeugt. Da bei diesen Ansätzen jedoch die Planung der Abläufe im Vordergrund der Betrachtungen steht, sollen sie im folgenden nicht weiter untersucht werden.

Das zweite wesentliche Unterscheidungskriterium bei der Ablaufbeschreibung ist die *Kommunikation zwischen den Aktivitäten*. Obwohl diese Unterscheidung das Realisierungskonzept für ein Ablaufsystem betrifft, soll sie hier eingeführt werden, da die Beschreibung des Ablaufschemas entsprechend zu gestalten ist. Bei der Betrachtung einer Sequenz von zwei Aktivitäten A und B können nachfolgende Kommunikationsformen zwischen Aktivitäten unterschieden werden:

- direkte und
- indirekte Kommunikation.

Bei einer direkten Kommunikation zwischen zwei Aktivitäten A und B wird festgelegt, daß nach Ausführung von Aktivität A die Aktivität B gestartet werden muß. Dadurch wird eine

Art "feste Verdrahtung" der Aktivitäten vorgenommen, die sich im wesentlichen auf die Festlegung der Präzedenzrelation zwischen den Aktivitäten beschränkt. Bei der graphischen Repräsentation eines Ablaufschemas mit direkter Kommunikation entsteht ein unipartiter Graph. Die oben bereits erwähnten Ansätze OPL, OCT-CAD und AMS sind Beispiele für diesen Ansatz.

Bei einer indirekten Kommunikation zwischen den Aktivitäten wird nach Ausführung von Aktivität A eine Nachricht, ein sogenannter Ablauf- oder Vorgangsbeleg, erzeugt, der von der Aktivität B zu verarbeiten ist. Diese Nachricht entspricht einer Aufforderung zur Ausführung einer Aktivität. Durch das Einführen von Nachrichten wird eine Entkopplung zwischen den Aktivitäten erreicht, so daß bei einer entsprechenden graphischen Repräsentation der Ablaufbeschreibung ein bipartiter Graph im Unterschied zu den unipartiten Graphen der direkten Kommunikation entsteht. Typische Beispiele dieser Beschreibungsform sind ebenfalls die oben bereits erwähnten Ansätze OPSL, CoPlan und CPDL.

Zusammenfassend läßt sich für die aufgezeigten Formen zur Definition der Ablaufstrukturen festhalten, daß die implizite Definition von Ablaufschemata mit Vorgangsregeln eine isolierte Betrachtung der einzelnen Aktivitäten sowie maximale Beschreibungsflexibilität ermöglicht. Die nicht explizite Verknüpfung der Aktions- und Bedingungsteile, die implizit in den Vorgangsregeln steckt, führt jedoch zu einer mangelnden Ablaufübersicht und entsprechenden Schwierigkeiten bei der Ablaufspezifikation. Weiterhin sind die Vorgangsregeln bei der Ausführung ineffizient, da stets alle Ausführbarkeitsbedingungen der Vorgangsregeln eines Ablaufs evaluiert werden müssen. Die regelorientierte Darstellung eignet sich sehr gut zur Darstellung sogenannten heuristischen Wissens in Expertensystemen, ist jedoch inadäquat zur Repräsentation von streng geregelten Abläufen mit festgelegten Ablaufstrukturen, so daß in dieser Arbeit die explizite Beschreibung favorisiert wird. Im Hinblick auf die Kommunikation zwischen Aktivitäten kommt die indirekte Kommunikation den Anforderungen geregelter arbeitsteiliger Anwendungssysteme am besten entgegen. Diese Auswahl kann am besten mit einer expliziten Beschreibung aus aktivitätenorientierter Sicht kombiniert werden. Im weiteren wird somit eine aktivitätenorientierte Ablaufbeschreibung mit indirekter Kommunikation zwischen den Aktivitäten verfolgt.

4.4.3   Daten

Die Daten bilden neben den Aktivitäten und Abläufen den dritten Konstituenten geregelter arbeitsteiliger Anwendungssysteme. Nachfolgend wird zunächst die wesentliche Unterscheidung zwischen Kontroll- und Anwendungsdaten eingeführt und anschließend auf Möglichkeiten zur Datenverwaltung eingegangen.

Kontrolldaten erfüllen den Zweck einer Aufforderung zur Ausführung einer Aktivität. Bei den Kontrolldaten handelt es sich um Metadaten, da sie einer übergeordneten Ebene (Meta-ebene) zugeordnet werden können, die die Steuerung der Aktivitäten auf einer darunter-liegenden Ebene (Objektebene) vornimmt. In konkreten Anwendungsumgebungen erscheinen die Kontrolldaten in Form von Vorgangs- oder Ablaufbelegen. Sie treten insbesondere bei einer indirekten Kommunikation zwischen den Aktivitäten explizit in Erscheinung. Bei einer direkten Kommunikation gibt es keine expliziten Kontrolldaten zwischen den Aktivitäten, da der Fortschritt eines Ablaufs implizit in der Ablaufbeschreibung steckt.

Während die Kontrolldaten der Steuerung der Aktivitäten dienen, handelt es sich bei den *Anwendungsdaten* um die konkreten Daten einer Anwendungsumgebung, die von den Aktivi-täten verarbeitet werden sollen. Die Anwendungsdaten werden von den Aktivitäten erzeugt, geändert, gelöscht und selektiert. Im Vergleich zu den Kontrolldaten auf Metaebene sind die Anwendungsdaten der Objektebene zuzuordnen.

Auf Methodologien für den Entwurf der Kontroll- und Anwendungsdaten soll an dieser Stelle nicht eingegangen werden; statt dessen wird auf die umfangreiche Standardliteratur (z. B. [Wede 91]) verwiesen. Hinsichtlich der Komplexität der Datenstrukturen gilt anzumerken, daß für die Beschreibung der Kontrolldaten meist einfache, hierarchische Datenstrukturen ausreichen; für die Beschreibung umfangreicher, komplexer Anwendungsdaten dagegen stehen die klassischen Datenmodelle (relationales, hierarchisches oder Netzwerkmodell) oder semantische Datenmodelle zur Verfügung ([Brod 84], [HuKi 87], [PeMa 88]).

Aus Datenverwaltungssicht ist die Unterscheidung zwischen Kontroll- und Anwendungsdaten irrelevant, da beides Daten sind, die zusammen verwaltet werden können. Dieser Sachverhalt wird besonders deutlich bei einem relationalen Datenbanksystem, wenn die Metadaten ebenso wie die Anwendungsdaten in Relationen abgespeichert und vom Datenbanksystem verwaltet werden.

4.4.4   Beispielansätze

Nach der vorangegangenen kategoriellen Einführung von Aktivitäten, Abläufen und Daten als konstitutive Beschreibungselemente in geregelten arbeitsteiligen Anwendungssystemen werden in diesem Abschnitt ausgewählte Beispielrealisierungen von Vorgangsmodellen anhand dieser Beschreibungselemente tabellarisch gegenübergestellt. Zunächst werden die betrachteten Ansätze im Überblick vorgestellt. Die nachfolgenden Vergleichstabellen sind jeweils weitestgehend selbsterklärend.

Tabelle 4-3 gibt einen *Überblick* über die ausgewählten Beispielrealisierungen von Vorgangs-modellen. Die Quellen weiterer, insbesondere kommerzieller Ansätze sind in [Davi 91] als

sogenannte "Workflow Software" oder in [Karc 92] und [ErSc 92] als Vorgangssteuerungs-
systeme referenziert. Nachfolgend werden die ausgewählten Realisierungen zunächst einzeln
kurz beschrieben, bevor sie anschließend hinsichtlich ihrer Mächtigkeit im Hinblick auf
Aktivitäten, Abläufe und Daten verglichen werden.

Kriterium / System	Quelle	Ziel	Merkmale
SCOOP	Univ. of Pennsylvania, System for Computerization of Office Processes ([Zism 77])	Automation der Bürokommunikation	Nachrichtenaustausch, Frage/Antwort-Dialoge zwischen SCOOP und Benutzer
DOMINO	GMD Sankt Augustin ([Krei 83], [Krei 84])	Unterstützung von Büroabläufen	Verteilung von Aktions-nachrichten
AMS	BULL MTS, Activity Manager System ([TuLF 88])	Repräsentation und Realisierung von Büroaktivitäten	Hierarchischer Entwurf von Aktivitätennetzen mit aus-zuwertenden Start- und Endzuständen
OPL	DOEOIS-Proj. in CEC-Esprit, Office Procedure Language ([ABCL 90])	Integration von Ablauf- und Datenverwaltung	Funktionales Datenmodell, Datenbankprozeduren
OCT-CAD	U. C. Berkeley ([ChKK 91])	Unterstützung von VLSI-Entwurfs-umgebungen	Hierarchisches Konzept von Aktivitäten, Aufgaben und Werkzeugen
CHS	Philips Forschungslab. Hamburg, Case Handling System ([BeEd 91])	Unterstützung von Routine-Arbeit in Büroumgebungen	Datenbankgestützte Verwaltung der Vorgangsdaten
BUROSYST	TAO (Tècnics en Auto-matitzaciò d'Oficines, Barcelona)	Kontrolle des Flusses v. Abläufen in einem Aktivitätennetz	Menü-Management, Verwaltung der Organisationsstruktur
A.S.E.-ACCORD	Siemens Nixdorf (SNI), Advanced Software Environment-ACtivity CoORDination	Kooperation mehrerer Mitarbeiter in arbeits-teiligen Abläufen	Datenverwaltung, Benutzerschnittstellen

Tabelle 4-3: Ausgewählte Beispielrealisierungen von Vorgangsmodellen

Die typischen, ersten Realisierungen von Vorgangsmodellen stammen aus dem Bereich der Büroautomation. Einer der ersten Vertreter hierzu ist der Ansatz SCOOP von M. Zisman zur Koordination von Büroabläufen. In SCOOP werden die Anwendungsdaten in Dokumenten bzw. Dateien verwaltet und im Büro auf der Basis definierter Abläufe an die Arbeitsstellen verteilt. Die Benachrichtigung der Benutzer erfolgt über ein Nachrichtensystem; Verarbeitungsergebnisse (z. B. Begutachtungsergebnis bei einem Begutachtungsprozeß) werden von SCOOP über vordefinierte Dialoge entgegengenommen. Als Basismodell für die Abläufe dienen erweiterte Petri-Netze (Die Transitionen sind mit Produktionsregeln versehen.). Als grundlegende Weiterentwicklungen von SCOOP sollen an dieser Stelle lediglich die nachfolgenden Ansätze erwähnt, aber nicht in den Vergleich aufgenommen werden:

- Officetalk-D ([ElBe 82]) mit dem auf erweiterten Petri-Netzen basierenden Repräsentationsmodell ICN (*Information Control Net*, [Elli 79]),
- OSL (*Office Specification Language*, [HaKu 80]) als Weiterentwicklung von BDL (*Business Definition Language*, [HHKW 77]) und

Der Schwerpunkt von DOMINO liegt auf der Modellierung und Realisierung des Informationsflusses zwischen den Einzelschritten eines Ablaufs, die in einer Erzeuger/Verbraucher-Relation stehen und über Nachrichten kommunizieren. Die Nachrichten werden wie bei SCOOP mit Hilfe eines Nachrichtensystems verschickt. Die versendeten Nachrichten repräsentieren sogenannte Aktionsnachrichten in dem Sinne, daß mit der Nachricht ein Benutzer auf eine auszuführende Aktion hingewiesen wird. Die Modellierung und Automation der Einzelschritte selbst, zum Beispiel durch ausführende Anwendungssysteme, wird in DOMINO nicht betrachtet oder unterstützt.

Das System AMS wurde mit dem Ziel entwickelt, Techniken der künstlichen Intelligenz für die Unterstützung von Bürosachbearbeitern einzusetzen. AMS ist ein wissensbasierter Ansatz zur Repräsentation von Büroabläufen und -organisationen. Der Ansatz beschäftigt sich mit der Anordnung von Aktivitäten in Aktivitätennetzen anhand von Input/Output-Operatoren, dem hierarchischem Entwurf und der Definition von Start- und Endzuständen von Aktivitäten in Form von Zustandsbäumen mit logischen Operatoren. Der Datenhaltungsaspekt in AMS wird gänzlich ausgeklammert.

Im Gegensatz zu AMS war beim OPL-Ansatz der Datenhaltungsaspekt Ausgangspunkt der Untersuchungen. Das Ziel des Ansatzes ist das automatische Starten von Aktivitäten beim Eintreten von Datenbankereignissen. Zu diesem Zweck werden Aktivitäten und Abläufe mit der Datenverwaltung in ein funktionales Datenmodell integriert.

Der Ansatz OCT-CAD wurde zur Untersützung von VLSI-Entwurfsumgebungen entwickelt. Besonders hervorzuheben ist der Ansatz aufgrund seines hierarchischen Konzepts von Aktivitäten, Aufgaben und Werkzeugen. Zu jeder Aktivität gehört ein Arbeitsbereich von aktuellen

Entwicklungsdaten. Die Bearbeitung einer Aktivität erfolgt in mehreren Aufgaben, wobei zwischen einfachen Aufgaben und zusammengesetzten Aufgaben als Ablauf von einfachen Aufgaben unterschieden wird. Einfache Aufgaben entsprechen dem Aufruf eines CAD-Werkzeugs. Die CAD-Werkzeuge werden mit den Entwicklungsdaten des aktuellen Arbeitsbereichs versorgt.

Als letzte prototypische Entwicklung im Bereich der Vorgangsmodelle sei der Ansatz CHS genannt. Das Besondere dieses Ansatzes im Vergleich zu den beiden Ansätzen SCOOP und DOMINO liegt in der datenbankgestützten Verwaltung der Vorgangsbelege ([Sahl 89]) und der rein regelbasierten Vorgangsbeschreibung ([Lehm 89]).

Neben den bislang aufgeführten Forschungssystemen zur Realisierung von Vorgangsmodellen sind inzwischen auch einige kommerzielle Software-Produkte am Markt verfügbar ([Wils 88], [TAGL 90], [Davi 91], [Karc 92]). Zu erwähnen sind insbesondere die Systeme BUROSYST und A.S.E. BUROSYST zielt auf die Kontrolle und Automation der Verarbeitung von Abläufen in einem Netzwerk von Aktivitäten ab. Aktivitäten sind ausführbare Funktionen, die von den Benutzern über eine Menüsteuerung (BUROGEST) zugegriffen werden können. Das System A.S.E. setzt sich aus den drei Modulen A.S.E.-ACCORD für die eigentliche Koordination der Abläufe, A.S.E.-Objekt für die Datenverwaltung und A.S.E.-Form für die Benutzerschnittstelle zusammen. Die Ablaufbeschreibung mit A.S.E.-ACCORD ähnelt der von DOMINO, unterstützt jedoch zusätzlich sogenannte automatische Akteure zur Ausführung von Bearbeitungsschritten ([SNI 90]).

Tabelle 4-4 zeigt die aufgezeigten Systeme hinsichtlich ihrer Konzepte bei der *Beschreibung einer Aktivität*. Zusätzlich wurde in die Tabelle eine Spalte Ablaufschema aufgenommen, in der jeweils die entstehende Einheit bei der Zusammensetzung von Aktivitäten benannt wird. Die Terminologie für Ablaufschema und Aktivität wurde in den Tabelleneinträgen unverändert aus der jeweiligen Quellliteratur übernommen; dies soll die existierende terminologische Vielfalt verdeutlichen. Von den untersuchten Beispielsystemen unterstützt lediglich AMS die Auswertung einer Nachbedingung (caused state). Die restlichen Eintragungen in dieser Spalte beziehen sich auf die Vorbedingung. Das Fehlen (./.) einer Eintragung in der Spalte Eingabe/Ausgabe der Tabelle bedeutet, daß die Aktivitäten auf einen beliebigen Datenbestand zugreifen können oder eine genauere Spezifikation nicht vorgenommen wird. Das Verfeinerungskonzept einer Aktivität wurde nicht als Vergleichskriterium in die Tabelle aufgenommen, da die meisten Ansätze hinsichtlich der Verfeinerungsmöglichkeiten von Aktivitäten keine Aussage treffen. Explizit eingeführt wurde das Verfeinerungskonzept lediglich bei den Ansätzen SCOOP, AMS und CHS.

Tabelle 4-5 stellt die Beispielrealisierungen anhand der *Basiskonzepte in einem Ablaufschema* gegenüber. Die Tabelle ordnet die Sprachen der Systeme in die in Abschnitt 4.4.2 eingeführte Klassifikation ein und zeigt die Beschreibungen der elementaren Ablaufstrukturen Sequenz,

System \ Kriterium	Ablauf-schema	Aktivität	Vor-/ Nachbedingung	Ein-/Ausgabe	Aktion
SCOOP	procedure	activity	Aussagenlogik	Dokumente	call <>;
DOMINO	Vorgang	Aktion	./.	./.	./.
AMS	activity network	activity	Aussagenlogik (start/caused state)	./.	Lisp-Funktion (body)
OPL	procedure _class	activity _class	Datenbank-anfragesprache	Tupel einer rela-tionalen DB	DML-Befehl; Programm
OCT-CAD	task (class complex)	task (class primitive)	?	Parameter	Anwendungs-programm
CHS	case plan	action	Prädikatenlogik	?	Funkt. auf Vor-gangsbelegen
BURO-SYST	case type	step	Datenbank-anfragesprache	Parameter	Operationen auf Objekten
A.S.E. ACCORD	case procedure	action	./.	Objekte	Betriebssystem-befehle

Tabelle 4-4: Basiskonzepte in einer Aktivität

parallele und bedingte Verzweigung sowie Zusammenführung in den jeweiligen Systemen. Beim Ansatz BUROSYST werden den Aktivitäten sogenannte Bedingungen zugeordnet, die auf den Ablaufinstanzen ausgewertet werden ("matching"). Bei einer erfüllten Bedingung wird die Ablaufinstanz der entsprechenden Aktivität zur Bearbeitung zugeordnet. Auf diese Weise entsteht eine Art "logische Warteschlange" mit auszuführenden Ablaufinstanzen vor einer Aktivität.

Mißverständnisse zwischen Ablauf- und Aktivitätenbeschreibung kommen häufig dadurch auf, daß die Beschreibung von Ablaufschema sowie Vorbedingung und Aktion der Aktivitäten vermischt werden. Typisch ist diese Situation bei der regelorientierten Ablaufbeschreibung im SCOOP-Ansatz. Als Beispiel sei die Regel für einen Bearbeitungsschritt beim Begutach-tungsprozeß von Zeitschriftenbeiträgen genannt:

> **when response** (*editor_decision*) **arrives and**
>   *finaldecision* = *"yes"* **perform** *accept_paper;*
> **when response** (*editor_decision*) **arrives and**
>   *finaldecision* = *"no"* **perform** *reject_paper;*

Die Antwort eines Zeitschriftenherausgebers (response (editor_decision)) bezieht sich auf den aktuellen Ablauffortschritt, während die Auswertung des Begutachtungsergebnisses eine

Vorbedingung darstellt. Beide Aspekte werden zusammen im Bedingungsteil einer Regel vermischt. Weiterhin enthält die Aktion "accept_paper" Befehle zum Verschicken von Nachrichten an einen Autor (Kontrollfluß); es könnten aber genauso gut anwendungsorientierte Aktionen (z. B. Editieren eines Dokuments) an dieser Stelle eingebunden werden.

Kriterium System	Ansatz	Sequentiell: $A \rightarrow B$	Parallel: $A \rightarrow (B \wedge C)$	Bedingt: –	Zusammenführg.: $(B \wedge C) \rightarrow D$
SCOOP (OPSL)	implizit/ indirekt	A: send x to user when P(x) perform B	A: send x to user$_1$ send y to user$_2$ when P(x) perform B when P(y) perform C	A: send x to user when P$_1$(x) perform B when P$_2$(x) perform C	B: send x to user$_1$ C: send y to user$_2$ when P(x) and P(y) perform D
DOMINO (CoPlan)	Aktivit./ indirekt	A produziert x; B benötigt x;	A produziert x u. y; B benötigt x; C benötigt y;	A produziert x od. y; B benötigt x; C benötigt y;	B produziert x; C produziert y; D benötigt x und y;
AMS	Ablauf/ direkt	A seq B	A seq (B and C)	A seq (B or C)	(B and C) seq D
OPL	Ablauf/ direkt	A; B	A; CoBegin B; C CoEnd	?	(siehe Spalte parallel)
OCT-CAD	Ablauf/ direkt	(seq (A B))	(seq (A fork (B C)))	?	(siehe Spalte parallel)
CHS (CPDL)	implizit/ indirekt	if ... then produce B; if exist B then ...	if ... then produce B, C; if exist B then ... if exist C then ...	if ... then produce ... variants if exist B ... then ... if exist B ... then ...	if ... then produce b if ... then produce c if exist B, C then ...
BURO-SYST	?	Matching	Matching	Matching	Matching
A.S.E. ACCORD	Aktivit./ indirekt	siehe DOMINO			

Tabelle 4-5: Basiskonzepte in einem Ablaufschema

Die Untersuchung der Beispielrealisierungen hat gezeigt, daß in den meisten Fällen zur internen Repräsentation der Abläufe ein Petri-Netz-ähnliches Modell zum Einsatz kommt, während die Spezifikation der Abläufe in den aufgezeigten Beschreibungsformen erfolgt. Die Petri-Netze werden verwendet, um formale Eigenschaften der Ablaufbeschreibung zu überprüfen. Falls die Petri-Netze wie im Falle von SCOOP auch zur Ablaufsteuerung herangezogen werden, erfolgt dies in Kombination mit einem programmiersprachlichen Ansatz. In SCOOP werden dazu die Transitionen mit Produktionsregeln versehen, um die Schaltregel im Petri-Netz zu beeinflussen. Dadurch ist es auch möglich, komplexere Schaltregeln unter Einbeziehung des Benutzers zu berücksichtigen. Eine genauere Analyse von Repräsentationsformen für Abläufe unter anderem mit Hilfe von Petri-Netzen erfolgt ausführlich in Abschnitt 4.5.

Als letzte Vergleichskategorie der Beispielrealisierungen zeigt Tabelle 4-6 die *Verwaltung der Kontroll- und Anwendungsdaten*. In der Tabelle werden sowohl die Konzepte zur Strukturierung der Kontroll- und Anwendungsdaten unterschieden als auch die zum Einsatz kommenden Datenverwaltungssysteme.

Krite- rium System	*Kontrolldaten*	*Anwendungsdaten*	*Datenverwaltungs- system*
SCOOP	Hierarchische Datenstrukturen (intelligente Nachrichten)	Dokumente (Dateinamen)	Mail- und Dateisystem
DOMINO	Hierarchische Datenstrukturen (Vorgangsbeleg)	./.	Mail- und Dateisystem
AMS	./.	Objekte	Wissensbasis
OPL	./.	Funktionales Datenmodell	Datenbanksystem
CHS	Programmiersprachliche Datenstrukturen (Vorgangsbeleg)	?	Datenbanksystem
BUROSYST	Objekte	Objekte	Datenbanksystem
A.S.E.	Programmiersprachliche Datenstrukturen (Objekt)	Relationales Datenmodell	Relationales Datenbanksystem

Tabelle 4-6: Verwaltung der Kontroll- und Anwendungsdaten

4.5 Repräsentation von Abläufen

Die Abläufe haben sich im vorangegangenen Abschnitt als wesentlicher Bestandteil in geregelten arbeitsteiligen Anwendungssystemen herausgestellt. In diesem Abschnitt werden verschiedene Ansätze zur Ablaufrepräsentation vorgestellt und untersucht. Ein Ablaufschema beschreibt alle möglichen Abläufe durch die operative Zusammensetzung von Aktivitäten; die Repräsentation der Abläufe erfolgt somit durch die Repräsentation des Ablaufschemas. Nachfolgend werden drei Repräsentationsformen analysiert. Es handelt sich um

- Flußdiagramme,
- Netzpläne und
- Petri-Netze.

Die Unterscheidung zwischen Ablaufschema und Abläufen als konkrete Instanzen eines Schemas wird von diesen Ansätzen nicht oder nur sehr beschränkt unterstützt, so daß nachfolgend meist der Ausdruck Ablauf oder Abläufe verwendet wird, um sowohl Schema als auch Instanzen zu bezeichnen. Auf die Unterscheidung wird in der zusammenfassenden Bewertung am Ende dieses Abschnitts noch eingegangen.

Die Repräsentationsformen werden nach folgenden Bewertungskriterien analysiert:

- Vollständigkeit,
- Schachtelung/schrittweise Verfeinerung,
- dynamisches Verhalten und
- Verifizierbarkeit.

Eine adäquate Repräsentationsform muß einen Ablauf in einer formalen Darstellung vollständig beschreiben. Die Forderung nach Vollständigkeit bezieht sich dabei auf die Möglichkeiten der operativen Zusammensetzung (siehe Abschnitt 4.2.1). Im Hinblick auf den Entwurf von Abläufen wird auch die Darstellung von geschachtelten Strukturen erforderlich. Die Anforderungen aus der Vollständigkeit und Schachtelung beziehen sich auf die Repräsentation der Abläufe. Neben der strukturellen Darstellung der Abläufe muß auch die Dynamik eines Ablaufs im Sinne eines Ablauffortschritts repräsentierbar sein. Schließlich soll die Repräsentationsform entsprechende Verfahren zur formalen Überprüfung der Konsistenz der Abläufe bereitstellen.

4.5.1   Flußdiagramme

Flußdiagramme gehören zu den graphisch-strukturellen Techniken, um Abläufe darzustellen. Die graphischen Elemente der Flußdiagramme sind nach DIN 66001 normiert. Die Norm enthält Symbole für Aktivitäten und deren Verbindung sowie Darstellungshilfen wie Verfeinerungen, Bemerkungen, Verbindungs- und Grenzstellen. In der Norm werden Programmablauf- und Datenflußpläne unterschieden. Auf letztere wird hier nicht eingegangen.

Flußdiagramme eignen sich sehr gut zur Darstellung kontrolltechnischer Systemaspekte mit sequentieller und bedingter Verzweigung. Die Repräsentation dynamischen Verhaltens ist in Flußdiagrammen nicht möglich, ebenso werden keinerlei Aussagen zur formalen Verifizierbarkeit gemacht.

In die Kategorie der Flußdiagramme fallen auch die sogenannten Struktogramme oder Nassi-Shneiderman-Diagramme, welche die ursprünglichen Flußdiagramme in der Praxis mehr oder weniger verdrängt haben. Struktogramme wurden gezielt für die strukturierte Programmierung entwickelt und werden dort auch eingesetzt. Die Symbole und Darstellungsregeln für Struktogramme sind nach DIN 66261 normiert. Im Gegensatz zu den Flußdiagrammen ist bei den Struktogrammen auch die Darstellung von Parallelverarbeitung vorgesehen.

Struktogramme ermöglichen eine kompakte, leicht verständliche Darstellung diverser Ablaufstrukturen. Eine schrittweise Verfeinerung von Abläufen ist möglich. Die Darstellung des Ablauffortschritts ist dagegen nicht vorgesehen. Bezüglich der Verifizierbarkeit der Abläufe bieten die Struktogramme ebenso wie die Flußdiagramme keinerlei Unterstützung. Erst bei der Umsetzung der Struktogramme in lauffähige Programme (beispielsweise durch Programmgeneratoren) kann von einer syntaktischen Verifikation gesprochen werden.

4.5.2 Netzpläne

Netzplantechniken kommen im Rahmen des Projektmanagements bei der Planung komplexer Systeme zum Einsatz, wenn kausale Zusammenhänge zwischen den einzelnen Aktivitäten und zeitliche Restriktionen zu berücksichtigen sind. Die Netzplantechnik benutzt die Möglichkeiten der Graphentheorie zur formalen Beschreibung der strukturellen Eigenschaften komplexer Systeme. Es können zwei Netzplanarten unterschieden werden ([MeHa 85]):

- Ereignisgraphen: CPM (*C*ritical *P*ath *M*ethod) und PERT (*P*rogram *E*valuation and *R*eview *T*echnique) und
- Tätigkeitsgraphen: MPM (*M*etra *P*otential *M*ethod).

Bei Ereignisgraphen repräsentieren die Knoten Ereignisse und die Kanten die Aktivitäten einschließlich deren Zeitdauer. Bei einem CPM-Netzplan sind die Ausführungszeiten der Aktivitäten bekannt, bei einem PERT-Netzplan dagegen sind die Ausführungszeiten mit Wahrscheinlichkeiten versehen. Beim Tätigkeitsgraphen werden die Aktivitäten in den Knoten eingetragen, die Kanten repräsentieren die zeitliche Anordnung der Aktivitäten. Ereignis- und Tätigkeitsgraphen sind bezüglich der strukturellen Ausdrucksfähigkeiten gleich mächtig. Im folgenden werden deshalb nur noch die Ereignisgraphen betrachtet.

Ein Ereignisgraph ist ein gerichteter, azyklischer Graph mit einem Start- und Terminierungsknoten. Das Eintreten eines Ereignisses in einem Knoten - sämtliche einlaufenden Aktivitäten sind abgeschlossen - ist Voraussetzung für die Ausführung aller aus einem Knoten auslaufenden Aktivitäten. Diese Semantik wird auch als AND/AND-Logik bezeichnet.

Die Netzplantechnik eignet sich sehr gut für die Zeitplanung bei großen Projekten. Es wurden zahlreiche Algorithmen entwickelt, um in Netzplänen zeitkritische Pfade im Projektfortschritt oder die frühesten und spätesten Start- und Endtermine der Aktivitäten zu berechnen. Auf der Basis der Graphentheorie gibt es auch Analysemethoden, um formal-logische Fehler in Netzplänen aufzudecken (z. B. Zyklen).

Abbildung 4-10 zeigt die sequentielle und parallele Verarbeitung in einem CPM-Ereignisgraphen dar. Die eindeutige Identifizierung einer Aktivität in einem Ereignisgraphen erfolgt durch die Ereignisse an Pfeilschaft und Pfeilspitze. Um die formale Unterscheidbarkeit paralleler Aktivitäten zu gewährleisten, müssen sogenannte Scheinaktivitäten mit der Zeitdauer Null eingeführt werden (gestrichelter Pfeil in der Abbildung). Aufgrund der AND/AND-Logik in CPM-Netzplänen kann keine bedingte Verzweigung dargestellt werden.

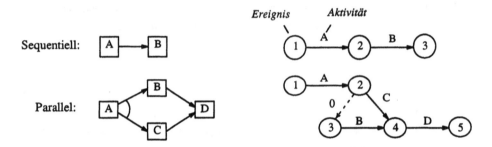

Abbildung 4-10:   Sequentielle und parallele Verarbeitung in einem CPM-Ereignisgraphen

Eine strukturelle Erweiterung der CPM-Netzpläne sind die GERT-Netzpläne (*Graphical Evaluation and Review Technique*, [Pagn 90]). Diese Netzpläne gestatten, abgesehen von mehreren Start- und Terminierungsereignissen und Zyklen, neben der AND/AND-Ereignislogik noch weitere Ereignislogiken. Dazu werden die Ereignisknoten in einen Eingangs- und Ausgangsteil unterteilt. Für den Eingangsteil wird festgelegt, wieviele der einlaufenden Aktivitäten abgeschlossen sein müssen, damit das Ereignis eintritt; bezüglich des Ausgangsteils wird zwischen einem deterministischen und einem stochastischen Typ unterschieden (siehe Abbildung 4-11a, b). Der deterministische Typ bedeutet wie bei CPM und PERT, daß alle auslaufenden Aktivitäten zu starten sind, beim stochastischen Typ dagegen startet genau eine Aktivität, wobei die Auswahl nach einer Wahrscheinlichkeitsfunktion festgelegt ist. Auf diese Weise lassen sich Ereignislogiken wie AND/XOR ($r = n$ und stochastisch) und OR/AND ($r \leq n$ und deterministisch) festlegen.

GERT-Netzpläne werden auch als verallgemeinerte oder stochastische Netzpläne bezeichnet. Die Verallgemeinerung hat jedoch zur Konsequenz, daß viele Berechnungsalgorithmen der CPM- und PERT-Netzpläne nicht mehr anwendbar sind und somit lediglich die Simulation als einzige Netzplan-Analysemethode zur Verfügung steht. Bezüglich der Schachtelung von Netzplänen werden in der Literatur zur Netzplantechnik keine Aussagen gemacht. Weiterhin

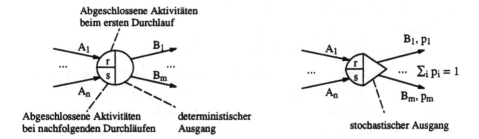

a) Knoten mit deterministischem Ausgang   b) Knoten mit stochastischem Ausgang

Abbildung 4-11:   GERT-Ereignisknoten mit deterministischem und stochastischem Ausgang

sind Netzpläne für die Überwachung der Projektabwicklung nicht geeignet, da der Fortschritt der Projektausführung und somit das dynamische Verhalten nicht repräsentiert werden können. Die Repräsentation bedingter Verzweigungen kann nur anhand von Wahrscheinlichkeits-funktionen nach einer AND/XOR-Ereignislogik erfolgen.

4.5.3   Petri-Netze

Petri-Netze sind ein graphischer Formalismus zur Beschreibung und Analyse des dynamischen Verhaltens nebenläufiger Systeme ([Pete 81], [Hofm 84]). Die Vorzüge der Petri-Netze liegen in den mathematischen Grundlagen, den graphischen Darstellungsmöglichkeiten und den Analyseverfahren für eine Spezifikation. Eine Einführung in die Theorie der Petri-Netze ist in [Reis 86] und [HeHo 89] zu finden.

Ein Petri-Netz ist ein gerichteter bipartiter Graph. Die beiden Knotentypen heißen Transi-tionen (*transitions*) und Stellen (*places*). Die Knoten und Kanten des Graphen definieren die statische Systemstruktur; das dynamische Systemverhalten wird durch sogenannte Marken (*tokens*) modelliert. Die Marken werden in Stellen abgelegt und zeigen damit den aktuellen Systemzustand an. Durch entsprechende Transitionsregeln wird definiert, wie die Marken von Transitionen aus Eingangsstellen entnommen und in Nachfolgestellen abgelegt werden.

In den meisten Systemdarstellungen repräsentieren die Transitionen die aktiven System-komponenten (Instanzen) und die Stellen die passiven (Kanäle). Diese allgemeinste Form von Petri-Netzen wird auch als *Kanal/Instanzen-Netz* bezeichnet. Je nach Interpretation der Stellen, Transitionen und Marken in einem Petri-Netz und der Festlegung der Transitions-regeln entstehen unterschiedliche Varianten von Petri-Netzen. In diesem Abschnitt wird auf nachfolgende Petri-Netz-Varianten im Rahmen der Anforderungen der Ablaufbeschreibung eingegangen:

- Bedingungs/Ereignis-Netze (condition/event net),
- Stellen/Transitions-Netze (place/transition net) und
- Prädikat/Transitions-Netze (predicate/transition net)

Bei den *Bedingungs/Ereignis-Netzen* werden die Stellen eines Petri-Netzes als Bedingungen und die Transitionen als Ereignisse interpretiert. Eine Bedingung mit bzw. ohne Marke zeigt eine erfüllte bzw. nicht erfüllte Bedingung an. Ein Ereignis heißt aktiviert, wenn alle seine Vorbedingungen erfüllt sind und alle seiner Nachbedingungen nicht erfüllt sind (Aktivierungs-regel). Beim Schalten eines aktivierten Ereignisses werden aus allen seinen Vorbedingungen die Marken entfernt und alle seine Nachbedingungen mit Marken versehen (Transitionsregel).

Abbildung 4-12 zeigt die elementaren Ablaufstrukturen einer Ablaufbeschreibung und ihre entsprechenden Bedingungs/Ereignis-Netze. Die Marken in den Bedingungen der Petri-Netze repräsentieren den aktuellen Fortschritt eines konkreten Ablaufs. Die Bedingungen in den Netzen sind lediglich in der Lage, eine 1-Bit-Information aufzunehmen. Während die Sequenz und die parallele Verzweigung sehr leicht in einem Bedingungs/Ereignis-Netz dargestellt werden können, ist eine korrekte Darstellung der bedingten Verzweigung nicht möglich. Die dargestellte Verzweigung entspricht einer nichtdeterministischen Verzweigung, bei der alter-nativ die Transition B oder C ausgeführt wird.

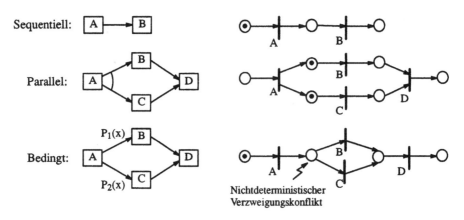

Abbildung 4-12: Elementare Ablaufstrukturen und ihre Bedingungs/Ereignis-Netze

Die *Stellen/Transitions-Netze* sind eine Erweiterung der Bedingungs/Ereignis-Netze in zwei Punkten: erstens können die Stellen mehrere Marken bis zu einer Maximalzahl aufnehmen (Kapazität einer Stelle), und zweitens können bei einem Schaltvorgang mehrere Marken aus den Eingangsstellen entnommen bzw. in den Ausgangsstellen abgelegt werden (Gewichte an den Netzkanten). Eine Transition heißt aktiviert, wenn jede Eingangsstelle mindestens so viele Marken enthält, wie die Gewichte der entsprechenden Eingangskanten angeben, und jede Ausgangsstelle mindestens so viele Marken aufnehmen kann, wie die Gewichte der entsprechenden Ausgangskanten spezifizieren, ohne daß die Kapazitäten der Stellen überschritten werden. Beim Feuern einer aktivierten Transition werden jeweils entsprechend den Gewichten der Netzkanten Marken aus den Eingangsstellen entnommen und in den Ausgangsstellen abgelegt.

Während Bedingungs/Ereignis-Netze zur kausalen Systemanalyse verwendet werden, kann mit Stellen/Transitions-Netzen der Fluß von Ressourcen in Systemen modelliert werden. Diese Modellierung ist jedoch nur sehr eingeschränkt möglich, da aufgrund der Ununterscheidbarkeit der Marken lediglich quantitative Aussagen getroffen werden können.

Bei den Bedingungs/Ereignis-Netzen und Stellen/Transitions-Netzen handelt es sich um Petri-Netze mit nicht unterscheidbaren Marken, d. h. die Marken in den Petri-Netzen sind weder identifizierbar noch enthalten sie irgendwelche Information. In *Prädikat/Transitions-Netzen* sind die Marken informationstragende Objekte mit Identifikation und Struktur. Die Transitionen werden mit Vor- und Nachbedingungen versehen, deren freie Variablen durch die Marken beim Schalten der Transition aktualisiert werden. Dadurch ist es möglich, daß eine Transition erst beim Vorliegen bestimmter Marken schaltet. Bei der Vorbedingung spricht man auch von einer Schaltbedingung (firing condition). Beim Schaltvorgang werden die Marken der Eingangsstellen verbraucht und neue Marken für die Ausgangsstellen erzeugt. Da die Nachbedingung auch häufig dazu verwendet wird, die Erzeugung neuer Marken zu beschreiben, spricht man bei der Nachbedingung auch von der Schaltwirkung (firing result).

Die bei der Vorstellung der Bedingungs/Ereignis-Netze eingeführte Darstellung der bedingten Verzweigung kann nun mit Hilfe von Nachbedingungen in einem Prädikat/Transitions-Netz beschrieben werden (Abbildung 4-13). Bei dieser Form der Darstellung kann jedoch keine korrespondierende Zusammenführung beschrieben werden, da die Zusammenführung davon abhängig ist, ob es sich im konkreten Fall um eine parallele oder alternative Verzweigung handelt (siehe Abbildung 4-12).

Abbildung 4-13: Bedingte Verzweigung und ihre Prädikat/Transitions-Netz-Darstellung

Für die Formulierung der Vor- und Nachbedingungen an den Transitionen in Prädikat/Transitions-Netzen wurde ursprünglich die Prädikatenlogik erster Ordnung vorgesehen. Software-

Werkzeuge zum Entwurf von Petri-Netzen verwenden heute unterschiedliche Sprachen. Das
Werkzeug NET beispielsweise erlaubt Pascal-ähnliche Ausdrücke; die Marken werden dabei
als Pascal-Records dargestellt. Das Werkzeug INCOME greift auf die Datenbanksprache
SQL zurück; die Stellen entsprechen hierbei Relationen und die Marken den Tupeln der
Relationen. INCOME unterscheidet auch zwischen unterschiedlichen Kantentypen: Kanten
ohne Pfeil deuten lediglich auf einen lesenden Zugriff auf die Marken einer Stelle hin, Kanten
mit Pfeil dagegen auf einen verbrauchenden Zugriff. Eine Übersicht von Software-Werkzeugen zur Entwicklung von Petri-Netzen ist in [ScNé 90] und [Feld 90] zu finden.

Zusammenfassend läßt sich festhalten, daß Petri-Netze eine große Ausdrucksmächtigkeit
bezüglich der statischen Systemstruktur und des dynamischen Systemverhaltens bieten. Die
umfangreiche Petri-Netz-Theorie stellt zahlreiche Möglichkeiten zur formalen Systemanalyse
bereit. Besonders hervorzuheben sind hierbei der Erreichbarkeitsgraph und die Inzidenzmatrix
([Reis 86], [Pagn 90]). Der Erreichbarkeitsgraph ist ein gerichteter Graph, dessen Knoten
die Markierungen repräsentieren, die von einer Anfangsmarkierung durch Schalten von
Transitionen erreicht werden können. Die Inzidenzmatrix entspricht einer algebraischen
Repräsentation der Stellen und Transitionen als Zeilen und Spalten und enthält als Matrix-
elemente die Gewichte des Markenflusses zwischen den Stellen und Transitionen (negativer
Eintrag bei Eingangsstellen, positiver Eintrag bei Ausgangsstellen). Aus der Analyse des
Erreichbarkeitsgraphen und der Inzidenzmatrix können wichtige formale Netzeigenschaften
abgeleitet werden, wie

- Lebendigkeit,
- Erreichbarkeit und
- Sicherheit.

Eine Transition ist lebendig, wenn es für alle möglichen Markierungen eine Folgemarkierung
gibt, in der die Transition aktiviert ist. Ein Petri-Netz ist lebendig, wenn alle Transitionen
lebendig sind. Die Eigenschaft Lebendigkeit steht in engem Zusammenhang mit der Ver-
klemmung von Systemen. Ein Netz ist verklemmungsfrei, wenn es zu jeder von einer
Anfangsmarkierung ausgehenden Markierung des Netzes mindestens eine aktive Transition
gibt. Eine Markierung ist von einer gegebenen Markierung aus erreichbar, wenn die Markierung durch fortgesetztes Schalten von aktivierten Transitionen erzeugt werden kann. Ein
Petri-Netz heißt sicher, wenn für ein Netz mit einer Anfangsmarkierung gilt, daß es für
alle möglichen folgenden Markierungen keinen Markenüberfluß gibt.

Über die formale Ableitung von Systemeigenschaften hinaus sind auf der Basis der Petri-
Netze Simulationen des zu entwickelnden Systems möglich, womit die Petri-Netze ein ideales
Mittel zur Visualisierung komplexer dynamischer Systeme darstellen. Als Erweiterungs-
möglichkeiten von Petri-Netzen werden zeitbehaftete Petri-Netze vorgeschlagen. Hierbei
werden Aussagen über die Schaltdauer einer Transition oder die Verweildauer einer Marke

in einer Stelle in die Modellierung eingebracht. Maßnahmen zur Ausnahmebehandlung können durch sogenannte Fakt-Transitionen bzw. durch ausgeschlossene Transitionen modelliert werden ([Ober 90]). Diese Ansätze beschränken sich jedoch im allgemeinen auf die Beschreibung unerwünschter Zustände oder Zustandsübergange. Die Ausnahmebehandlung selbst ist in separaten Netzen zu spezifizieren. Da Petri-Netze sehr schnell unübersichtlich werden, sind entsprechende Mechanismen zur schrittweisen Verfeinerung der Stellen und Transitionen durch Subnetze vorgesehen.

4.5.4   Zusammenfassung

Die Repräsentation von asynchronen nebenläufigen Systemen durch graphbasierte Modelle ist weit verbreitet. Die Gründe dafür sind zum einen deren mathematische Fundierung und zum anderen die einfache Interpretation des dargestellten Sachverhalts. Auf die Darstellung der zahlreichen formalen Beschreibungsverfahren, die sich meist auf Logikkalküle stützen, wurde in diesem Abschnitt verzichtet. Nachfolgend werden die vorgestellten Repräsentationsformen in ihren wesentlichsten Punkten zusammengefaßt, nachdem bei der Vorstellung der Ansätze bereits ein Abgleich mit den gestellten Anforderungen erfolgte.

Flußdiagramme sind wohl das in der Praxis am weitesten verbreitete graphische Beschreibungsmittel für Abläufe. Ursprünglich wurden sie zur Beschreibung von Algorithmen entwickelt. Die Gründe für die weite Verbreitung liegt in ihrer leichten Erlernbarkeit und Anwendbarkeit. Zur Ablaufbeschreibung in geregelten arbeitsteiligen Anwendungssystemen sind sie jedoch nicht geeignet, da sie keine Modellelemente zur Repräsentation des dynamischen Verhaltens (Ablauffortschritt) bereitstellen. Die Netzplantechnik ist ein geeignetes Planungsinstrument, wenn Aktivitäten unter Präzedenz- und Zeitrestriktionen vorliegen. Die Technik ermöglicht die statische Darstellung der Ablaufstruktur in einem unipartiten Graphen, stellt jedoch wie die Flußdiagramme keine Mechanismen zur Repräsentation des Ablauffortschritts zur Verfügung (siehe auch [LiHo 89] zum generellen Thema Software-Projekt-Management).

Petri-Netze bewähren sich zur Modellierung und Analyse asynchroner nebenläufiger Systeme. Durch die Ablaufdarstellung in einem bipartiten Graphen und das Markenspiel ist es mit den Petri-Netzen möglich, neben dem strukturellen Aufbau auch das dynamische Verhalten zu repräsentieren. Die mathematische Basis der Petri-Netze unterstützt eine formale Analyse der statischen Systemstruktur und des dynamischen Systemverhaltens.

Einschränkungen bei den Petri-Netzen ergeben sich hinsichtlich der funktionalen und datentechnischen Aspekte in einem Anwendungssystem aufgrund fehlender Konstrukte zur Modellierung der Datenstrukturen in den Marken. Dadurch ist es nicht möglich, die Beschreibung ausführender Anwendungssysteme in das Modell einzubeziehen. Weiterhin wird häufig die mangelnde Flexibilität der Ablaufdarstellung in Petri-Netzen kritisiert, wodurch die Fehlerbehandlung erschwert wird. Die Beschreibung der Fehlerbehandlung erfolgt meist in einem separaten Netz. Auf weitere Kritikpunkte an Petri-Netzen, die im Zusammenhang mit Ablaufbeschreibungen im Bereich der Software-Entwicklung (siehe dazu [DeGS 89]) häufig genannt werden, wie beispielsweise flexiblere Schaltregeln (Ausführungsbedingungen), Berücksichtigung globaler Zustände und die Beschreibung von Benutzerinteraktionen, sei hier nur am Rande hingewiesen. Einige dieser Defizite können von sogenannten Funktionsnetzen behoben werden ([Godb 83], [DeGr 90], [Hall 91]). Funktionsnetze sind erweiterte Petri-Netze mit zusätzlichen formalen Attributen für Stellen (Zugriffsverhalten wie FIFO und LIFO), Transitionen (Routinen mit Zeitverhalten, partiellem Schaltverhalten) und die Flußrelation (Marken werden nicht nur bewegt, sondern können auch kopiert werden).

Ein wesentlicher Kritikpunkt an den Petri-Netzen besteht darin, daß sie zu einem Zeitpunkt lediglich das dynamische Verhalten eines einzigen "Ablaufs" darstellen. Mehrere konkrete Abläufe können zu einem Zeitpunkt nicht repräsentiert werden. Dies liegt darin, daß in Petri-Netzen der Begriff eines Ablaufs (engl. course) als unterscheidbare Einheit an sich nicht existiert. Außerdem geben die Marken in einem Petri-Netz nur den momentanen aktuellen Systemzustand wieder, der Ausführungspfad eines Ablaufs kann nicht rekonstruiert werden.

5   Basismechanismen und Realisierungsgrundlagen

In geregelten arbeitsteiligen Anwendungssystemen werden rechnergestützte Aktivitäten in eine durchgängige Umgebung integriert, um die Geregeltheit und Arbeitsteiligkeit einer Anwendung unterstützen zu können. Während im vorangegangenen Kapitel die Grundlagen des Entwurfs und der Modellierung geregelter arbeitsteiliger Anwendungssysteme aufgezeigt wurden, werden in diesem Kapitel die Basismechanismen und Realisierungsgrundlagen für deren Betrieb eingeführt. Die Darstellung und Einordnung dieser Basismechanismen und Realisierungsgrundlagen erfolgt anhand eines Schichtenmodells für die Implementierung geregelter arbeitsteiliger Anwendungssysteme. Im nachfolgenden Abschnitt 5.1 wird dieses Schichtenmodell beschrieben und damit gleichzeitig ein Überblick über das gesamte Kapitel 5 gegeben.

5.1   Schichtenmodell

Schichtenmodelle werden in der Informatik eingesetzt, um komplexe Software-Systeme entwerfen und darstellen zu können. Das nachfolgend einzuführende Schichtenmodell soll speziell dazu dienen, die beim Betrieb geregelter arbeitsteiliger Anwendungssysteme involvierten Dienste einzuordnen. Es werden anschließend drei Abstraktionsschichten im Überblick eingeführt und im Hinblick auf den Aufbau von Kapitel 5 erläutert (siehe Abbildung 5-1):

- Integrationsschicht,
- Basisschicht und
- Hardwareschicht.

Der *Hardwareschicht* liegt ein verteiltes System zugrunde. Die Gründe für den Einsatz eines verteilten Systems sind insbesondere in der verteilten Organisationsstruktur der betrachteten Anwendungen zu finden. Abschnitt 5.2 führt in die Architekturen verteilter Hardwaresysteme ein und stellt Ansätze zur Programmierung von Anwendungssystemen in verteilten Systemen gegenüber.

Die *Basisschicht* mit der grundlegenden Betriebssoftware realisiert allgemeine Datenverwaltungs-, Kommunikations- und Betriebssystemdienste (siehe Abschnitt 5.3). Die Datenverwaltungsdienste umfassen Mechanismen zur effizienten und zuverlässigen Speicherung und konsistenten Verwaltung der gemeinsamen Datenbestände einer Anwendung. Die Kommunikationsdienste unterstützen den rechnerübergreifenden Nachrichtenaustausch. Die Betriebs-

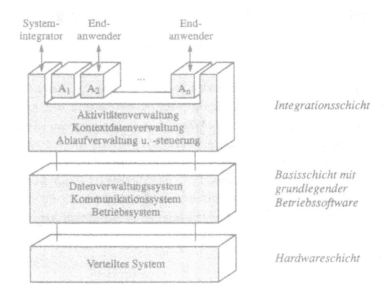

Abbildung 5-1:   Schichten beim Betrieb geregelter arbeitsteiliger Anwendungssysteme

systeme stellen Mittel für die lokale und entfernte Programmausführung bereit und regeln
im allgemeinen die rechnerinterne Kommunikation zwischen den Prozessen. Datenverwal-
tungs-, Kommunikations- und Betriebssysteme konstituieren die Infrastruktur eines heterogenen verteilten Systems. Aktuelle Entwicklungs- und Standardisierungsprojekte für die
Basisschicht werden in [Geih 93] aufgezeigt.

Die *Integrationsschicht* verwaltet die Beziehungen zwischen isolierten Aktivitäten im Sinne
eines geregelten arbeitsteiligen Anwendungssystems und schafft somit eine zusammen-
hängende ausführbare Anwendungsumgebung. Die Schicht umfaßt

- die Aktivitätenverwaltung,
- die Kontextdatenverwaltung sowie
- die Ablaufverwaltung und -steuerung.

Die Aktivitätenverwaltung realisiert den Betrieb der Aktivitäten in der integrierten Umgebung.
Dies umfaßt die Ausführung der Aktivitäten, Schnittstellenversorgung, etc. Die Kontextdatenverwaltung ist für die Bereitstellung der für eine Aktivitätenausführung notwendigen Anwendungsdaten verantwortlich. Diese Anwendungsdaten sind Bestandteil der integrierten Anwendungsumgebung. Die Ablaufverwaltung und -steuerung forciert aktiv die spezifizierten
Abläufe in einer integrierten Anwendungsumgebung, indem anstehende Aktivitäten aktiviert
oder verantwortliche Endanwender benachrichtigt werden. Diese Funktionalität steht im
Zusammenhang mit der Aktivitäten- und Kontextdatenverwaltung, um anstehende Aktivitäten
ausführen und die zur Ausführung notwendigen Kontextdaten vollständig bereitstellen zu

können. Die detaillierte Konzeption und Realisierung der Integrationsschicht führt zum Ablaufkontrollsystem für geregelte arbeitsteilige Anwendungssysteme. Dieses Ablauf-kontrollsystem wird ausführlich im Hauptabschnitt C dieser Arbeit beschrieben. Für die Realisierung des Ablaufkontrollsystems werden im vorliegenden Kapitel 5 die notwendigen Implementierungsgrundlagen erläutert. Im einzelnen handelt es sich um nachfolgende Mecha-nismen:

- Die Interaktion behandelt grundsätzliche Aspekte der Synchronisation und Kommuni-kation bei konkurrierenden und kooperativen Verarbeitungsformen in Anwendungs-systemen (Abschnitt 5.4).
- Die Transaktionssicherung stellt eine zuverlässige und kontrollierte Verarbeitung sicher (Abschnitt 5.5).
- Die Triggerverarbeitung forciert den aktiven Betrieb einer Anwendung (Abschnitt 5.6).
- Die Integration von Anwendungssystemen behandelt Integrationsformen, um Aktivi-täten einheitlich aufrufen und mit Daten versorgen zu können (Abschnitt 5.7).

Im Schichtenmodell sollen zwei Benutzergruppen eingeführt werden: die Endanwender und der Systemintegrator. Die Endanwender führen ihre Aktivitäten aus oder werden zur Ausfüh-rung von Aktivitäten aufgefordert, ohne die Einbindung der Aktivitäten in die größere Anwendungsumgebung kennen zu müssen. Diese Einbindung wird vom Systemintegrator vorgenommen, indem er auf die Dienste der Integrationsschicht zurückgreift und somit eine spezifische Umgebung für einen konkreten Anwendungsfall konfiguriert. Weitere Benutzer-gruppen wie Systemadministratoren, die laufende Umgebungsanpassungen vornehmen, oder Anwendungsentwickler, die dedizierte Anwendungssysteme entwickeln, seien an dieser Stelle lediglich erwähnt.

Die Anforderungen an die Integrationsschicht lassen sich im wesentlichen unter dem Aspekt *Integration* subsumieren. Integration umfaßt

- die benutzergerechte Bereitstellung der zu integrierenden Aktivitäten,
- die transparente Handhabung der Aktivitäten durch die Ablaufsteuerung und -über-wachung und
- die mit den Abläufen verbundene konsistente Datenhaltung.

Die verschiedentlich im Zusammenhang mit Integration formulierte Forderung nach einer einheitlichen Benutzungsoberfläche ("common look and feel") soll hier nicht gestellt werden, da dies lediglich bei einem Neuentwurf der Aktivitäten realisierbar wäre, bei einer Integration bereits bestehender Anwendungssysteme jedoch im Widerspruch zur Vertrautheit der End-anwender mit den existierenden Oberflächen steht.

Eine Voraussetzung der Integration ist die *Offenheit* der Anwendungssysteme. Ein Integra-tionsdienst kann nur funktionieren, wenn die zu integrierenden Aktivitäten entsprechende

Schnittstellen anbieten. Diese Schnittstellen umfassen sogenannte Aufrufschnittstellen zur Aktivierung der Systeme, aber auch Kommunikationsschnittstellen zum Nachrichtenaustausch, um die Arbeitsweise der Systeme steuern und kontrollieren zu können. Diese Offenheit wird verschiedentlich auch als Fähigkeit zur Interoperabilität bezeichnet. *Interoperabilität* ist ein mit Blick auf die Kooperation in verteilten Anwendungssystemen in den letzten Jahren entstandenes Schlagwort. Sie muß als Kompromiß aus der Integration und Autonomie von Einzelsystemen betrachtet werden ([KaRS 91], [BrCe 92]).

5.2   Verteilte Hardware- und Anwendungssysteme

Dieser Abschnitt führt in die Architekturen verteilter Hardware- und Anwendungssysteme ein. Dazu wird zunächst eine Taxonomie verteilter Hardware-Systeme vorgestellt und anschließend auf verschiedene Ansätze zur Programmierung von Anwendungssystemen in verteilten Systemen eingegangen. Der abschließende Abschnitt zeigt die Gründe, Ziele, Mittel und Gegenstände einer Verteilung auf. Für eine generelle Einführung in verteilte Systeme wird auf [Mull 89] und [CoDo 89] verwiesen.

5.2.1   Eine Taxonomie verteilter Hardwaresysteme

Die ersten Versuche, ein verteiltes (Hardware-)System zu definieren, gehen auf Enslow und Drobnik Ende der siebziger und Anfang der achtziger Jahre zurück ([Ensl 78], [Drob 81]). Sie beschreiben ein verteiltes System als eine Anzahl autonomer Knotenrechner, die über ein nachrichtenvermittelndes Kommunikationssystem verbunden sind. Die Knotenrechner sind dabei Mono- oder Multiprozessorsysteme mit eigenem Hauptspeicher und lokaler Peripherie. Der Nachrichtenaustausch zwischen den Knotenrechnern erfolgt zum Zwecke der Kooperation bei der Lösung einer gemeinsamen Aufgabe. Die räumliche Verteilung der Knotenrechner mit einer Dezentralisierung der Betriebskontrolle und der Notwendigkeit der Kommunikation über Nachrichten führt dazu, daß die einzelnen Knotenrechner keinen konsistenten und vollständigen Überblick über das Gesamtsystem besitzen. Das Hauptziel der Entwicklung von Betriebssystemen für verteilte Systeme ist das Verbergen der physischen Systemstruktur vor den Benutzern und Anwendungsprogrammierern. In [TaRe 85] wird diese Forderung nach Transparenz der physischen Systemstruktur folgendermaßen umschrieben: "... if you can tell which computer you are using, you are not using a distributed system."

Eine Taxonomie verteilter Systeme kann nach vielfältigen Kriterien vorgenommen werden. Nachfolgend wird eine speicherorientierte Sicht zugrundegelegt, die sich an der klassischen

Aufteilung eines Rechners in Prozessor, Haupt- und Externspeicher orientiert ([Ston 85], [DeGr 92], [KePr 92]):

- SM-System (shared memory): Speichergekoppeltes System mit n Prozessoren, die sich einen gemeinsamen Hauptspeicher teilen (z. B. IBM/370, DEC VAX 8300 und Sequent Symmetry);

- SD-System (shared disk): Plattengekoppeltes System mit n Prozessoren und jeweils lokalem Hauptspeicher und Zugriff auf alle Externspeicher (z. B. IBM Sysplex und DEC VAXcluster);

- SN-System (shared nothing): Netzgekoppeltes System mit n Prozessoren und jeweils lokalem Haupt- und Externspeicher (z. B. Teradata und Tandem).

Abbildung 5-2 zeigt in einer Gegenüberstellung die drei Architekturen, wobei jeweils zusätzlich ein Verbindungsnetz eingezeichnet wurde. Das Verbindungsnetz repräsentiert das Betriebs- und/oder Kommunikationssystem und macht die Ebene der Interaktion (Kommunikation und Synchronisation) zwischen den Prozessoren kenntlich.

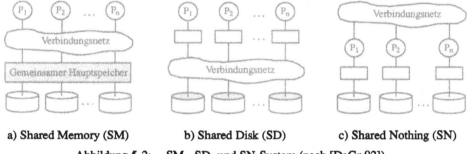

a) Shared Memory (SM)   b) Shared Disk (SD)   c) Shared Nothing (SN)

Abbildung 5-2:   SM-, SD- und SN-System (nach [DeGr 92])

Beim *SM-System* gibt es nur einen Betriebssystemkern ("single system image"). Die Kommunikation zwischen den Prozessoren erfolgt durch Zugriff auf den gemeinsamen Hauptspeicher. Die Aufgabe des Verbindungsnetzes besteht darin, Zugriffe auf den Hauptspeicher zu synchronisieren, um Nichtdeterminiertheit und Inkonsistenzen aufgrund von Zugriffskonflikten zu vermeiden. Als Synchronisationstechniken zur Gewährleistung eines gegenseitigen Ausschlusses beim Zugriff auf den gemeinsamen Speicher werden zum Beispiel Semaphore und Monitore eingesetzt. Vorteil des SM-Ansatzes ist der schnelle Austausch gemeinsamer Daten, problematisch dagegen die Verfügbarkeit des Systems.

Beim *SD-System* erhält jeder Prozessor einen privaten Hauptspeicher, gemeinsam werden nur noch die Externspeicher benutzt. Auf jedem Rechnerknoten läuft ein eigenes Betriebssystem. Die Kommunikation zwischen den Knoten erfolgt nicht mehr wie bei den SM-

Systemen über speicherbasierte, sondern über nachrichtenbasierte Mechanismen. Der Zugang
zu den Externspeichern kann von einem beliebigen Knoten aus erfolgen, ohne mit einem
anderen Knoten kommunizieren zu müssen. Die prozessoreigenen Hauptspeicher ermöglichen
es, Ausschnitte aus dem gemeinsamen Datenbestand auf den Externspeichern lokal und
unabhängig voneinander in mehreren lokalen Hauptspeichern zu halten. Das mit mehreren
lokalen Kopien desselben Datenbestands verbundene Problem von möglichen Inkonsistenzen
ist mit den Zugriffskonflikten in SM-Systemen vergleichbar und wird im Datenbankbereich
als Seitenveralterungs- oder Pufferinvalidierungsproblem bezeichnet ([Reut 86]). Auf der
Ebene des Verbindungsnetzes besteht die Notwendigkeit, die Zugriffe der Prozesse auf die
gemeinsamen Externspeicher zu synchronisieren und so eine Seitenveralterung zu vermeiden.
Dies bedeutet, daß neben der Hauptspeicherverwaltung durch die lokalen Betriebssysteme
mit allen ihren Einbring- und Verdrängungsstrategien zur Synchronisation mit anderen Knoten
zusätzlich die Verwaltung globaler Sperrtabellen mit sogenannten Haltesperren erforderlich
wird. SD-Systeme zeichnen sich durch eine sehr gute Verfügbarkeit aus, da die Externspeicher
von jedem Knoten zugegriffen werden können.

Bei einem *SN-System* wird jedem Prozessor ein Haupt- und Externspeicher exklusiv zugeordnet. Die entstehenden Rechnerknoten werden jeweils von einem eigenen Betriebssystem
betrieben. Es treten keine Zugriffskonflikte mehr auf, da die Prozessoren parallel auf ihre
eigenen Speicher zugreifen können. Bei knotenübergreifenden Operationen wird jedoch eine
aufwendige nachrichtenbasierte Kommunikation zwischen den Knoten erforderlich, da der
Zugriff auf den Externspeicher eines entfernten Knotens in Interaktion mit dem entfernten
Knoten abgewickelt werden muß und im Unterschied zu den SD-Systemen nicht mehr vom
Verbindungsnetz geregelt werden kann. Um diesen Kommunikationsaufwand zu vermeiden,
müssen die Daten entsprechend ihrer Zugriffshäufigkeit an die lokalen Knoten verteilt werden.
Die Daten der lokalen Knoten sind im Falle eines Knotenausfalls nicht mehr erreichbar.

Eine andere begriffliche Einteilung der verschiedenen vorgestellten Systemarchitekturen wird
in der Literatur dann verwendet, wenn der Kommunikationsaspekt betont werden soll. Es
ist eine direkte Zuordnung nachfolgender Architekturen zu den SM-, SD- und SN-
Architekturen möglich:

- Multiprozessorsystem (Parallelrechner, [JoSc 80]),
- Mehrrechnersystem (lokales Rechnernetz, Cluster, [KrLS 86], [AtSe 88]) und
- Workstation-LAN, Workstation-WAN und Rechnernetz ([Tane 88]).

Die Einordnung eines Multiprozessorsystems als verteiltes System wird in der Literatur als
problematisch angesehen, da derartige Systeme mit einem gemeinsamen Hauptspeicher ausge-
stattet sind, über den die Kommunikation und Synchronisation der parallelen Prozessoren
erfolgt. Nach [Ensl 78] und [Drob 81] gehört jedoch zu einem verteilten System ein
nachrichtenvermittelndes Kommunikationssystem. In [Matt 89] werden deshalb Multi-

prozessorsysteme nur dann als verteilte Systeme bezeichnet, wenn der gemeinsame Hauptspeicher zur Simulation eines nachrichtenvermittelnden Kommunikationssystems dient.

Die von einem verteilten System erwarteten Vorteile gegenüber einem zentralisierten Ansatz lassen sich in zwei charakteristischen Kenngrößen, dem Speedup und dem Scaleup, ausdrücken. Der Unterschied zwischen Speedup und Scaleup liegt darin, daß beim Speedup eine gegebene Aufgabe schneller zu lösen ist, beim Scaleup dagegen eine größere Aufgabe in gegebener Zeit.[1] Eine ideale Systemarchitektur verfügt mindestens über ein lineares Speedup- und Scaleup-Verhalten. Lineares Speedup-Verhalten bedeutet, daß für eine gegebene Aufgabe ein doppelt so großes System die halbe Bearbeitungszeit braucht, lineares Scaleup-Verhalten dagegen, daß eine doppelt so umfangreiche Aufgabe von einem doppelt so großen System in der gleichen Bearbeitungszeit erledigt werden kann. Lineares Speedup und Scaleup werden in der Praxis im allgemeinen nicht erreicht. In [DeGr 92] werden dafür drei Ursachen genannt:

- der Aufwand, um parallele Operationen zu starten,
- die Interferenzen zwischen den Prozessoren beim Zugriff auf gemeinsame Ressourcen und
- die Varianz der Bearbeitungszeiten der Einzelaufgaben einer zerlegten Gesamtaufgabe (die Gesamtbearbeitungszeit entspricht dem Maximum der Bearbeitungszeiten der Einzelaufgaben).

In [Ston 85] werden SM-, SD- und SN-Architekturen nach zwölf Kriterien hinsichtlich der Schwierigkeiten bzw. des Aufwandes bei der Implementierung von Datenbanksystemen verglichen: Synchronisationsaufwand, Lastbalancierung, Verfügbarkeit, Anzahl der Nachrichten, Bandbreite, Erweiterbarkeit, Ortsverteilung, etc. Nach diesem Vergleich sind die SN-Systeme den SM- und SD-Systemen vorzuziehen. Die SM-Systeme werden deshalb abgelehnt, da derzeit die einsetzbare Anzahl von Prozessoren in SM-Systemen noch sehr gering ist und infolgedessen der Erweiterbarkeit der Systeme aufgrund der begrenzten Bandbreite und Zugriffsgeschwindigkeit des globalen Speichers technische Grenzen gesetzt sind. Das größte derzeit verfügbare SM-System verfügt über 32 Prozessoren, während Intel derzeit ein SN-System (Hypercube) mit 2000 Knoten implementiert. Nach [HäRa 87] mangelt es bei den SM-Systemen an Verfügbarkeit, Erweiterbarkeit, Ortsverteilung und hohen Transaktionsraten. Bei den SD-Systemen muß bei fast allen Bewertungskriterien zusätzlicher Aufwand bei der Implementierung betrieben werden (z. B. globale Sperrtabelle mit Haltesperren), während bei den SN-Systemen die meisten Algorithmen des zentralisierten Falls unverändert übernommen werden können. Negativ ist bei den SN-Systemen der höhere

---

[1]
$$\text{Speedup} = \frac{\text{small-system-elapsed-time}}{\text{big-system-elapsed-time}}$$

$$\text{Scaleup} = \frac{\text{small-system-elapsed-time-on-small-problem}}{\text{big-system-elapsed-time-on-big-problem}}$$

Aufwand beim Anwendungsentwurf anzumerken, da eine Datenverteilung vorgenommen werden muß, welche die Flexibilität bei Änderungen in der Systemkonfiguration einschränkt.

Der generelle Trend zu den SN-Systemen wird auch in [DeGr 92] bestätigt und mit nachfolgenden Argumenten begründet:

- die Minimierung der Prozessor-Interferenzen durch eine Verringerung gemeinsamer Ressourcen,

- die Einsetzbarkeit gewöhnlicher Prozessor- und Speicherbausteine,

- die Minimierung der Netzauslastung, da lediglich bereits extrahierte Daten (Fragen und Antworten) und nicht erst auszuwertende Daten übertragen werden, sowie

- die Erweiterbarkeit des Systems auf Hunderte oder gar Tausende von Knoten.

[Reut 92a] stellt heraus, daß SM-Systeme vornehmlich zur Erreichung eines guten Scaleups, d. h. zur Bearbeitung größerer Probleme, geeignet sind, und nicht zur Erzielung eines besseren Speedups, d. h. einer noch schnelleren Problembearbeitung für kleinere Problemstellungen.

5.2.2   Ansätze zur Programmierung verteilter Anwendungssysteme

Den verteilten Systemen aus Hardware-orientierter Sicht stehen die verteilten Anwendungssysteme gegenüber. Ein verteiltes Anwendungssystem besteht aus mehreren kommunizierenden, aktiven Einheiten (z. B. Betriebssystemprozessen), die in unterschiedlichen virtuellen Adreßräumen mit eigenen Programmzählern ablaufen und auf verschiedene Rechnerknoten verteilt sein können. Da diese Einheiten über keinen gemeinsamen Hauptspeicher verfügen sollen, erfolgt die Kommunikation durch den Austausch von Nachrichten.[2] Bei einer nachrichtenbasierten Kommunikation kann von einer vollen logischen Vermaschung ausgegangen werden, d. h. jede Einheit kann potentiell mit jeder anderen kommunizieren. Die kommunizierenden Einheiten werden im folgenden als Anwendungsknoten bezeichnet.

Nachfolgend wird eine Taxonomie von Ansätzen zur Programmierung verteilter Anwendungssysteme nach dem Unterscheidungskriterium vorgestellt, auf welcher Ebene die Interaktion zwischen den Anwendungsknoten beschrieben und betrieben wird bzw. auf welcher Ebene die Verteilung sichtbar wird. Es werden nachfolgende drei Ansätze eingeführt ([MüSc 92]):

- Sprachintegrierter Ansatz,

- Betriebssystemansatz und

- Datenbankansatz.

---

2)   Im Unterschied zu einem verteilten Programm wird in [Andr 91] ein paralleles Programm als ein Programm definiert, das auf einem Multiprozessorsystem ausgeführt wird, wobei die ausführenden Einheiten über einen gemeinsamen Speicher verfügen.

Analog zur Taxonomie verteilter Hardwaresysteme (siehe Abbildung 5-2) erfolgt die Klassifikation von einer engen zu einer losen Kopplung der einzelnen Teile eines verteilten Anwendungssystems. Abbildung 5-3 zeigt graphisch die drei genannten Grundformen der Programmierung eines verteilten Anwendungssystems mit den Anwendungsknoten A_1, ..., A_n.

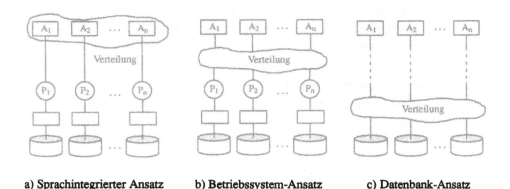

a) Sprachintegrierter Ansatz   b) Betriebssystem-Ansatz   c) Datenbank-Ansatz

Abbildung 5-3:   Ansätze zur Programmierung verteilter Anwendungssysteme

Beim *sprachintegrierten Ansatz* kennt der Anwendungsprogrammierer die physische Verteilung der Anwendungsknoten auf die verschiedenen Rechnerknoten. Der Anwendungsprogrammierer steht in der Pflicht, sowohl die Verteilung als auch die Nebenläufigkeit in seinen Programmen zu berücksichtigen. Für die Kommunikation und Synchronisation zwischen den Programmen stehen prozedur- und/oder nachrichtenorientierten Sprachelemente zur Verfügung, die in eine verteilte Programmiersprache integriert sind ([StRK 87], [BaST 89]): RPC (remote procedure call), Mailbox-Kommunikationsmechanismen, etc. Auf die mit diesen Mechanismen einhergehenden Kommunikationsmodelle, Synchronisationsgrade und semantischen Unterschiede wird in Abschnitt 5.4 eingegangen.

Beim *Betriebssystemansatz* wird das Ziel verfolgt, das verteilte System als eine einzige virtuelle Maschine erscheinen zu lassen. Das verteilte System ist somit für den Anwendungsprogrammierer transparent, d. h. die Verteilung ist nicht sichtbar. Der Vorteil dieses Ansatzes liegt darin, daß das Problem der verteilten Programmierung auf die nebenläufige Programmierung reduziert wird, da die physische Verteilung vom Betriebssystem verborgen wird. Bedenken gegen diesen Ansatz sind, daß diese völlige Verteilungstransparenz vom Benutzer nicht immer erwünscht ist und eine optimale Verteilung der Anwendung nur unter Einbeziehung von zusätzlichem Anwendungswissen möglich ist. Auf entsprechende Betriebssystem-Ansätze, wie verteilte Betriebssysteme und Netzwerkbetriebssysteme, wird in Abschnitt 5.3.1 eingegangen.

Der *Datenbankansatz* ist konzeptionell mit dem Betriebssystemansatz vergleichbar, allerdings bezüglich der Verteilungstransparenz auf die Daten beschränkt. Ein (verteiltes) Datenbanksystem ist in der Lage, die physische Verteilung der Daten transparent zu halten, so daß bei der Anwendungsentwicklung von einem virtuell globalen Datenbestand ausgegangen werden kann (siehe dazu Abschnitt 5.3.3.2). In [HäRa 87] werden hierzu im wesentlichen zwei Datenbankansätze unterschieden: DB-Sharing in einem SD-System (keine Datenpartitionierung erforderlich) und DB-Distribution in einem SN-System (Daten von Partitionen auf anderen Rechnern müssen vom lokalen Datenbankverwaltungssystem explizit angefordert und ausgetauscht werden). Der Datenbankansatz ist in dem Sinne kein äquivalenter Ansatz zu den beiden vorhergehenden, als davon ausgegangen wird, daß eine Anwendung aus autonomen Prozessen besteht, die isoliert voneinander sind (werden) und lediglich implizit durch den Zugriff auf gemeinsame Daten kommunizieren. Andere Kommunikations- und Synchronisationsformen können aus Sicht des Datenbanksystems nicht unterstützt werden.

Die nachstehende Bewertung der Ansätze zur Programmierung verteilter Anwendungssysteme erfolgt unter Bezugnahme auf die Architekturen verteilter Hardwaresysteme. SM-Systeme werden jedoch ausgeklammert, da sie wesentliche Anforderungen an die Systemkonfiguration (Verfügbarkeit, Erweiterbarkeit und Ortsverteilung) nicht erfüllen. Unter der Annahme, daß SD- und SN-Systeme hinsichtlich der Anforderungen an die Systemkonfiguration gleichwertig sind (bezüglich der Ortsverteilung bestehen sicherlich Unterschiede), stellen beide Ansätze unterschiedliche Anforderungen an die Entwicklung von Anwendungssystemen und Systemsoftware. Die Kontrolle der Verteilung und Nebenläufigkeit muß in beiden Architekturansätzen durch nachrichtenbasierte Kommunikation geregelt werden. Dies erfolgt in Abhängigkeit von einer eingeführten Transparenzschicht entweder programmiersprachlich oder durch das Betriebssystem. Hinsichtlich der Datenverwaltung begünstigen die SD-Systeme die Anwendungsentwicklung, da keine Datenverteilung zu spezifizieren ist (DB-Sharing). Die Implementierung der Datenverwaltungssysteme gestaltet sich allerdings recht aufwendig. Bei SN-Systemen liegt die Situation genau umgekehrt: einer einfachen Systemimplementierung steht eine aufwendige Anwendungsentwicklung gegenüber, da explizit eine Datenverteilung zu spezifizieren ist. Als Ergebnis dieser Gegenüberstellung gilt es festzuhalten, daß sich bei begrenzter Ortsverteilung ein SD-System mit DB-Sharing anbietet (die einfache Anwendungsentwicklung überwiegt die einmalige schwierige Systementwicklung), während in großflächig verteilten Systemen der SN-Architektur mit DB-Distribution der Vorzug zu geben ist ([HäRa 87]).

5.2.3   Gründe, Ziele, Mittel und Gegenstände der Verteilung

In diesem Abschnitt werden die Gründe, Ziele, Mittel und Gegenstände einer Verteilung untersucht. Da sich diese Aspekte auf ein gesamtes Rechensystem beziehen, wird in diesem

Abschnitt von einer Trennung zwischen Hardware- und Anwendungssystem abgesehen. Die Gründe für die Einführung verteilter Systeme sind meist organisatorischer Natur, die Ziele dagegen müssen messbar und überprüfbar sein. Die Mittel der Verteilung dienen der Durchsetzung der Ziele. Aufgrund der vielfältigen Interdependenzen kann jedoch keine direkte Zuordnung zwischen den Zielen und Mitteln einer Verteilung erfolgen. Zuletzt wird auf die Gegenstände der Verteilung in einem Anwendungssystem eingegangen. Hinsichtlich der Entwurfsziele und -probleme eines verteilten Systems, beispielsweise Transparenz (Ort, Replikation, Fragmentierung, Sprache), Konsistenz und Effektivität, sei auf [CePe 85], [Bhar 87], [CoDo 89] und [ÖzVa 91] verwiesen.

In [Gray 79] wird bei der Frage nach den *Gründen* verteilter Systeme zwischen organisatorischen und technologischen Zwängen unterschieden. In der vorliegenden Arbeit werden die technologischen Gründe den Zielen bzw. Mitteln zugeordnet, so daß nachfolgend im wesentlichen die organisatorischen Gründe angeführt werden:

- **Verteilte Organisationsstrukturen:** Komplexe Organisationen sind räumlich verteilt und arbeiten hochgradig autonom in Arbeitsgruppen. Die Ursachen und Gründe für diese Organisationsstrukturen sind vielfältig und sollen hier nicht diskutiert werden; dies ist Aufgabe der Soziologie und Organisationslehre. Die Anforderungen, die sich aus diesen Organisationsstrukturen ergeben, werden häufig mit den Begriffen "lokale Autonomie", "kooperative Autonomie" ([Ensl 78]) oder "arbeitsteilige Kooperation" ([Nehm 88]) umschrieben. Eine äquivalente Nachbildung der betrieblichen Organisationsstrukturen läßt sich nur mit Hilfe verteilter Systeme erreichen.

- **Modularer Systemaufbau:** "Große" Anwendungen werden im allgemeinen nicht als monolithische Systeme entworfen, sondern modular und schrittweise. Eine Teilanwendung wird zunächst lokal für eine abgeschlossene Aufgabenstellung erstellt und, sobald sich die Entwicklung bewährt hat, in die Gesamtanwendung integriert. Der modulare Systementwurf ist mit dem Gedanken der lokalen Autonomie eng verbunden.

- **Spezielle Anforderungen von Teilanwendungen (Heterogenität):** In komplexen Anwendungsgebieten sind zahlreiche Arbeitsplätze zu finden, die völlig unterschiedliche Systemanforderungen stellen. Es müssen somit dedizierte Rechensysteme bereitgestellt werden, die jeweils den lokalen Anforderungen entsprechen.

- **Geringere Kosten:** Die Anschaffungs- und Wartungskosten für Großrechner übersteigen bei weitem die entsprechenden Kosten für eine Anzahl von Workstations, die über ein Netzwerk miteinander verbunden sind. Bei diesem Kostenargument muß auch die genauere Anpaßbarkeit der Systemgröße an den aktuellen Bedarf der Anwendung berücksichtigt werden, was durch einen modularen Systemaufbau begünstigt wird.

Die *Ziele* bei der Einführung verteilter Systeme können kurz in den beiden Kategorien "schnellere" Bearbeitung und Lösung "größerer" Aufgabenstellungen zusammengefaßt

werden. Im Prinzip verbergen sich hinter diesen beiden Anforderungen die beiden Leistungs-
maße Speedup und Scaleup. Eine genauere Betrachtung führt zu den nachfolgend aufgezeigten
Zielkategorien:

- **Leistungssteigerung:** Durch das Bereitstellen zusätzlicher Hardware wird eine Leistungssteigerung des Systems hinsichtlich Durchsatz und Antwortzeit erwartet. Die Leistungsfähigkeit eines Systems betrifft auch die gemeinsame Benutzung von Verarbeitungskapa-
  zität, Programmen und Datenbeständen. Diese Form von Leistungsfähigkeit wird von
  Drobnik als Last-, Funktions- und Datenverbund bezeichnet ([Drob 81]).

- **Erweiterbarkeit und Anpassungsfähigkeit:** Die Erweiterbarkeit eines Systems betrifft
  das Hinzufügen neuer Systemkomponenten und Dienste. Die Forderung nach Erweiterbarkeit kann sich sowohl aus einem modularen Wachstumsbedarf hinsichtlich zusätzlicher
  Funktionalität ergeben (Evolution) als auch aus der Anpassungsfähigkeit an eine ver-
  änderte Systemkonfiguration. Die Anpassungsfähigkeit steht in Wechselwirkung mit der
  Fehlertoleranz eines Systems, welche nachstehend beschrieben wird.

- **Fehlertoleranz:** Die Fehlertoleranz oder Verfügbarkeit eines Systems führt zu einer
  Erhöhung der Ausfallsicherheit und bedeutet, daß der Ausfall einzelner Knoten eines
  Systems nicht den Ausfall des Gesamtsystems zur Konsequenz hat, sondern die Anwendung funktionsfähig bleibt ("graceful degradation"). Bei der Verwendung vieler Systemkomponenten betrifft der Ausfall einzelner Teile nur einen kleinen Kreis der Benutzer,
  Funktionen oder Daten. Der Fehler läßt sich auf eine kleine Umgebung eingrenzen,
  während der nicht betroffene Systemanteil funktionsfähig bleibt. Der Endbenutzer bemerkt
  unter Umständen einen Fehler lediglich an einer schlechteren Systemleistung.

Die *Mittel* zur Realisierung der Ziele bei der Einführung eines verteilten Systems können
in drei Kategorien untergliedert werden, wobei eine direkte Zuordnung zwischen Ziel und
Mittel aufgrund der eingangs erwähnten Interdependenzen im allgemeinen nicht möglich
ist. Nachfolgend wird auch auf die Grenzen der Mittel hingewiesen:

- **Parallelität:** Mit Parallelität ist die Nebenläufigkeit bei der Bearbeitung einer gemeinsamen Aufgabe in einem verteilten System gemeint. Je größer die Nebenläufigkeit, desto
  besser die Leistung. Die real erreichbare Nebenläufigkeit hängt für eine Anwendung davon
  ab, inwieweit ihre semantische Nebenläufigkeit ausgedrückt werden kann. Die Grenzen
  der Parallelität werden durch Interferenzen bei der Lösung von Teilaufgaben gesetzt,
  da sich notwendige Koordinierungsmaßnahmen leistungsmindernd auswirken.[3]

- **Lokalität:** Die Lokalität oder Verfügungsnähe betrifft die Verteilung von Rechenleistung
  und Betriebsmitteln nach Ort und Zeit. Lokale Betriebsmittel stehen unmittelbar zur

---

3) In [Reut 92a] wird anhand der inhärent sequentiellen Algorithmen auf die Grenzen der Parallelität hinge-
    wiesen. Das Streben nach schnelleren Verarbeitungssystemen durch Parallelisierung erscheint unter diesem
    Gesichtspunkt als "nine women one month approach".

Verfügung und sind effizient zugänglich. Die konsequente Verfolgung des Lokalitäts-prinzips kann dann zu Problemen führen, wenn modifizierbare Betriebsmittel (Daten) repliziert werden (siehe Redundanz).

- **Redundanz:** Eine redundante Systemauslegung bedeutet, daß Systemkomponenten (Hardware oder Software) mehrmals in das System eingebracht werden. Bei gemeinsam benutzten Betriebsmitteln in geographisch verteilten Knoten ist Redundanz eine Voraussetzung, um Lokalität zu erreichen. Die Redundanz (Replikation) dient sowohl der Steigerung der Leistung als auch der Verfügbarkeit. Um Replikate jeweils im selben Zustand zu halten, sind jedoch aufwendige Mechanismen zur Synchronisation und Konsistenzerhaltung notwendig, die unter Umständen die erhoffte Leistungssteigerung zunichte machen.

Mit dem Einsatz verteilter Systeme stellt sich zwangsläufig die Frage nach den *Gegenständen der Verteilung.* Diese Frage ergibt sich sowohl beim Entwurf als auch beim Betrieb eines verteilten Anwendungssystems. Ausgehend von den Komponenten der Anwendungssoftware und der Betriebssituation können nachfolgende Gegenstände der Verteilung unterschieden werden:

- Funktionen,
- Daten und
- Last.

Auf Anwendungsebene wird die Frage nach der Verteilung von Funktionen, Daten und Last nach der Zuständigkeit entschieden. Beispielsweise werden die Konstruktionsdaten eines Produkts sicherlich dem Konstruktionsbereich zugeordnet, da dieser für das Erzeugen und Ändern dieser Daten verantwortlich ist und für diese Schritte auch über die entsprechenden operativen Möglichkeiten (Funktionen) verfügt. Die Lastverteilung tritt auf Anwendungs-ebene nur innerhalb eines Zuständigkeitsbereichs in Erscheinung. Engpässe oder Über-lastungen in Zuständigkeitsbereichen ziehen häufig eine Reorganisation und Umstrukturierung der Zuständigkeitsbereiche nach sich.

In [Wede 88a] wird die Verteilung methodisch als dreistufiger, sequentieller Prozeß bestehend aus Funktions-, Daten- und Lastverteilung und -steuerung beschrieben (Abbildung 5-4). Die Verteilungsgegenstände werden in Teilkomponenten zerlegt und den Knoten eines verteilten Systems zugeordnet (Allokierungsproblem). Bei der Allokierung der Verteilungsgegenstände werden neben Kapazitäts-, Verfügbarkeits- und Leistungskriterien insbesondere anwendungs-definierte Anforderungen einbezogen.

Abbildung 5-4 zeigt, daß für die *Funktions- und Datenverteilung* im wesentlichen die gleichen Verteilungskriterien zum Tragen kommen. Das Verteilungsprinzip ist mit der Fragestellung nach einem Spezial- oder Universalknoten vergleichbar. Sind beispielsweise aus technischen Gründen nicht alle betrachteten Verteilungsgegenstände auf allen Knoten verfügbar oder sollen nicht verfügbar sein, so liegt ein Spezialknoten vor, während ansonsten ein Universal-knoten entsteht. Diese Unterscheidung wird in [Wede 88b] als Need-to-know- und Ubiquitäts-prinzip bezeichnet. Bei der Verfügbarkeit kann zwischen physischer und logischer Verfügbar-keit unterschieden werden: physisch bedeutet, daß ein Gegenstand tatsächlich im Knoten abgespeichert wird und somit lokal zugegriffen werden kann; die logische Verfügbarkeit hat dagegen stets einen Fernaufruf oder -zugriff auf einen anderen Knoten, auf dem der benötigte Verteilungsgegenstand physisch verfügbar ist, zur Konsequenz. Hinsichtlich des Verteilungszeitpunkts kann zwischen einer statischen Vorverteilung beim Entwurf eines Anwendungssystems und einer dynamischen Verteilung während des laufenden Betriebs differenziert werden. Hinsichtlich der Verteilungsobjekte können zum einen die Funktions-schnittstellen und Schemainformationen (Metadaten) und zum anderen die jeweiligen Aus-prägungen (Funktionscode, Ausprägungen eines Datums) selbst in Frage kommen. Die

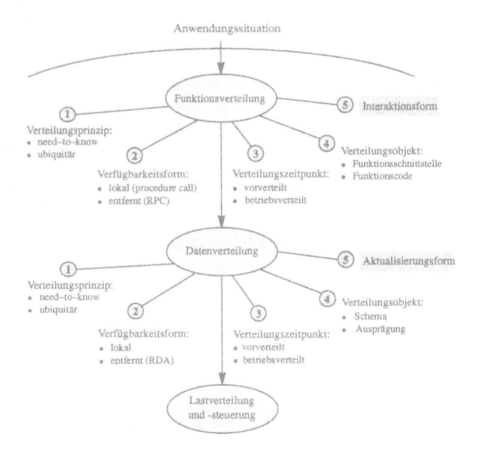

Abbildung 5-4:   Funktions-, Daten- und Lastverteilung (erweitert nach [Wede 88a])

Ausprägungen eines Verteilungsgegenstandes können nur zugegriffen werden, wenn der Verteilungsgegenstand an einem Knoten eingeführt und somit bekannt gemacht wurde.

Bei der Diskussion der Interaktions- und Aktualisierungsformen ist es sinnvoll, zwischen Funktionen und Daten zu unterscheiden. Die Interaktionsform legt fest, wie sich die Funktionen gegenseitig beeinflussen. In Abschnitt 3.3 wurden diverse Formen der Kooperation aufgezeigt und abgegrenzt. Dabei wurde eine Fokussierung auf eine indirekte Koordination vorgenommen, bei der die wechselseitigen Abhängigkeiten zwischen den Funktionen in einer Ablaufbeschreibung festgelegt werden. Diese Ablaufbeschreibung ist kennzeichnend für geregelte arbeitsteilige Anwendungssysteme und legt die in dieser Arbeit betrachtete Interaktionsform zwischen Funktionen fest (siehe auch Abschnitt 4.4.2).

Auf Datenebene werden Aktualisierungsformen auf Datenbeständen beschrieben: welche Auswirkungen haben Änderungsoperationen an Daten in einem Knoten auf die Daten in anderen Knoten und umgekehrt. Es werden aktive und passive Änderungen unterschieden. Aktive Änderungen betreffen die synchrone bzw. asynchrone Propagierung von lokalen Datenänderungen an andere Knoten, passive Änderungen dagegen die synchrone bzw. asynchrone Integration von Datenänderungen an anderen Knoten in den lokalen Datenbestand. Eine ausführliche Abhandlung der möglichen Aktualisierungsformen von verteilten Datenbeständen ist in [Jabl 90] zu finden.

Die Aufgabe der *Lastverteilung und -steuerung* besteht darin, die Anforderungen der Anwendung nach Funktionsausführungen so auf die Rechnerknoten zu verteilen und zur richtigen Zeit bearbeiten zu lassen, daß die Anforderungen möglichst schnell erledigt werden. Da die Lastverteilung aus dieser Arbeit ausgeklammert wurde, soll lediglich auf die Literatur verwiesen werden. In [Beck 92] werden die Aufgaben, Probleme und existierenden Ansätze zur Lastbalancierung beschrieben.

5.3 Grundlegende Betriebssoftware

Die Basisschicht des Implementierungsmodells für geregelte arbeitsteilige Anwendungssysteme wird von Betriebs-, Kommunikations- und Datenverwaltungssystemen gebildet (siehe Abbildung 5-1 in Abschnitt 5.1). Die wesentlichsten Aspekte dieser klassischen Systeme werden nachfolgend eingeführt, wobei jeweils der Aspekt der Verteilung im Vordergrund der Betrachtungen steht. Auf die Datenverwaltung wird ausführlicher als auf die Betriebs- und Kommunikationssysteme eingegangen, da die Datenverwaltung unmittelbar in die darüberliegende Entwicklungsschicht eingeht und neben der Ablaufsteuerung einen wesentlichen Aspekt in der vorliegenden Arbeit darstellt.

5.3.1 Betriebssysteme

In diesem Abschnitt werden Betriebssystemansätze für verteilte Systeme vorgestellt und einige typische Betriebssystemdienste aufgezeigt. Eine vollständige Erarbeitung der Funktionalbereiche von Betriebssystemen für verteilte Systeme soll hier nicht erfolgen; es wird auf die einschlägige Literatur (z. B. [TaRe 85]) verwiesen.

Die Betriebssystemansätze zur Untersützung verteilter Anwendungen lassen sich nach dem Grad der Verteilungstransparenz in zwei Klassen unterteilen:

- Netzwerkbetriebssysteme und
- verteilte Betriebssysteme.

Abbildung 5-5 stellt beide Ansätze graphisch gegenüber. Bei der Verwendung eines Netzwerk-Betriebssystems arbeitet jeder Benutzer mit seinem lokalen Betriebssystem; rechnerübergreifende Funktionen werden von einer zusätzlichen Softwareschicht zur verteilten Verarbeitung, dem Netzwerkbetriebssystem, abgewickelt. Der Benutzer ist sich der Verteilung des Systems bewußt; die lokale Umgebung sowie die Autonomie der meist traditionellen lokalen Betriebssysteme bleiben erhalten. Beispiele für Netzwerkbetriebssysteme sind Sun's NFS ([CoDo 89]) und DACNOS (IBM ENC und Universität Karlsruhe, [GeHo 90]).

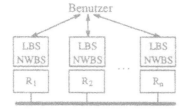

LBS: Lokales Betriebssystem; NWBS: Netzwerkbetriebssystem

a) Netzwerkbetriebssystem   b) Verteiltes Betriebssystem

Abbildung 5-5:   Netzwerkbetriebssystem versus verteiltes Betriebssystem

Bei einem verteilten Betriebssystem führen alle Rechner Teile eines globalen, systemweiten Betriebssystems aus. Als wesentlicher Unterschied zum Netzwerkbetriebssystem gilt hier der Anspruch, den Benutzern wie ein zentrales Betriebssystem zu erscheinen. Die Ressourcen (Dateien, Drucker, etc.) werden bei Verwendung eines verteilten Betriebssystems dem verteilten System aus Sicht des Benutzers als Ganzes zugeordnet, während sie bei Verwendung eines Netzwerkbetriebssystems zu einem lokalen Rechner gehören und von diesem verwaltet werden. Beispiele für verteilte Betriebssysteme sind Mach (Carnegie Mellon University), Apollo (Apollo Computer Inc.) und Quicksilver (IBM, Almaden).[4]

Unabhängig von der Wahl eines Ansatzes müssen Netzwerk- und verteilte Betriebssysteme dem Anwendungsentwickler elementare Dienste bereitstellen. Diese Dienste werden nach dem Client/Server-Modell abgewickelt ([Svob 85]). Nachfolgende Auflistung zeigt eine kleine Auswahl der wichtigsten Dienste ([TaRe 85], [MüSc 92]):

- Name-Server: Ein Name-Server hat zur Aufgabe, sämtliche Namensräume der vom Betriebssystem verwalteten Objekte zu führen und die Lokation der Objekte transparent zu halten.

- Datei-Server: Ein Datei-Server stellt eine einheitliche Schnittstelle für einen verteilungs-transparenten Zugriff auf Dateien zur Verfügung. Dazu muß der Server unter Umständen die Gegebenheiten von lokalen Betriebssystemen wie Namensgebung, Dateioperationen, -formate und -zugriffsarten maskieren.

- Entfernte Programmausführung: Die entfernte Programmausführung impliziert das Starten, Beenden, Suspendieren und Wiederaufsetzen von Programmen. Es gilt zu beachten, daß jeweils die notwendige Ausführungsumgebung (z. B. Ressourcen) bereitsteht.

- Prozeßmigration: Bei einer Prozeßmigration wird ein signifikanter Teil eines Betriebs-systemprozesses (Prozeßkontext, Daten des Adreßraums) auf einen anderen Rechner-knoten transferiert ([Smit 88]). Gründe für eine Prozeßmigration können sein: Last-ausgleich und -verteilung, schnellerer Ressourcenzugriff (der Prozeß kommt zu den Ressourcen und nicht umgekehrt), Nutzung spezialisierter Hardware auf anderen Rechnern und Maßnahmen zur Fehlertoleranz oder Wartung.

5.3.2   Kommunikationssysteme

Die nachfolgenden Ausführungen stellen den für die vorliegende Arbeit relevanten Teil eines Kommunikationssystems vor. Die Darstellung beschränkt sich dabei im wesentlichen auf die Anwendungsschicht des ISO/OSI-Referenzmodells. Eine ausführliche Erläuterung der verschiedenen Aufgabenbereiche und zahlreichen Standards sämtlicher Schichten des ISO/OSI-Referenzmodells ist in [Tane 88], [Krem 92] und [SpJa 93] zu finden.

Ein Kommunikationssystem vollzieht den rechnerübergreifenden Nachrichtenaustausch zwischen Kommunikationspartnern. Die Regeln, nach denen der Nachrichtenaustausch

---

4) Eine kurze Beschreibung der verteilten Betriebssysteme Mach, Apollo und Quicksilver ist in [Gloo 89] zu finden. Die Forschungsprojekte Cambridge Distributed Computing System, Amoeba, V Kernel und Eden werden in [TaRe 85] und [CoDo 89] erläutert. Eine weiterführende Bibliographie über kommerzielle und experimentelle Betriebssysteme ist in [ChSh 84] enthalten.

erfolgt, werden in einem Kommunikationsprotokoll festgelegt. Eine internationale Standardisierung der Kommunikationsprotokolle ermöglicht die universelle Vernetzung heterogener
Rechner. Das OSI-Referenzmodell (*Open Systems Interconnection*) ist ein inzwischen weit
verbreiteter internationaler Kommunikationsstandard der ISO (*International Standards Organi-
sation*) für offene Systeme. Ein System ist offen, wenn es seine Schnittstellen der System-
und Anwendungssoftware zur Zusammenarbeit mit anderen Systemen "offenlegt". Diese
Eigenschaft wird auch als Fähigkeit zur Interoperabilität bezeichnet und stellt neben der
Portabilität eine der Herausforderungen verteilter Systeme dar ([BrCe 92], [DiSp 92],
[GrRe 92]). Interoperabilität entsteht als Kompromiß aus Integration und Autonomie von
Einzelsystemen.

Die Architektur des ISO/OSI-Referenzmodells umfaßt sieben Schichten (Abbildung 5-6).
Nach diesem Modell erfolgt die Realisierung eines Protokolls zwischen zwei Kommuni-
kationspartnern auf einer Schicht durch die Dienste der unmittelbar darunterliegenden Schicht.
Dazu verfügt jede Schicht über eine Schnittstelle mit Diensten, die von der nächsthöheren
Schicht zur jeweiligen Protokollrealisierung benutzt werden. Die Protokolle regeln den
virtuellen Datenfluß zwischen den Kommunikationspartnern auf einer Schicht, der reale
Datenfluß erfolgt dagegen über die Dienstschnittstellen. ISO/OSI enthält lediglich Kommunikationsprotokolle; Anwendungsprogrammierschnittstellen werden nicht betrachtet.

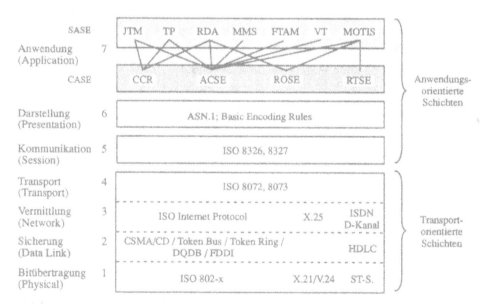

Abbildung 5-6:   OSI-Referenzmodell (nach [Herz 89])

Die Anwendungsschicht stellt in ISO-Terminologie sogenannte Anwendungsdienste (ASE, Application Service Elements) zur Verfügung, die anwendungsorientierte Protokolle realisieren. Die Operationen der Dienste heißen Dienstprimitive, die verwendeten Dateneinheiten werden als Protokoll-Dateneinheiten bezeichnet. Die Dienste der Anwendungsschicht werden in spezielle und allgemeine Dienste unterschieden. Die allgemeinen Dienste stellen einen Grundvorrat an Diensten dar, die zur Implementierung verschiedener spezieller Dienste verwendet werden können ([Beve 89], [BeFP 87], [EfFl 86]).

1. *Allgemeine Dienste* (CASE, Common Application Service Elements)

- OSI-ACSE (Association Control Service Element, ISO 8649/50, 1988): ACSE enthält Dienstprimitive zum Verbindungsaufbau, zur Dialogkontrolle und zum Verbindungsabbau und -abbruch. Verbindungen werden als Assoziationen (sessions) bezeichnet.

- OSI-RTSE (Reliable Transfer Service Element, ISO 9066): RTSE gewährleistet einen zuverlässigen Transport von Anwendungsprotokoll-Dateneinheiten bei zusätzlicher Einbeziehung des Senders für eventuelle Fehlerbehebungen. Die Zuverlässigkeit besteht in der Garantie, einen Datensatz vollständig und genau einmal zu übertragen.

- OSI-ROSE (Remote Operations Service Element, ISO 9071/72, 1989): ROSE ermöglicht die Ausführung von entfernten Operationen (synchron oder asynchron, mit oder ohne Rückmeldung im Erfolgs- bzw. Fehlerfall). Der ISO-RPC stellt eine Konkretisierung des ROSE-Dienstes dar. Es ist sowohl die Unterstützung der At-most-once- als auch der Exactly-once-Ausführungssemantik für den RPC vorgesehen.

- OSI-CCR (Commitment, Concurrency and Recovery Service Element, ISO 9804/05, 1990): CCR enthält Dienstprimitive für das Starten einer Transaktion (Definition einer Transaktions-Identifikation), eine zweiphasige Freigabe sowie das Zurücksetzen einer verteilten Transaktion zwischen direkt benachbarten Knoten (innerhalb einer Assoziation). Die Koordination des Zweiphasen-Freigabeprotokolls liegt in der Verantwortung des Dienstbenutzers. CCR bildet die Basis für OSI-TP.

2. *Spezielle Dienste* (SASE, Specific Application Service Elements)

- OSI-TP (Transaction Processing Service Element, ISO 10026, 1990): TP ermöglicht die Abwicklung verteilter Transaktionen auf der Basis von CCR. Es definiert eine Transaktions-Identifikation und unterstützt Mehrfachassoziationen, indem es die Verwaltung der dazu notwendigen Datenstrukturen einer verteilten Transaktion in einem Transaktionsbaum übernimmt. Die Kontrolle der involvierten Teiltransaktionen und die Koordination ihrer Terminierung erfolgt in der Verantwortung des TP-Diensterbringers, so daß an den

Wurzelknoten eines Transaktionsbaumes lediglich das Ergebnis der Transaktionsverarbeitung zurückgeliefert wird. TP unterscheidet durch Koordinationsniveaus zwei Arten
von Transaktionszweigen im Transaktionsbaum: Koordinationsniveau "none" bedeutet,
daß keine Zweiphasen-Freigabe untersützt wird (application supported transaction branch),
beim Koordinationsniveau "commitment" dagegen schon (provider supported transaction
branch).

• **OSI-RDA** (*Remote Database Access*, ISO 9579, 1990): RDA unterstützt einen entfernten
  Datenbankzugriff. Der Datenbankzugriff erfolgt entsprechend den ROSE-Dienstelemen-
  ten. RDA übernimmt die Dialog-Verwaltung, Übermittlung der Datenbank-Anfragen und
  -ergebnisse und die Transaktionsverarbeitung mit TP- und CCR-Dienstelementen.

• **OSI-FTAM** (*File Transfer, Access and Management*, ISO 8571): FTAM ermöglicht den
  Dateitransfer, -zugriff und die Dateiverwaltung in einem virtuellen Dateisystem. Das
  virtuelle Dateisystem wird auf die konkreten Dateisysteme abgebildet.

• **OSI-MOTIS** (*Message Oriented Text Interchange Systems*, ISO 10021): MOTIS entspricht dem MHS (*Message Handling System*) X.400-X.430 der CCITT-Empfehlungen.
  MHS unterstützt den Nachrichtenaustausch nach dem "store-and-forward"-Prinzip. MHS
  regelt das Senden und Empfangen von Nachrichten und unterstützt Benachrichtigungen,
  Verteiler und erweiterbare Nachrichtenstrukturen.

Für eine Erläuterung der Dienste OSI-MMS, OSI-JTM und OSI-VT sei auf die eingangs
referenzierte Literatur verwiesen. Neben den aufgezeigten Diensten der Anwendungsschicht
sollen statt dessen noch nachfolgende schichtübergreifende Dienste erwähnt werden:

• **X.500 Directory-Dienst** (ISO 9594-1/8): Der Directory-Dienst verwaltet eine globale
  verteilte Datenbasis mit Informationen über Organisationen, Mitarbeiter, Dienste und
  Ressourcen und dient zum Auffinden von Anwendungen.

• **OSI-Netzmanagement** (ISO 7498): Dieser Dienst enthält Primitive zur Steuerung, Überwachung und Verwaltung von Rechnernetzen. Zentral ist die Existenz einer sogenannten
  Managementinformations-Datenbasis (MIB). Eine MIB enthält Angaben über Organisationen, funktionale Bereiche, Kommunikationsprotokolle und die Informationsstrukturierung.

Die aufgezeigten Dienste der Anwendungsschicht des ISO/OSI-Referenzmodells bilden die
Grundlage für den Betrieb verteilter Anwendungssysteme in heterogenen Umgebungen. Von
besonderer Bedeutung für diese Arbeit sind die Dienste zur verteilten Transaktionsverarbeitung, verteilten Datenverwaltung sowie zum Nachrichtenaustausch zwischen Rechnerknoten. Diese Dienste sind notwendige Voraussetzungen für die Realisierung eines Ablaufkontrollsystems für geregelte arbeitsteilige Anwendungssysteme als verteiltes Programm.

Zur Abgrenzung mit anderen Standards sei an dieser Stelle noch festgehalten, daß OSI-TP
lediglich ein Kommunikationsprotokoll zwischen Transaktionsmanagem im Sinne der Inter-

operabilität definiert ([Upto 91], [Citr 91]). Eine Anwendungsprogrammierschnittstelle zur verteilten Transaktionsverarbeitung sowie die Schnittstelle zwischen Transaktions- und Ressourcen-Managern werden dagegen in der Norm X/Open DTP festgelegt ([Brag 91], siehe auch Abschnitt 5.5.3). X/Open ist ein weltweites Industriekonsortium von Hard- und Softwareherstellern sowie Anwendern mit dem Ziel der Spezifikation von Schnittstellen, um die Portabilität von Anwendungssystemen sicherzustellen (XPG, X/Open Portability Guide).

5.3.3   Datenverwaltungssysteme

Die Aufgabe der Datenverwaltung in dem in Abbildung 5-1 aufgezeigten Sinne besteht in der konsistenten, effizienten und zuverlässigen Speicherung der Daten geregelter arbeitsteiliger Anwendungssysteme. Die diversen Teilanwendungen erzeugen abzuspeichernde Daten und greifen ihrerseits auf gemeinsame Datenbestände in einem verteilten System zurück. In diesem Abschnitt werden die prinzipiellen Möglichkeiten der Verwaltung des gemeinsamen Datenbestandes aufgezeigt. Es werden zunächst die grundlegenden charakteristischen Merkmale der Datenhaltung und -verarbeitung erläutert, bevor anschließend Realisierungen globaler Datenverwaltungssysteme zur verteilten Datenverwaltung aufgezeigt und anhand der Grundbegriffe der Datenverteilung gegenübergestellt und verglichen werden. Als wesentliches Vergleichskriterium erscheint für geregelte arbeitsteilige Anwendungssysteme das verwendete Verteilungsprinzip und die Datenaktualisierungsform, so daß im letzten Abschnitt ausschließlich auf diese beiden Fragestellungen eingegangen wird.

5.3.3.1   *Datenhaltung und -verarbeitung*

Für den Betrieb eines verteilten Anwendungssystems muß ein konzeptionelles Datenschema für die gemeinsamen Daten der Teilanwendungen entwickelt werden. Dieses Datenschema ermöglicht die Benutzung der gemeinsamen Daten in allen Teilanwendungen und ist somit ein Schritt zur konsistenten, redundanzarmen Datenstrukturierung und -speicherung. Die gemeinsame Nutzung der gleichen Daten in einer verteilten Anwendung wird verschiedentlich auch als Datenintegration bezeichnet. Neben der Datenintegration einerseits muß andererseits auch eine effiziente Bereitstellung der relevanten Daten für die diversen Aktivitäten der Teilanwendungen gewährleistet werden ("Checkout"). Symmetrisch zur Datenbereitstellung erfolgt nach Beendigung der Aktivitäten eine Datenübernahme in den gemeinsamen Datenbestand ("Checkin"). Nachfolgend wird zunächst für die Verwendung eines Datenbanksystems zur Verwaltung der gemeinsamen Daten einer verteilten Anwendung argumentiert und anschließend auf die Checkin- und Checkout-Operationen eingegangen.

Die Drei-Schema-Architektur des ANSI/SPARC-Ausschusses definiert eine Trennung zwischen den lokalen Sichten der Teilanwendungen auf die gemeinsamen Daten, dem inte-

grierten konzeptionellen Datenschema und der physischen Abspeicherung der Daten. Nachfolgend werden einige Merkmale und Konsequenzen dieser Architektur erläutert und charak-
teristische Eigenschaften von Datenbanksystemen, denen diese Architektur zugrunde liegt,
aufgezeigt ([Wede 91]):

- **Datenunabhängigkeit:** Die Anwendungsprogramme sind unabhängig von der physischen
  Organisation der Daten. Das interne Datenschema mit den Speicherungsstrukturen und
  Zugriffspfaden bleibt verborgen. Eine physische Reorganisation der Daten zur Zugriffs-
  optimierung hat somit keine Änderungen in den Anwendungsprogrammen zur Folge.

- **Anwendungsneutralität:** Es wird eine integrierte, redundanzarme Verwaltung der Daten
  durch ein gemeinsames konzeptionelles Datenschema ermöglicht, das die Daten aller
  Teilanwendungen in gleicher Weise berücksichtigt. Die relevanten Datenausschnitte für
  eine Teilanwendung werden in externen Schemata definiert.

- **Integritätskontrolle:** Die Integritätsbedingungen auf den Daten werden nicht individuell
  in jeder Teilanwendung implementiert, sondern global vom Datenbanksystem überprüft
  ("system enforced integrity control").

- **Mehrbenutzerbetrieb:** Der gleichzeitige Datenzugriff mehrerer Teilanwendungen wird
  unter Wahrung der Datenkonsistenz kontrolliert. Die Synchronisation der konkurrierenden
  Datenzugriffe durch das Datenbanksystem erzeugt einen virtuellen Einbenutzerbetrieb.

- **Fehlertoleranz:** Durch automatische Protokollierungs- und Wiederherstellungsmaß-
  nahmen kann nach einem Verarbeitungs-, System- oder Mediafehler auf einen konsistenten
  Datenzustand aufgesetzt werden.

- **Dauerhaftigkeit:** Die Anwendungsdaten bleiben zwischen Programmabläufen erhalten
  (Persistenz) und sind durch Protokollierungsmaßnahmen im Fehlerfall wiederherstellbar.

- **Zugangskontrolle:** Der Zugang zu den Datenbeständen kann über Zugriffsrechte eingeschränkt werden.

- **Anfragesprachen:** Mächtige Anfragesprachen erlauben je nach gewähltem Datenmodell
  einen prozeduralen oder deskriptiven Datenzugriff.

Als unmittelbare Konsequenz der Datenintegration stellt sich die Aufgabe des Extrahierens
und Wiedereinbringens relevanter Daten bei der Ausführung einer Aktivität. Die Verarbeitung
einer Aktivität beginnt mit der Extraktion (Checkout) relevanter Daten aus dem gemeinsamen
Datenbestand in den aktivitätenlokalen Verarbeitungsbereich und endet mit dem Einbringen
(Checkin) der modifizierten Daten aus dem aktivitätenlokalen Verarbeitungsbereich in den
gemeinsamen Datenbestand. Die aktivitätenrelevanten Daten werden auch als Verarbeitungskontext bezeichnet. Die Checkout/Checkin-Operationen wurden in [LoPl 83] eingeführt, um
Synchronisation und Recovery in lange andauernden Verarbeitungen zu trennen und zu

optimieren, indem gemeinsame und "private" Datenbestände unterschieden werden. Extrahierte Datenbestände werden im gemeinsamen Datenbestand in einer persistenten Sperrtabelle
als "in Bearbeitung befindlich" gekennzeichnet.

In [HüSu 89] werden diverse Ablaufstrukturen von Checkout/Checkin-Operationen diskutiert,
um im Kontext workstation-orientierter Ingenieuranwendungen das Datentransportvolumen
zu minimieren und die Workstation-Autonomie zu gewährleisten. In dieser Arbeit sollen
Datenverteilung und Datenbereitstellung (Checkin/Checkout) unabhängig voneinander
betrachtet werden. Die Datenverteilung betrifft die Zuordnung und Aktualisierung von Datenbeständen an einen bzw. in einem Rechnerknoten, die Datenbereitstellung dagegen das lokale
Extrahieren und Einbringen von Daten bei Ausführung eines Verarbeitungsschrittes.

Die im Rahmen der Non-Standard-Datenbanksysteme entwickelten Datenmodelle und An-
fragesprachen stellen unter anderem Datenbankoperationen auf komplexen Objekten zur
Verfügung. Die Konzepte komplexer Objekte können beim Checkout/Checkin der gemein-
samen Daten ausgenutzt werden. Repräsentativ für Ansätze aus diesem Bereich sei auf das
Datenmodell MAD ([Mits 88], [HMMS 87]) und zahlreiche strukturell objektorientierte
Datenbanksysteme verwiesen ([Heue 92], [Mano 89], [AWSL 91]).

5.3.3.2   Globale Datenverwaltungssysteme

Globale Datenverwaltungssysteme sind aus der Beobachtung entstanden, daß in vielen Organisationen heterogene vernetzte Rechner und verschiedene Datenbanksysteme mit lokalen Daten
in unterschiedlichen Repräsentationen eingesetzt werden und in dieser Umgebung ein
integrierter Zugriff auf die verteilten Daten notwendig wird. Ein verteilter Datenbestand ist
ein logisch integrierter Datenbestand, der physisch auf mehrere Rechnerknoten verwaltet
wird. Der Ausdruck "logisch integriert" soll dabei sowohl die Zugreifbarkeit auf die Daten
charakterisieren als auch auf vorhandene Abhängigkeiten zwischen den logischen Dateneinheiten hinweisen. In der Datenverteilung wird festgelegt, welche Daten auf welchem
Rechner alloziert werden und wie Änderungen in den Datenbeständen im Rechnernetz
auszutauschen sind. Die Grundbegriffe der Datenverteilung, wie sie in Abschnitt 5.2.3
eingeführt wurden, stellen die prinzipiellen Möglichkeiten der Verteilung eines Datenbestandes in einem verteilten System dar. Nachfolgend werden die wichtigsten Ansätze zur
Realisierung globaler Datenverwaltungssysteme kurz charakterisiert und zum Schluß des
Abschnitts anhand der Grundbegriffe gegenübergestellt. Datenbank-Server scheiden als Archi-
tekturvorschlag von vornherein aus, da sie keine physische Datenverteilung unterstützen,
sondern in den Knoten nur eine logische Verfügbarkeit durch Datenfernzugriff bereitstellen
([DGKO 86], [Effe 87]).

Die Unterschiede zwischen verschiedenen Ansätzen zur Realisierung globaler Datenverwaltungssysteme können anhand von drei Kriterien herausgearbeitet werden:

- die Schnittstelle zwischen dem globalen Datenverwaltungssystem und den lokalen Datenverwaltungssystemen,

- das globale konzeptionelle Datenschema und

- die Verwaltung replizierter Daten.

Hinsichtlich der Schnittstellenfrage lassen sich globale Datenverwaltungssysteme als eng oder lose gekoppelte Systeme charakterisieren. Bei einem eng gekoppelten System hat die globale Komponente Zugang zu den internen Funktionen der lokalen Datenverwaltungssysteme. Dies erlaubt eine effiziente Implementierung der globalen Funktionen (z. B. globale Synchronisation), schränkt jedoch die Autonomie der lokalen Datenverwaltungssysteme ein, da diese ihre lokalen Daten nicht mehr vollständig kontrollieren. In lose gekoppelten Systemen dagegen setzen die globalen Funktionen auf der externen Benutzerschnittstelle der lokalen Datenverwaltungssysteme auf und agieren somit als lokale Benutzer. Dieser Ansatz gewährleistet eine maximale Autonomie der lokalen Datenverwaltungssysteme. Da die Mächtigkeit der Benutzerschnittstelle eines lokalen Datenverwaltungssystems je nach eingesetztem System sehr unterschiedlich sein kann, nimmt dies unter Umständen enormen Einfluß auf die Implementierbarkeit globaler Funktionen. So lassen sich beispielsweise verteilte Transaktionen nur auf der Basis offener Zweiphasen-Freigabeprotokolle der lokalen Datenverwaltungssysteme implementieren.

Das globale konzeptionelle Datenschema kennzeichnet den Grad der Verteilungstransparenz eines Ansatzes, da das Schema den Zugang zu den verteilten Datenbeständen festlegt. Verteilungstransparenz umfaßt Lokations-, Komponenten-, Fragmentierungs- und Replikationstransparenz ([CePe 85], [ÖzVa 91]). Falls kein globales Datenschema vorliegt, müssen bei der Programmierung der Anfrageoperationen die lokalen Repräsentationen und die Lokationen der zuzugreifenden Daten angegeben werden. Liegt dagegen ein globales Datenschema vor, so ist die Abbildung auf die lokalen Datenbestände schon beim Schemaentwurf spezifiziert worden und kann somit vom globalen Datenverwaltungssystem verarbeitet werden. Der Entwurf eines globalen konzeptionellen Datenschemas aus bestehenden lokalen Schemata ist aufgrund von Namens- (Synonyme, Homonyme), Format- und strukturellen Differenzen ein schwieriges Problem.

Ein repliziertes Datum existiert in mehreren physischen Ausprägungen (Replikate). Die Replikate sind semantisch äquivalent und stehen in einer Gleichheitsbeziehung zueinander. Aufgrund der Gleichheitsbeziehung müssen Änderungen in einem Replikat in allen anderen Replikaten nachgezogen werden. Die Unterschiede bei der Verwaltung replizierter Daten zeigen sich bei den Typen der Replikate (Lese- oder Schreib-Replikat) und dem Zeitpunkt der Aktualisierung der Replikate im Vergleich zur Primäroperation am zuerst geänderten Replikat (synchron oder asynchron). Bei einer synchronen Aktualisierung werden die Änderungen der Replikate im Rahmen der Transaktionsverarbeitung der Primäroperation ausgeführt, bei einer asynchronen Aktualisierung dagegen in einer abgesetzten eigenen Transaktion. Synchrone Datenaktualisierungen haben aufwendige verteilte Synchronisations- und Recovery-Protokolle zur Folge, so daß das ursprüngliche Ziel der Replikation, eine höhere Verfügbarkeit und bessere Performance durch hohe Lokalität zu erreichen, zumindest bei Schreibzugriffen in Frage zu stellen ist.

In der Literatur werden im wesentlichen vier Ansätze für globale Datenverwaltungssysteme diskutiert, die nachfolgend kurz vorgestellt werden:[5)]

- verteilte Datenbanksysteme,
- föderative Datenbanksysteme,
- Multidatenbanksysteme und
- interoperable Datenbanksysteme.

a) Verteilte Datenbanksysteme

Ein verteiltes Datenbanksystem ist ein eng gekoppeltes globales Datenverwaltungssystem. Es wird ein einheitliches globales konzeptionelles Datenschema vorausgesetzt. Konzeptionell ist der gesamte verteilte Datenbestand von jedem Rechner aus transparent zugreifbar. Die lokalen Datenverwaltungssysteme verfügen jeweils über das gleiche Datenmodell und die gleichen Schnittstellen (Homogenität). Dadurch ist es möglich, globale Funktionen wie Anfrage- und Änderungsoperationen, die mehrere lokale Datenbanken betreffen, effizient zu verarbeiten. Verwenden die lokalen Datenverwaltungssysteme unterschiedliche Daten- modelle, Anfragesprachen oder Verarbeitungsalgorithmen (z. B. bei der Synchronisation und Recovery), so liegt ein heterogenes verteiltes Datenbanksystem vor ([CePe 85]). Hinsichtlich der Verwaltung replizierter Daten gehen die verteilten Datenbanksysteme von einer Gleich- behandlung aller Replikate aus, d. h. alle Replikate sind Lese/Schreib-Replikate und werden synchron vom Datenbanksystem aktualisiert.

b) Föderative Datenbanksysteme

Ein föderatives Datenbanksystem ist ein lose gekoppeltes globales Datenverwaltungssystem. Es liegt kein einheitliches globales konzeptionelles Datenschema vor, sondern es werden mehrere partielle globale Schemata definiert (partielle Ubiquität). Die lokalen Systeme verwalten zusätzlich zu ihrem lokalen Schema ein sogenanntes Import- und Export-Schema. Das Import-Schema beschreibt die Daten, auf die an anderen entfernten Knoten zugegriffen wird; das Export-Schema legt die lokalen Daten fest, die anderen Knoten zur Verfügung gestellt werden. Die Unterstützung von Replikaten erfolgt innerhalb der partiellen globalen Schemata wie bei den verteilten Datenbanksystemen.

---

5) In dieser Arbeit wird die Terminologie aus [BrHP 92] verwendet; [ElPu 90] und [LiZe 88] enthalten ausführliche Beschreibungen von Forschungs-, Entwicklungs- und kommerziellen Projekten.

c) Multidatenbanksystem

Ein Multidatenbanksystem ist ein lose gekoppeltes globales Datenverwaltungssystem. Je nach
Entwurf des Multidatenbanksystems werden zwei Systemansätze unterschieden:

- Multidatenbanksystem mit globalem Schema und
- Multidatenbanksystem mit Sprachintegration.

In [KüPE 92] werden die beiden Ansätze als statisch und dynamisch bezeichnet. Bei einem
Multidatenbanksystem mit globalem Schema wird ein globales konzeptionelles Datenschema
durch Integration existierender lokaler Schemata entworfen. Bekannte Prototypen dieses
Ansatzes sind Mermaid von Unisys und Multibase von CCA.

Aufgrund der Probleme bei einer umfassenden systemweiten Schemaentwicklung werden
bei Multidatenbanksystemen mit Sprachintegration je nach Anforderung der Benutzer
einzelne Schemata bei Datenbankanfragen definiert. Die Last der Integration der lokalen
Schemata wird somit auf den Benutzer abgewälzt, der bei der Anfrageformulierung die
lokalen Schemata der zuzugreifenden Daten explizit benennen muß. Dazu werden dem
Benutzer vom Multidatenbanksystem adäquate Ausdrucksmöglichkeiten bereitgestellt.
Umfangreiche Ausdrucksmöglichkeiten werden beispielsweise von MSQL (Multidatabase
SQL) und MRDSM von INRIA bereitgestellt.

d) Interoperable Datenbanksysteme (mit Schwerpunkt auf Replikation)

Ein interoperables Datenbanksystem ist ein lose gekoppeltes System. Der wesentliche Unterschied zu den vorangegangenen Ansätzen liegt in der Verwaltung der replizierten Datenbestände. Interoperable Datenbanksysteme unterstützen die synchrone und asynchrone Aktualisierung von Replikaten. Ansätze mit dieser Funktionalität sind in [Jabl 90] und [WiQi 87]
zu finden (siehe auch Abschnitt 5.3.3.3).

Tabelle 5-1 stellt die verschiedenen Ansätze für globale Datenverwaltungssysteme hinsichtlich
der eingeführten Grundbegriffe der Datenverteilung gegenüber. Die Multidatenbanksysteme
mit globalem Schema sind nicht in die Tabelle aufgenommen worden, da sie hinsichtlich
der Vergleichskriterien identisch sind mit verteilten Datenbanksystemen. Ebenso wurde das
Merkmal Verteilungsobjekt (Schema, Ausprägung) nicht als Vergleichskriterium herangezogen, da bereits durch das Merkmal Verfügbarkeit festgelegt wird, welche Ausprägungen
zugreifbar sind, und für einen Zugriff auf Ausprägungen immer die Schemainformation
erforderlich ist. Durch diese Vorgaben sind die Verteilungsobjekte der Ansätze jeweils
bestimmt, betriebsverteilte Schemata werden nicht betrachtet. Die fehlenden Einträge bei
den Multidatenbanksystemen sind dadurch zu erklären, daß bei diesem Ansatz bestehende
Datenbanken integriert und keinerlei Aussagen über existierende Replikate gemacht werden.

System-ansatz / Grund-begriff	Verteiltes DBS (VDBS)	Föderatives DBS (FDBS)	Multi-DBS (Sprachintegr.)	Interoperables DBS
Verteilungs-prinzip	Ubiquität	partielle Ubiquität	./.	Need-to-Know
Verfügbarkeit physisch	je nach lokalem Schemaentwurf	je nach lokalem Schemaentwurf	je nach lokalem Schemaentwurf	je nach lokalem Schemaentwurf
logisch	alle weiteren Daten	Import-Schema	siehe VDBS	./.
Verteilungs-zeitpunkt	physisch vorverteilt, log. betriebsverteilt	siehe VDBS	siehe VDBS	betriebsverteilte Ausprägungen
Aktualisie-rungsformen	synchron	siehe VDBS	./.	synchron und asynchron

Tabelle 5-1: Vergleich globaler Datenverwaltungssysteme

5.3.3.3 Datenallokation und -aktualisierung

Bei der Datenverwaltung für geregelte arbeitsteilige Anwendungssysteme steht nicht nur der integrierte Zugriff auf verteilte, heterogene Datenbestände oder die Replikationstransparenz im Vordergrund der Anforderungen, sondern die Lokalität der Daten entsprechend den Aktualitätsanforderungen der Abläufe in einer Anwendung. Das Ziel einer Datenverwaltung für geregelte arbeitsteilige Anwendungssysteme ist eine ablauforientierte Datenverwaltung entsprechend der Geregeltheit und Arbeitsteiligkeit einer Anwendung. Die neueren Ansätze der verteilten Datenverwaltung wie föderative und Multidatenbanksysteme ermöglichen zwar den prinzipiellen Zugang zu verteilten, heterogenen Datenbeständen, bezüglich der ablauforientierten Datenverwaltung stellen diese Ansätze aber keine unterstüzenden Mechanismen bereit. Lediglich die interoperablen Systeme bieten mit ihren flexiblen Mechanismen zur Aktualisierung von Datenbeständen ein breites Spektrum von Möglichkeiten zum Propagieren von Daten in einem verteilten System und können somit für die Realisierung eines Datenflusses entsprechend den gestellten Anforderungen herangezogen werden. Aufgrund der möglichen Datenaktualisierungsformen in interoperablen Systemen wird nachfolgend nicht mehr von Replikaten, sondern von abhängigen Daten gesprochen, die durch Datenpartitionen und definierte Austauschbeziehungen konstituiert werden. Das Problem der Definition abhängiger Daten in einem verteilten System enthält zwei Aufgabenstellungen:

- Datenallokation: Aufteilung eines Datenbestandes in Partitionen und Zuordnung zu den Knoten eines verteilten Systems;
- Datenaktualisierung: Definition von Datenaustauschbeziehungen zwischen den Datenpartitionen.

Beide Aufgaben werden nachfolgend charakterisiert. Der Abschnitt schließt mit Konsistenz-betrachtungen bei abhängigen Daten.

Im allgemeinen ist das *Datenallokationsproblem* NP-vollständig, so daß meist heuristische Verfahren wie die Greedy-Verfahren zum Einsatz kommen. Greedy-Verfahren beginnen mit einer Ausgangslösung und gehen iterativ vor, indem jeweils die nächste Lösung mit der momentan größten Verbesserung ausgewählt wird. Die angewandten Techniken variieren in der Beschreibung des zu berücksichtigenden Anwendungsprofils und in der zu optimierenden Zielfunktion. Bekannte Algorithmen zur Datenallokation sind Apers' Ansatz zur Minimierung der Übertragungskosten sowie der Bubba-Ansatz zur gleichmäßigen Verteilung der Gesamt-zugriffshäufigkeit für Plattenspeichereinheiten ([Aper 88], [CABK 88], [IbWi 92]). Dyna-mische Verfahren sehen zusätzlich zur statischen Vorverteilung eine Reorganisation der Datenallokation aufgrund einer veränderten Anwendungssituation vor. Hier muß zwischen der Zielfunktion der Datenallokation und den Kosten einer notwendigen Reorganisation abgewogen werden. Extensive Untersuchungen zur Frage der Datenallokation wurden bei der Aufteilung der Daten auf die Plattenspeichereinheiten von Datenbankmaschinen vor-genommen (siehe [KePr 92]).

Die meisten der geschilderten Verfahren zur Datenallokation weisen zwei grundsätzliche Schwachpunkte auf: (a) Die Verfahren beziehen zu wenig Anwendungssemantik in die Allokation ein (oft nur die Zugriffshäufigkeit, ohne Bezug zur Funktionsverteilung), und (b) sie erzeugen meist keine redundante Datenallokation und wenn ja, dann nur mit synchroner Replikatverwaltung, ohne die Möglichkeiten einer asynchronen Datenaktualisierung aufgrund von Vorgaben der Funktionsverteilung in Erwägung zu ziehen. Eine generelle Vorgehensweise wird in [Wede 88b] mit dem Need-to-Know-Prinzip vorgeschlagen: es werden nur die Daten an einem Knoten verfügbar gemacht, die aufgrund einer Funktionsverteilung gebraucht werden. Eine redundante Datenallokation wird durch die Datenaktualisierung gewartet.

Die *Datenaktualisierung* stellt den dynamischen Aspekt der Datenverwaltung in verteilten Systemen dar und umfaßt die Definition der Datenaustauschbeziehungen zwischen den allokierten Datenpartitionen. Das wohl reichhaltigste Spektrum an Techniken zur Daten-aktualisierung bietet der DDMS-Ansatz, da neben der aktiven Aktualisierung (Datenpropa-gierung) auch die passive Aktualisierung (Datenintegration) spezifizierbar ist. Das DDMS ist ein an der Universität Erlangen-Nürnberg entwickeltes Datenverwaltungssystem. Nach den Klassifikationskriterien zur Einordnung globaler Datenverwaltungssysteme handelt es sich beim DDMS um ein lose gekoppeltes Datenverwaltungssystem mit einem globalen konzeptionellen Datenschema und zahlreichen Aktualisierungsformen abhängiger Daten-bestände. Im Kern des Ansatzes steht ein Mechanismus zur anwendungsorientierten Daten-verteilung (Allokation und Aktualisierung), der nachfolgend kurz eingeführt wird ([Jabl 90]). Ein ähnlicher Ansatz zur verteilten Datenverwaltung ist in [WiQi 87] beschrieben.

Die Vorgehensweise zur Definition der Datenallokation und -aktualisierung umfaßt im DDMS vier Schritte:

1. Entwicklung eines globalen konzeptionellen Datenschemas
2. Definition von Datenpartitionen
3. Allokation der Datenpartitionen
4. Definition der Datenaktualisierung zwischen Datenpartitionen

Auf die Entwicklung eines globalen konzeptionellen Datenschemas wird hier nicht weiter eingegangen (siehe dazu z. B. [Wede 91]). Die Definition von Datenpartitionen erfolgt, ausgehend vom globalen konzeptionellen Datenschema, durch horizontale und/oder vertikale Fragmentierung. Die Datenallokation entspricht einer einfachen Zuordnung der Datenpartitionen an die Knoten in einem verteilten System. Umfangreicher gestaltet sich die Definition der Datenaktualisierung zwischen den Datenpartitionen (siehe Abbildung 5-7).

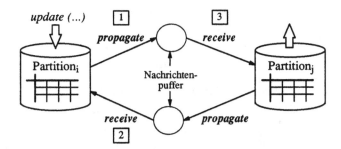

Abbildung 5-7:   Definition der Datenaktualisierung zwischen zwei Datenpartitionen

Die bidirektionale Datenaustauschbeziehung zwischen zwei Datenpartitionen besteht aus Sicht einer Datenpartition aus einem aktiven Propagierungs- und einem passiven Empfangsteil. Die Beziehungen lassen sich für n Datenpartitionen generalisieren. Im aktiven Propagierungsteil wird beschrieben, ob und wann Datenmodifikationen an eine andere Datenmodifikation weitergegeben werden. Prinzipiell können hier drei Strategien verfolgt werden: [1]

- Eine lokale Datenmodifikation wird nie an eine andere Partition durchgereicht (LOCAL);
- eine Modifikation wird zunächst lokal ausgeführt und erst zu anwendungsbestimmten Zeitpunkten verzögert propagiert (GLOBAL_INDIRECT);
- eine Modifikation wird sofort weitergereicht (GLOBAL_DIRECT).

Analog zu den drei Strategien zum aktiven Propagieren von Datenmodifikationen lassen sich drei Strategien zum lokalen Aufnehmen von Datenmodifikationen anderer Partitionen (entfernten Datenmodifikationen) spezifizieren: [2]

- Entfernte Datenmodifikationen werden nie aufgenommen (ISOLATED);

- entfernte Datenmodifikationen werden zu anwendungsbestimmten Zeitpunkten verzögert in die Datenpartition integriert (REMOTE);
- entfernte Datenmodifikationen werden sofort aufgenommen (INTEGRATED).

Für die Spezifikation einer verzögerten aktiven oder passiven Datenaktualisierung ist die Definition anwendungsbestimmter Zeitpunkte erforderlich. Zu diesem Zweck werden sogenannte Trigger formuliert, deren Feuern entsprechende Datenaktualisierungen auslöst.[6]

In einer unidirektionalen Betrachtung der Datenaustauschbeziehungen zwischen zwei Datenpartitionen (1 3) können zusätzlich zur aktiven und passiven Aktualisierung eines Datums sogenannte Extrahierungs- und Einbringstrategien unterschieden werden:

- Extrahierung: Beim Extrahieren eines Datums in der aktiven Phase kann unterschieden werden, ob das Datum in der propagierenden Datenpartition unverändert bleibt oder beispielsweise gelöscht werden soll.

- Einbringung: Beim Einbringen eines Datums in der passiven Phase entsteht möglicherweise die Situation, daß ein Datum in der empfangenden Datenpartition in einer anderen Ausprägung bereits existiert. In einer Einbringstrategie kann spezifiziert werden, wie die Daten zusammengeführt werden: inkrementell (existierendes Datum wird überschrieben) oder konkurrierend (Es gilt das laut Zeitstempel aktuellere Datum.).

Aktueller Forschungsbedarf hinsichtlich der möglichen Aktualisierungsformen für verteilte Datenbestände existiert noch bei der asynchronen Aktualisierung von änderbaren Datenpartitionen, da in diesem Fall aufgrund der möglichen Divergenz der Partitionen die einfache Interpretation der Replikate als physische Ausprägungen eines logischen Datums nicht mehr gültig sein kann. Solche Partitionen sind mit dem klassischen *Konsistenzbegriff* zentralisierter Systeme nicht handhabbar. In neueren Entwicklungen wird deshalb versucht, eine abgeschwächte Konsistenz der Replikate zu definieren, wobei zwischenzeitliche Inkonsistenzen toleriert werden ("weak consistency", [DoGP 90]). Die Auflösung der Inkonsistenzen kann beispielsweise auf semantischem Wissen (kommutative Operationen), einer Einschränkung der zulässigen Operationen auf den Replikaten (nur absolute Änderungen) oder Wissen um globale Ausführungsreihenfolgen beruhen.

Andere Entwicklungen wenden sich vom Begriff Replikat ab und definieren sogenannte abhängige Daten, die logisch zunächst unterschiedliche Daten sind, jedoch in einer definierten Abhängigkeitsbeziehung zueinander stehen. Diese Abhängigkeitsbeziehungen können struktureller Art sein (z. B. Integritätsbedingungen) oder Ableitungsbeziehungen (z. B. Primär- und Sekundärdaten) festlegen. Der Konsistenzbegriff bei abhängigen Daten hat zwei Dimensionen, deren Analyse verschiedene Abschwächungen nahelegt ("weaker mutual consistency", [ShRu 90]):

---

6)   Der Trigger-Mechanismus als genereller Basismechanismus wird in Abschnitt 5.6 eingehend erläutert.

- **Zeitliche Dimension**: Die Serialisierungstheorie fordert, daß alle Replikate innerhalb der ändernden Transaktion aktualisiert werden ("one copy serializability", [BeGH 87]). Eine Auflösung dieser Forderung führt zu nachfolgenden Formen von Konsistenz:

  - Konsistenzpunkte ("eventual consistency"): Die redundanten Datenbestände sind nur zu definierten Zeitpunkten konsistent. Die Konsistenzanforderungen können als Zeitintervalle (jede volle Stunde), Zeitpunkte oder spezifizierte Ereignisse (vor einem Programmstart, auf Anforderung eines Benutzers) definiert sein. [CHKS 92] schreiben in diesem Zusammenhang von Ebenen der Asynchronität.

  - Verzögerte Konsistenz ("lagging consistency"): Eine Kopie, auf der die Änderungen ausgeführt werden, ist immer aktuell. Diese Änderungen werden an andere Kopien propagiert, müssen dort aber nicht synchron eingebracht werden. Falls keine Änderungen auf der aktuellen Kopie mehr ausgeführt werden, sind irgendwann alle Kopien gleich.

- **Räumliche Dimension**: Die abhängigen Daten dürfen nur bis zu einem bestimmten Grad divergieren (Quasi-Kopien, [AlBG 88], [BaGa 90]), bevor die Konsistenz wieder hergestellt wird. Diese Differenz kann als Anzahl von Datenmodifikationen, Wertabweichung oder Anzahl ausgeführter Operationen spezifiziert werden.

In enger Wechselwirkung mit dem Konsistenzbegriff stehen die Typen replizierter Daten und die Änderungsstrategien auf den Daten, die natürlich vom Korrektheitskriterium und Synchronisationsprotokoll beeinflußt werden. Typen replizierter Daten sind beispielsweise identische Kopien, Primär- und Sekundärdaten sowie Snaphsots. Änderungsstrategien umfassen dagegen das synchrone Ändern aller oder aller verfügbaren Replikate mit einem Zweiphasen-Freigabeprotokoll, Mehrheitsverfahren oder Primär/Sekundär-Ansatz. Eine systematische Analyse der Zusammenhänge zwischen Konsistenz, Replikations- und Synchronisationsprotokollen mit zahlreichen Beispielsansätzen ist in [CHKS 91], [PuLe 91] und [ChPu 92] zu finden.

5.4 Interaktion bei Konkurrenz und Kooperation

Die Betriebs-, Kommunikations- und Datenverwaltungssysteme stellen die grundlegende Betriebssoftware für ein verteiltes System bereit. Die Probleme eines verteilten Anwendungssystems liegen jedoch insbesondere in der Kontrolle der Nebenläufigkeit und der Kommunikation zwischen den verschiedenen Teilanwendungen, die in einem verteilten System betrieben werden. In diesem Abschnitt wird die Interaktion bei konkurrierenden und kooperativen Verarbeitungsformen in Anwendungssystemen untersucht und unter den beiden Zielsetzungen Synchronisation und Kommunikation analysiert.

5.4.1   Begriffe

Interaktion ist das gegenseitige Beeinflussen nicht vollständig voneinander unabhängiger Prozesse.[7] Sie kann aus Gründen der Konkurrenz oder der Kooperation erfolgen. Konkurrenz und Kooperation sind inhärente Erscheinungen in verteilten Anwendungssystemen. Konkurrenz setzt eine Wettbewerbssituation voraus, in der konkurrierende Prozesse gleichzeitig versuchen, auf gemeinsame Ressourcen zuzugreifen; Kooperation dagegen bedeutet, daß die Prozesse im Hinblick auf eine gemeinsame Aufgabe zusammenarbeiten.

Eine begriffliche Festlegung der Termini Konkurrenz und Kooperation kann anhand der Begriffe Synchronisation und Kommunikation vorgenommen werden. Synchronisation und Kommunikation sind als unterschiedliche Zielsetzungen einer Interaktion zu verstehen. Die Koordination von Konkurrenz und Kooperation wird Synchronisation genannt und dient der Abstimmung des Ablaufs unterschiedlicher Prozesse: Ein Prozeß, der einen definierten Zustand erreicht hat, muß sich mit anderen Prozessen aus Gründen der Konkurrenz oder Kooperation abstimmen. Die Synchronisation dient somit der zustandsabhängigen Abstimmung des Verarbeitungsfortschritts verschiedener Prozesse. Prozesse können sich jedoch nicht nur aufeinander abstimmen, sondern darüber hinaus auch gegenseitig mit Daten versorgen, um die weitere Verarbeitung jeweils zu beeinflussen oder erst zu ermöglichen.

Es bleibt festzuhalten, daß Synchronisation und Kommunikation als Ziele einer Interaktion zu verstehen sind, während Konkurrenz und Kooperation die Gründe einer Interaktion darstellen. Synchronisation und Kommunikation bedingen einander, da zur Synchronisation auch Kommunikation notwendig ist und umgekehrt eine Kommunikation synchronisiert werden muß. Synchronisation und Kommunikation werden in den nachfolgenden beiden Abschnitten näher ausgeführt.

5.4.2   Synchronisation

Die Synchronisation nebenläufiger Prozesse kann sowohl aus Gründen der Konkurrenz als auch der Kooperation notwendig werden. Die Synchronisation konkurrierender Prozesse verhindert Nichtdeterminismus und Inkonsistenzen beim gleichzeitigen Zugriff auf eine gemeinsame Ressource. Die Zugriffe der konkurrierenden Prozesse werden derart synchronisiert, daß sie in einer seriellen Reihenfolge ablaufen. Kennzeichnend dabei ist, daß keine bestimmte, sondern eine beliebige serielle Reihenfolge hergestellt wird. Bestimmungsgrößen

---

7)   In diesem Abschnitt wird unter einem Prozeß eine beliebige Interaktionseinheit verstanden. Interaktions-
     einheiten, die sich als Einheiten der Parallelität anbieten, können Betriebssystemprozesse, Objekte, Anwei-
     sungen, funktionale oder logische Ausdrücke sein ([BaST 89]).

für diese Art der Synchronisation ergeben sich durch die Einheit der Konfliktkontrolle und die zu vermeidenden Konflikttypen. Die Einheit der Konfliktkontrolle bilden im Bereich der Betriebssysteme einzelne Zugriffsoperationen (Lese-/Schreiboperationen) auf eine gemeinsame Ressource, im Bereich der Datenbanksysteme sind es dagegen Transaktionen, die mehrere solche Operationen umfassen können. Die Einheit der Konfliktkontrolle legt insbesondere die Beendigung eines Konflikts fest, d. h. wann wird eine belegte Ressource für andere Einheiten wieder zugänglich. Hinsichtlich der Konflikttypen werden Schreib/ Schreib-, Lese/Schreib-Konflikte und aus Gründen der Fehlerbehandlung zusätzlich Schreib/ Lese-Konflikte unterschieden.[8]

Im Gegensatz zur Synchronisation der Konkurrenz erfordert die Synchronisation der Kooperation die Gewährleistung einer bestimmten Reihenfolge der Operationen der Prozesse. So kann beispielsweise in einer Kooperation zwischen zwei Prozessen festgelegt sein, daß produzierte Daten des einen Prozesses von einem anderen Prozeß konsumiert werden. Die Produzenten/Konsumenten-Beziehung definiert eine logische Zugriffsreihenfolge der Prozesse.

Aus dem Synchronisationsbedarf der Konkurrenz und Kooperation lassen sich zwei Synchronisationsarten ableiten (A_1 und A_2 bezeichnen zwei Aktivitäten als Einheiten der Konfliktkontrolle bzw. der logischen Abfolge, [HeHo 89]):

- betriebsmittelorientierte Synchronisation: $A_1 \leftrightarrow A_2$,
- logische Synchronisation: $\qquad\qquad A_1 \rightarrow A_2$.

Die betriebsmittelorientierte Synchronisation erzeugt einen gegenseitigen Ausschluß beim konkurrierenden Zugriff der Aktivitäten A_1 und A_2 auf eine gemeinsame Ressource. Die Synchronisation wird durch die Relation $\leftrightarrow$ ("nicht zusammen mit") ausgedrückt, die besagt, daß im Konfliktfall eine der beiden Aktivitäten A_1 oder A_2 blockiert, evtl. verzögert oder verboten werden muß. Die Relation ist symmetrisch, aber nicht transitiv.

Die logische Synchronisation wird durch die Relation $\rightarrow$ ("geschieht vor") beschrieben und dient dazu, eine logische Abfolge von Aktivitäten auszudrücken. Die Relation ist antisymmetrisch und transitiv. Bei der Geschieht-vor-Relation handelt es sich somit um eine partielle Ordnung.

Die betriebsmittelorientierte Synchronisation läßt sich auf die logische Synchronisation zurückführen: $A_1 \leftrightarrow A_2 = (A_1 \rightarrow A_2) \lor (A_2 \rightarrow A_1)$. Diese Darstellung verdeutlicht, daß die logische Synchronisation bestimmender ist als die betriebsmittelorientierte, da sie die logische Abfolge strikt festlegt, während die betriebsmittelorientierte Synchronisation Alter-

---

8) In der Datenbankliteratur wird wie im Betriebssystembereich die Synchronisation nur unter dem Gesichtspunkt der Konkurrenz betrachtet. Die englische Bezeichnung *concurrency control* ist aus diesem Grund treffender.

nativen offenläßt. Eine betriebsmittelorientierte Synchronisation zweier Aktivitäten erübrigt sich, wenn eine logische Synchronisation definiert wurde. Die logische Synchronisation wird auch als einseitige (unilaterale) Synchronisation bezeichnet, die betriebsmittelorientierte dagegen als mehrseitige (multilaterale) Synchronisation ([HeHo 89]).

Bekannte *Realisierungskonzepte* zur Synchronisation basieren entweder auf gemeinsamen Datenstrukturen oder auf Nachrichtenaustausch. Während die Synchronisationstechniken auf der Basis gemeinsamer Datenstrukturen insbesondere für konkurrierende Prozesse geeignet sind, werden die Techniken des Nachrichtenaustausches vorwiegend für kooperierende Prozesse eingesetzt. Auf die Synchronisation durch Nachrichtenaustausch wird im nachfolgenden Abschnitt über Kommunikation eingegangen werden.

Beispiele für programmiersprachliche Synchronisationskonzepte ([Frei 87]), die auf gemeinsamen Datenstrukturen und letztendlich auf Semaphoren mit ununterbrechbaren P/V-Operationen beruhen, sind

- bedingte kritische Bereiche (mit Eingangs- und Ausgangsprotokoll),

- Monitore: Kapselung gemeinsam benutzter Ressourcen mit den darauf definierten Zugriffsoperationen (z. B. Concurrent Pascal) und

- Pfad-Ausdrücke: Trennung der Verwaltung der Ressourcen und deren Zugriffsoperationen von den Synchronisationsbedingungen, die mögliche Ausführungsreihenfolgen beim Zugriff auf die Ressourcen beschreiben. Entsprechende Pfadoperatoren sind die Wiederholung sowie sequentielle, nebenläufige und selektive Ausführung von Zugriffsoperationen auf den Ressourcen (z. B. Path Pascal).

Kritische Bereiche und Monitore sind klassische Mechanismen, um einen gegenseitigen Ausschluß zu erzeugen. Die Pfad-Ausdrücke dagegen unterstützen eine logische Synchronisation, wenn auch nur implizit aus Sicht der konkurrierenden Aktivitäten und auf eine Ressource beschränkt. Hinsichtlich der Einheit der Konfliktkontrolle sind die Ansätze auf die jeweiligen Zugriffsoperationen der Ressourcen beschränkt, die der Monitor oder ein Pfadausdruck synchronisieren soll. Umfassendere Ansätze, die eine Ressource nicht sofort nach Ausführung der Zugriffsoperation, sondern erst nach Ausführung einer Sequenz von Zugriffsoperationen auf unterschiedlichen Ressourcen freigeben, werden von obigen Realisierungskonzepten nicht unterstützt. An dieser Stelle sei auf die verschiedenen Implementierungskonzepte von Transaktionen in Datenbanksystemen verwiesen (Abschnitt 5.5).

Andrews/Schneider unterscheiden bei der Synchronisation auf der Basis gemeinsamer Datenstrukturen zwischen Synchronisation durch gegenseitigen Ausschluß und Bedingungssynchronisation ([AnSc 83]). Während die Synchronisation durch gegenseitigen Ausschluß der hier eingeführten betriebsmittelorientierten Synchronisation entspricht, divergieren die Zielsetzungen der Bedingungssynchronisation und der logischen Synchronisation. Bei der Bedingungssynchronisation werden keine logischen Ablauffolgen unterstützt, sondern Ausführungsbedingungen auf den gemeinsamen Datenstrukturen festgelegt. Die Bedingungssynchronisation hat zum Ziel, den Prozessen korrekte Eingangsdaten sicherzustellen: Eine "Get"-Operation auf einem Stack soll beispielsweise verzögert werden, wenn der Stack keine Elemente enthält. Dies zeigt sich auch in den Realisierungstechniken der Bedingungssynchronisation, bei denen die gemeinsamen Strukturen ständig auf Bedingungen abgeprüft werden (diese Implementierungstechnik heißt "busy-waiting" und die entsprechende Datenstruktur "spin lock").

5.4.3 Kommunikation

Bei der Interaktion von Prozessen bezeichnet Kommunikation den Austausch von Daten zwischen Prozessen. Nachfolgend werden die Grundlagen bei der Auslegung eines Kommunikationsmechanismus erläutert. Ob die Kommunikation zur Abstimmung von Verarbeitungszuständen verschiedener Prozesse (Synchronisation) oder zum Austausch von Anwendungsdaten verwendet wird, hängt von der Zielsetzung der Kommunikation ab und sei an dieser Stelle dahingestellt.

Bei den grundlegenden Entscheidungen über die Auslegung eines Kommunikationsmechanismus müssen nachfolgende Fragestellungen zur Kommunikation berücksichtigt werden:

- Realisierung,
- Benutzung und
- Topologie.

Die *Realisierung eines Kommunikationsmechanismus* bezieht sich auf die technischen Gegebenheiten (siehe Abbildung 5-8). Beim Medium eines Kommunikationsmechanismus ist zu unterscheiden, ob die Kommunikation über einen gemeinsamen Speicher oder durch das Versenden einer Nachricht in einem Netzwerk erfolgt. Konzeptionell ist diese Unter-

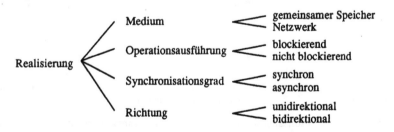

Abbildung 5-8:   Realisierung der Kommunikation

scheidung für die Kommunikationsteilnehmer unerheblich, da es gleichgültig ist, ob Daten an ein Speicher- oder ein Nachrichtentransportsystem übergeben werden. Qualitative Unterschiede ergeben sich insofern, als bei Kommunikation über einen gemeinsamen Speicher sich Daten indirekt (z. B. über Zeiger) übergeben lassen, was bei einer Nachrichtenkommunikation nicht möglich ist. Darüber hinaus ist die Ortsverteilung in einem verteilten System in Betracht zu ziehen.

Die grundlegenden Operationen beim Nachrichtenaustausch sind das Senden und Empfangen von Nachrichten. Eine Sendeoperation heißt blockierend, wenn der sendende Prozeß mit seiner Fortsetzung so lange warten muß, bis eine entsprechende Empfangsoperation ausgeführt wird; man spricht von nichtblockierend, wenn der Prozeß nur für die Dauer der Übernahme (z. B. Kopieren) der Nachricht in das Nachrichtentransportsystem blockiert ist. Entsprechendes gilt für die Empfangsoperation.

Eine Kommunikation heißt synchron, wenn Sender und Empfänger blockierende Sende- und Empfangsoperationen verwenden. Dies bedeutet, daß Sender und Empfänger für die Dauer der Datenübertragung blockiert sind und je nachdem, ob zuerst die Sende- oder Empfangsoperation ausgeführt wurde, der Sender auf den Empfänger oder der Empfänger auf den Sender warten muß, um mit der Übertragung beginnen zu können (Abbildung 5-9 (a) und (b)). Eine Kommunikation heißt asynchron, wenn mindestens ein Kommunikationspartner eine nichtblockierende Sende- oder Empfangsoperation verwendet. Durch diese Entkopplung von Sender und Empfänger wird die Einführung zwischengeschalteter Nachrichtenpuffer notwendig (Abbildung 5-9 (c)). Die synchrone Kommunikation realisiert eine implizite Flußkontrolle, schränkt jedoch andererseits die Nebenläufigkeit ein. Die Pufferung von Nachrichten bei der asynchronen Kommunikation dagegen ermöglicht eine zeitliche Entkopplung zwischen Sender und Empfänger.

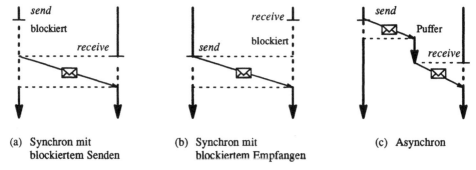

(a) Synchron mit   (b) Synchron mit   (c) Asynchron
     blockiertem Senden   blockiertem Empfangen

Abbildung 5-9:   Operationsausführung und Synchronisationsgrad bei der Kommunikation

Die Richtung einer Kommunikation schränkt den zulässigen Operationssatz der Prozesse ein. Bei einem unidirektionalen Mechanismus wird nur in eine Richtung kommuniziert, so daß einige Prozesse nur senden und andere nur empfangen können. Bei einem bidirektionalen Mechanismus dagegen ist Kommunikation in beiden Richtungen möglich.

Die *Benutzung eines Kommunikationsmechanismus* zeigt sich sowohl am Inhalt der ausgetauschten Daten als auch am Ablauf der Kommunikation selbst (siehe Abbildung 5-10). Der Inhaltstyp bei der Benutzung der Kommunikation legt die im Zielsystem erwartete Reaktion fest. Beim Datenaustausch enthält eine Nachricht lediglich Daten, die beim Empfänger interpretiert, aber nicht ausgeführt werden können. Bei Dienstanforderungen dagegen veranlaßt der Inhalt der Nachricht die Ausführung einer parametrisierten Operation beim Empfänger.

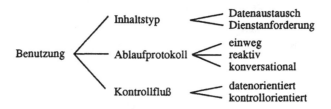

Abbildung 5-10: Benutzung der Kommunikation

Das Ablaufprotokoll beschreibt einen Kommunikationsablauf zwischen Sender und Empfänger. Beispiele dazu sind, daß ein Sender lediglich eine Nachricht an einen Empfänger schickt, ohne eine Antwort zu erwarten. Bei einer reaktiven Kommunikation wird dagegen in einem Kommunikationsablauf für jede gesendete Nachricht eine Rückantwort vom Empfänger erwartet. Eine Konversation schließlich umfaßt beliebige Abläufe von Sende- und Empfangsoperationen.

Der Inhaltstyp und das Ablaufprotokoll werden gelegentlich auch als Semantik der Nachrichtenübermittlung bezeichnet. Hierbei kann dann zwischen einer mitteilungsorientierten und einer auftragsorientierten Kommunikation differenziert werden ([Mong 92]): Bei der mitteilungsorientierten Kommunikation endet die Wirkung einer Sendeoperation mit der Ablieferung der Nachricht; es werden Daten in einer Einweg-Kommunikation übergeben. Bei einer auftragsorientierten Kommunikation erwartet der Sender in jedem Fall vom Empfänger das Ergebnis einer Dienstausführung zurück. Es liegt also ein Dienst zugrunde mit einem reaktiven Kommunikationsablauf.

Hinsichtlich des Kontrollflusses zwischen den Kommunikationspartnern können daten- und kontrollorientierte Ansätze unterschieden werden. Bei datenorientierten Ansätzen werden

Daten zwischen Sender und Empfänger übergeben, wobei Sender und Empfänger jeweils einen eigenen Kontrollfluß besitzen (z. B. Unix-Pipe). Bei kontrollorientierten Ansätzen wird dagegen die Kontrolle zwischen dem Sender und Empfänger übergeben, so daß Sender und Empfänger in einem Kontrollfluß ablaufen (z. B. RPC).

Gängige Beispiele, bei denen durch die Spezifikation der Benutzung eines Kommunikations-mechanismus zusätzliche Anwendungssemantik ausgedrückt werden kann, sind diverse Kooperationsformen (Abbildung 5-11): Beim Produzenten/Konsumenten-System erzeugt ein Prozeß Daten, die ein anderer Prozeß entgegennimmt. Der Inhalt der ausgetauschten Nach-richten entspricht Anwendungsdaten, bezüglich des Ablaufprotokolls liegt eine Einweg-Kommunikation vor. Beim Auftraggeber/Auftragnehmer-System nimmt ein Prozeß nicht nur Daten auf, sondern liefert auch Daten zurück. Es liegt somit eine reaktive Kommunikation vor. Der Inhalt der ersten Nachricht entspricht einer Dienstanforderung, die Rückmeldung enthält Anwendungsdaten. Hinsichtlich des Ablaufprotokolls sind die Peer-to-Peer-Systeme von Interesse. Hier findet eine konversationale Kommunikation zwischen unabhängigen Partnern statt, die ihre eigenen Berechnungen durchführen und gelegentlich Daten aus-tauschen.

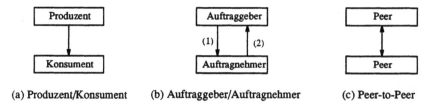

(a) Produzent/Konsument   (b) Auftraggeber/Auftragnehmer   (c) Peer-to-Peer

Abbildung 5-11: Benutzung eines Kommunikationsmechanismus in verschiedenen Kooperationsformen

Die *Kommunikationstopologie* als dritte grundlegende Fragestellung bei einer Kommunikation wird durch das zahlenmäßige Verhältnis zwischen Sendern und Empfängern einer Nachricht festgelegt. Es lassen sich nachfolgende grundsätzliche Topologien und entsprechende Aus-prägungen unterscheiden ([Mong 92]):

- one-to-one: Zwei Teilnehmer kommunizieren direkt miteinander.

- many-to-one: Eine Gruppe von Sendern kommuniziert mit einem Empfänger. Bei einer wenig kohäsiven Gruppe wird von einer any-to-one-Struktur gesprochen. Typisches Beispiel einer solchen Struktur ist die Client/Server-Kommunikation.

- one-to-many: Ein Sender kommuniziert mit einer Gruppe von Empfängern. Die Emp-fängergruppe besteht aus logisch äquivalenten Elementen. Diese Struktur ist häufig in verteilten Systemen zu finden, wenn durch Replikation von Komponenten eine höhere Verfügbarkeit erreicht werden soll.

- many-to-many: Dies ist der allgemeinste Fall, aus dem sich obige drei Topologien ableiten lassen. Bei einer Ausprägung any-to-one-of-many sendet ein beliebiger Sender eine Nachricht an eine Empfängergruppe; die Nachricht wird von einem Gruppenmitglied verarbeitet. Beispiel einer solchen Kommunikation ist die Mailbox-Kommunikation.

Auf der Basis der drei aufgezeigten Dimensionen der Kommunikation werden nachfolgend zwei Beispiele für Kommunikationsformen in verteilten Anwendungssystemen aufgezeigt:[9]

- Filter: Ein Filter ist ein Datentransformator, der Eingabedaten entgegennimmt, eventuell Berechnungen darauf ausführt und die Ergebnisse als Ausgabedaten weitergibt. Die am weitesten verbreiteten Filter sind die Unix-Pipes zur asynchronen, unidirektionalen Datenkommunikation zwischen zwei Prozessen (one-to-one-Verbindung).

- Client/Server: Beim Client/Server-Modell liegt (ursprünglich) eine synchrone Kommunikation zwischen Client und Server vor, wobei beim Aufruf von Diensten des Servers der Kontrollfluß des Clients an den Server übergeht. Der Inhalt der Nachricht an den Server entspricht einer Dienstanforderung; der Kommunikationsablauf ist reaktiv. Bezüglich der Kommunikationsstruktur liegt eine any-to-one-Struktur vor, bei partitionierten Diensten eine any-to-many-Struktur.

5.5   Transaktionale Verarbeitung

Eine Forderung beim Betrieb geregelter arbeitsteiliger Anwendungssysteme ist die zuverlässige und kontrollierte Abwicklung der Abläufe und Aufgabenverarbeitungen in den Aktivitäten. Einer Anwendung muß garantiert werden, daß zum einen erzielte Ergebnisse ausgeführter Aktivitäten nicht durch Systemausfälle verlorengehen und zum anderen nachfolgende Aktivitäten auf konsistenten Ergebnissen der Vorgängeraktivitäten aufbauen können. Im Bereich der Datenbanksysteme haben sich Transaktionen als Einheit der Recovery (Fehlerbehandlung) und Synchronisation etabliert; sie werden sich in Zukunft als generelles Verarbeitungsparadigma durchsetzen. In diesem Abschnitt werden, ausgehend von der klassischen Definition einer ACID-Transaktion, die Grenzen des im Datenbankbereich verwendeten Transaktionskonzepts aufgezeigt, um somit Transaktionskonzepte für lange andauernde Verarbeitungen zu motivieren. Anschließend wird sowohl auf die verteilte Transaktionsverarbeitung als auch auf eine umfassende Umgebung zur Transaktionsverarbeitung anhand von Beispielen eingegangen.

---

9)   Weitere Beispiele zum generellen Thema Interaktion, wie Heartbeat-Algorithmen, Probe/Echo-Algorithmen und Broadcast-Algorithmen, sind in [Andr 91] zu finden.

5.5.1   ACID-Transaktionen und ihre Grenzen

Eine Transaktion ist eine Zusammenfassung von aufeinanderfolgenden Operationen, die ein
System in ununterbrechbarer Weise von einem konsistenten Zustand über möglicherweise
inkonsistente Zwischenzustände schrittweise in einen (neuen) konsistenten Zustand überführt.
Die Eigenschaften einer Transaktion werden in der einschlägigen Literatur ([HäRe 83],
[GrRe 92]) unter dem Akronym ACID zusammengefaßt: Atomarität (Alles-oder-Nichts-
Eigenschaft), Konsistenz (Konsistenzerhaltung), Isolation (virtueller Einbenutzerbetrieb) und
Dauerhaftigkeit. Eine Transaktion bildet die Einheit der Synchronisation und Recovery. Die
Synchronisation gewährleistet, daß bei einer konkurrierenden Verarbeitung von Transaktionen
das gleiche Resultat wie bei einer seriellen Ausführung erzielt wird (Serialisierbarkeit),
während die Recovery im Fehlerfall definite Verarbeitungszustände herstellt.

Atomarität, Konsistenz und Dauerhaftigkeit[10] sind insbesondere im Fehlerfall relevant und
werden deshalb unter dem Begriff Fehleratomarität subsumiert. Die Isolation mit der Konflikt-
auflösung bei konkurrierenden Transaktionen wird dagegen als Ausführungsatomarität
bezeichnet. Die zur Aufrechterhaltung der Fehleratomarität notwendigen Protokolle heißen
Recovery- und Freigabe-Protokolle. Darunter fallen unter anderem die Protokollierungsmaßnahmen sowie das Zweiphasen-Freigabeprotokoll zur Gewährleistung der isolierten
Wiederherstellbarkeit von Verarbeitungszuständen. Die Ausführungsatomarität wird durch
Synchronisationsprotokolle sichergestellt. Weit verbreitete Synchronisationsprotokolle sind
die Sperrverfahren, die durch ihre Wohlgeformtheit und Zweiphasigkeit eine konfliktbasierte
Serialisierbarkeit der Transaktionen sicherstellen. Eine grundlegende Einführung in das
ACID-Transaktionskonzept und die zur Implementierung notwendigen Protokolle unter
Angabe der einschlägigen Quelliteratur findet sich in [ReWe 93a].

Klassische ACID-Transaktionen eignen sich besonders für kurze Verarbeitungseinheiten beim
Ressourcen-Management im Mehrbenutzerbetrieb ([JRRW 90]). Das Transaktionskonzept
weist jedoch einige Defizite auf, wenn es unverändert in Anwendungsgebiete wie Entwurfsumgebungen oder Büroorganisationen übernommen wird. Die Grenzen der flachen ACID-
Transaktionen lassen sich bei geregelten arbeitsteiligen Anwendungssystemen an nachfolgenden Anforderungen verdeutlichen:

- Unterstützen beliebiger Ablaufstrukturen zwischen den Bearbeitungsschritten,
- Dauerhaftigkeit von nicht freigebbaren Ergebnissen und
- programmiertes selektives Zurücksetzen einzelner Bearbeitungsschritte.

---

10) Der Unterschied zwischen dauerhaften und persistenten Zuständen liegt darin, daß bei dauerhaften
    Zuständen zusätzlich eine Protokollierung stattfindet und mit der Dauerhaftigkeit bei der Transaktions-
    verarbeitung die Möglichkeit des unilateralen Zurücksetzens einer Verarbeitung verlorengeht (z. B. durch
    Sperrfreigabe).

Die Atomaritätseigenschaft einer Transaktion führt dazu, daß eine zuverlässige Unterstützung genereller transaktionsübergreifender Ablaufstrukturen (z. B. Sequenz und Verzweigung) nicht möglich ist. Das Beenden einer Transaktion und das nachfolgende Starten einer anderen Transaktion müßten atomar ablaufen, um (1) im Fehlerfall definit zu sein und (2) konkurrierende Transaktionen auszuschließen. In Abschnitt 5.4.2 wurden die Ablaufstrukturen als Anforderung der Kooperation herausgestellt und als logische Synchronisation bezeichnet, um den Unterschied zur Isolation konkurrierender Transaktionen durch eine betriebsmittelorientierte Synchronisation zu verdeutlichen. Die Atomaritätseigenschaft einer Transaktion hat deren Unteilbarkeit zur Folge. Tritt im Transaktionsablauf ein Systemfehler auf, so muß entsprechend der Transaktionssemantik der Ausgangszustand der Verarbeitung (die Nichts-Alternative der Atomarität) wieder hergestellt werden. Dies ist abgesehen vom unter Umständen enormen Aufwand der Wiederherstellung des Ausgangszustandes nicht immer sinnvoll, da zahlreiche bereits korrekt abgeschlossene Bearbeitungsschritte verlorengehen, die zwar noch nicht freigegeben werden können, aber im Fehlerfall erhalten bleiben sollen. Im Konflikt zu dieser Dauerhaftigkeit nicht freigebbarer Ergebnisse steht die Anforderung, selektiv einzelne Bearbeitungsschritte aufgrund von inkorrekten Verarbeitungen zurücksetzen zu können, um alternative Bearbeitungsschritte durchzuführen.

Die oben genannten Anforderungen an eine transaktionale Verarbeitung führen bei einer Erweiterung des ACID-Konzepts zu den drei nachfolgenden Fragestellungen:

- Die Atomarität definiert, daß im Fehlerfall der Ausgangszustand einer Transaktion herzustellen ist. Wird die Atomarität aufgegeben, ist die Frage zu klären, welcher Zustand nach einem Fehler gelten soll.

- Die Dauerhaftigkeit einer Transaktion bedeutet, daß die Ergebnisse einer Transaktionsverarbeitung persistent gemacht und vor Fehlern geschützt werden. Problematisch dabei ist, daß (1) mit der Dauerhaftigkeit die einfache Rücksetzbarkeit verloren geht (Protokolldaten werden aufgegeben) und (2) mit der Dauerhaftigkeit auch die Freigabe der Ergebnisse für andere Transaktionen verbunden ist, was unter Umständen nicht erwünscht ist. In [Davi 72] werden diese beiden Aspekte unter dem Begriff der unilateralen Recoveryfähigkeit diskutiert, die durch die Isolation der Transaktionen sichergestellt ist. Bei deren Verlust werden aufwendige Kompensationsschritte notwendig, die unter Umständen nicht immer möglich sind oder aufwendig programmiert werden müssen.

- Die selektive Zurücksetzbarkeit einzelner Bearbeitungsschritte setzt die Festlegung definierter Zustände einer Verarbeitung und deren Wiederherstellbarkeit voraus. Die Sicherungspunkte in Datenbanksystemen entsprechen zwar diesen Anforderungen, sie sind jedoch nicht persistent oder dauerhaft, so daß sie bei einem System- oder Mediafehler verloren gehen.

[Elma 91] bzw. [Elma 92] enthalten die Beschreibung zahlreicher Erweiterungsvorschläge des klassischen ACID-Transaktionskonzepts. Diese Ansätze wurden meist für spezielle, beispielsweise kooperative oder langlebige Anwendungen oder auch Anwendungsgebiete wie Publikations- oder Bankenwesen entwickelt. Die Erweiterungen gegenüber dem traditionellen Transaktionskonzept bestehen entweder in einer internen Strukturierung der ACID-Trans-aktionen (Intra-Transaktions-Erweiterungen wie geschachtelte oder Mehrschicht-Trans-aktionen) oder einer operativen Verknüpfung von Transaktionen durch Kontrollstrukturen (Inter-Transaktions-Erweiterungen wie Transaktionsketten oder ConTracts).

5.5.2 Transaktionskonzepte für lange andauernde Verarbeitungen

Geregelte arbeitsteilige Anwendungssysteme sind lange andauernde Verarbeitungen, die zahl-reiche, sehr zeit- oder kostenintensive Bearbeitungsschritte umfassen. Transaktionskonzepte für lange andauernde Verarbeitungen bestehen überwiegend aus einem Kompromiß zwischen der Atomarität einer Verarbeitung, der Dauerhaftigkeit nicht freigebbarer Zwischenzustände zum Schutz vor Verlust im Fehlerfall und der programmierten selektiven Zurücksetzbarkeit auf definierte Zustände. Intra-Transaktions-Erweiterungen wie flache Transaktionen mit Sicherungspunkten, geschachtelte Transaktionen und Mehrschicht-Transaktionen verwenden die uneingeschränkten ACID-Eigenschaften und bieten daher nur begrenzte Kompromiß-möglichkeiten. Aus diesem Grund werden nachfolgend nur die Möglichkeiten ausgewählter Inter-Transaktions-Erweiterungen untersucht:

- Transaktionsketten,
- Saga und
- ConTracts.

Diese Ansätze sind mächtige Ausführungsmodelle, die lange andauernde Verarbeitungen in kurze ACID-Transaktionen zerlegen und zusätzliche Garantien anbieten (siehe Abbildung 5-12). Die Unterschiede der verschiedenen Ansätze insbesondere hinsichtlich der Garantien und des Verhaltens im Fehlerfall werden nachfolgend herausgearbeitet und am Ende dieses Abschnitts tabellarisch gegenübergestellt.

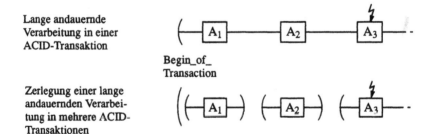

Abbildung 5-12: Strukturierung einer lange andauernden Verarbeitung in Transaktionen

Eine *Transaktionskette* ist eine Sequenz von ACID-Transaktionen, deren Verkettung vom System zuverlässig gewährleistet wird. Nach Abschluß einer ACID-Transaktion bleibt deren Transaktionskontext (offene Cursor, erworbene Sperren, etc.) erhalten und wird an die in der Kette nachfolgende Transaktion übergeben; nicht mehr benötigte Daten können dabei freigegeben werden. Programmiertechnisch bedeutet diese Verkettung die Einführung eines Befehls ("chain work"), der den Abschluß einer Transaktion ("commit work") und den Beginn der nächsten Transaktion ("begin work") atomar realisiert. Durch den atomaren Übergang zwischen den Transaktionen wird verhindert, daß zwischen zwei verketteten Transaktionen von konkurrierenden Transaktionen Änderungen an nicht freigegebenen Daten vorgenommen werden.

Transaktionsketten sind nicht atomar, da im Fehlerfall lediglich die gerade aktive Transaktion zurücksetzt werden kann. In dem in Abbildung 5-12 gezeigten Beispiel bleiben im Fehlerfall von Transaktion A_3 die Transaktionen A_1 und A_2 erhalten. Beim Wiederanlauf liegt lediglich die Information vor, welche Transaktion neu zu starten ist (Transaktion A_3). Da der von der Vorgängertransaktion übergebene Transaktionskontext nicht persistent ist, geht er im Fehlerfall verloren. Dadurch treten zwei Probleme auf: (1) Sämtliche erworbenen Sperren der verketteten Transaktion, die jeweils im Transaktionskontext übergeben werden, gehen verloren und müssen in Konkurrenz mit anderen Transaktionen beim Wiederanlauf neu angefordert werden. (2) Die zurückgesetzte aktive Transaktion muß durch eine andere Transaktion (Transaktion $A_3{}'$) ersetzt werden, die zusätzlich zur Verarbeitung der ursprünglichen Transaktion den notwendigen Verarbeitungskontext rekonstruiert, um die Verarbeitung fortsetzen zu können. Diese Ersatztransaktion kann nicht generell beschrieben werden.

Eine anwendungsorientierte Bereitstellung von Kontextinformation für das Wiederaufsetzen einer Anwendung nach einem Fehler erfolgt beispielsweise in sogenannten Mini-Batches bei der Massendatenverarbeitung (z. B. Änderung einer Million Konten, "bulk data"). Hier sorgt die Anwendung selbst mit Hilfe eines Datenbanksystems für den notwendigen Kontext ([GrRe 92]). Bezüglich der Serialisierbarkeit ist festzuhalten, daß bei Transaktionsketten lediglich die ACID-Transaktionen serialisiert ablaufen, die Transaktionskette als Einheit ist nicht serialisierbar. Eine Verallgemeinerung des Konzepts des atomaren Übergangs nicht nur für die sequentielle Verkettung von Transaktionen, sondern auch für die Verzweigung und Zusammenführung von Transaktionsabläufen, findet bei den Split- und Join-Transaktionen statt ([PuKH 88], [Kais 90]).

Eine *Saga* ist eine atomare Folge von flachen ACID-Transaktionen. Im Fehlerfall bei der Verarbeitung einer Saga wird die Nichts-Option der Atomarität gewählt und eine Saga vollständig zurückgesetzt. Da Änderungen nach den einzelnen ACID-Teiltransaktionen einer Saga bereits freigegeben wurden, muß der Ausgangszustand der Saga durch Kompensationstransaktionen wiederhergestellt werden. Dieses ursprüngliche Saga-Konzept nach [GaSa 87] wurde inzwischen um nachfolgende Eigenschaften erweitert ([GGKK 90], [ChRa 90]):

- Eine Saga kann geschachtelt werden.

- Bearbeitungsschritte können parallel und nicht nur sequentiell ausgeführt werden.

- Ein erweitertes Fehlermodell ermöglicht die Ausführung alternativer Bearbeitungs-schritte nach dem Scheitern eines Bearbeitungsschrittes.

- Ein Bearbeitungsschritt wird als Bestandteil der Saga ausgeführt (subsaga) oder unabhängig davon (independent).

- Die zur Kommunikation zwischen den Bearbeitungsschritten notwendigen Nachrichten und Zwischenergebnisse werden persistent gespeichert.

Abbildung 5-13 zeigt die Definition eines Ablaufs als erweiterte Saga. In dem beschriebenen Ablauf werden einzelne Bearbeitungsschritte als Module in ein übergeordnetes Modul integriert werden. Der Trigger in der Abbildung soll verdeutlichen, daß die gesamte Saga als Modul aufgerufen werden kann. Die Module kommunizieren durch das Senden und Empfangen von Nachrichten über Ports (zu portorientierter Kommunikation siehe [MüSc 92]).

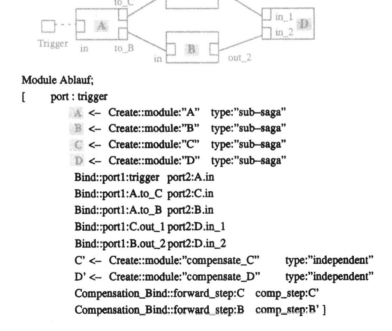

```
Module Ablauf;
[     port : trigger
            A  <–  Create::module:"A"    type:"sub–saga"
            B  <–  Create::module:"B"    type:"sub–saga"
            C  <–  Create::module:"C"    type:"sub–saga"
            D  <–  Create::module:"D"    type:"sub–saga"
            Bind::port1:trigger  port2:A.in
            Bind::port1:A.to_C port2:C.in
            Bind::port1:A.to_B port2:B.in
            Bind::port1:C.out_1 port2:D.in_1
            Bind::port1:B.out_2 port2:D.in_2
            C' <– Create::module:"compensate_C"      type:"independent"
            D' <– Create::module:"compensate_D"      type:"independent"
            Compensation_Bind::forward_step:C  comp_step:C'
            Compensation_Bind::forward_step:B  comp_step:B' ]
```

Abbildung 5-13: Definition eines Ablaufs als erweitere Saga (nach [GGKK 90])

Ein *ConTract* ist die zuverlässige und kontrollierte Ausführung einer beliebig strukturierten Folge von ACID-Transaktionen (Steps). Das ConTract-Programmiermodell sieht eine explizite Trennung zwischen Skript- und Step-Programmierung vor. Ein Skript enthält die Beschreibung des Kontrollflusses zwischen den Transaktionen mit programmiersprachlichen Ablaufstrukturen wie Sequenz, Verzweigung, Schleife und parallele Konstrukte. Der notwendige Anwendungskontext zwischen den Steps wird persistent verwaltet. Nach einem Fehler kann auf der Basis dieses Kontextes die Verarbeitung fortgeführt werden. Durch die Definition von Kompensationstransaktionen besteht auch die Möglichkeit, daß ein ConTract auf Anforderung zurückgesetzt wird. Das ConTract-Skript in Abbildung 5-14 verdeutlicht die Mächtigkeit des ConTract-Ansatzes anhand des in Abbildung 5-13 gezeigten Ablaufs. Ausführliche Erläuterungen zu den spezifizierbaren Abhängigkeiten zwischen den Transaktionen im ConTract-Skript und den lokalen Konsistenzbedingungen und Isolationsanforderungen sind in [WäRe 92] und [ReSW 92] zu finden.

```
Contract Ablauf
Context_Declaration
        a_in,a_b, a_c, out_1, out_2: char;
Control_Flow_Script
                /* Kontrollflußbeschreibung */
        s1:   A  (IN:in:a_in:char, OUT:to_C:a_c:char, OUT:t_b:a_b:char);
        s2:   parbegin
                s3:   C  (IN:in:a_c:char, OUT:out_1:c_d:char);
                s4:   B  (IN:in:a_b:char, OUT:out_2:b_d:char);
              parend;
        s5:   D  (IN:in_1:c_d:char, IN:in_2:b_d:char);
End_Control_Flow_Script
Compensations
        c3:  C' ();
        c4:  B' ();
End_Compensations
Transactions     /* Zusammenfassung mehrerer Steps zu einer Transaktion und
                    die Spezifikation von Transaktionsabhängigkeiten */
End_Transactions
Synchronization_Invariants_&_Conflict_Resolutions
                /* Angabe von Invarianz-Bedingungen und Maßnahmen
                    für die Behebung von Konfliktfällen*/
End_Synchronization_Invariants_&_Conflict_Resolutions
End_Contract Ablauf
```

Abbildung 5-14: Definition eines Ablaufs als ConTract

Tabelle 5-2 stellt die diskutierten Ansätze von Transaktionskonzepten für lange andauernde Verarbeitungen weitestgehend selbsterklärend gegenüber. Bei den Ansätzen wird jeweils ausgehend von ACID-Transaktionen eine übergreifende Kontrollsphäre eingeführt (in Abbildung 5-12 durch die große Klammer angedeutet). Die ursprünglichen Charakteristika einer Transaktion als Einheit der Synchronisation und Recovery gehen in allen drei Fällen für die neu definierten übergeordneten Kontrollsphären verloren. Dadurch kann die Serialisierbarkeit (die vorzeitige Datenfreigabe verstößt gegen das Zweiphasen-Sperrprotokoll) und Wiederherstellbarkeit der Ausgangszustände (Seiteneffekte sind selbst durch Kompensation nicht ausgeschlossen) dieser Kontrollsphären nicht generell garantiert werden.

Ansatz Merkmal	Transaktionsketten	Erweiterte Saga	ConTracts
Garantien für - lange Verarbeitg.	keine Atomarität	Atomarität	Atomarität
- Bearbeit.-schritte	ACID	ACID	ACID
Ablauf als Einheit	./.	Saga_Id	ConTract_Id
Zuverlässigkeit bezieht sich auf	atomare Verkettung der Transaktionen	Saga-Abwicklung	Skript-Abwicklung (persistentes Ablaufobjekt)
Ablaufstruktur	Sequenz	Sequenz (parallele Verzweigung)	Programmiersprachliche Konstrukte
Isolation und Datenfreigabe	Sperren und selektive Freigabe nach einer Transaktion	Sperren und Freigabe nach jeder Transaktion	Eingangs- und Ausgangsinvarianten
"Dauerhaftigkeit" nicht freigebbarer Daten	ACID-Transaktion und atomare Verkettung (chain work)	./. (Persistente Kommunikationsbereiche)	ACID-Transaktionen mit Zustand 'prepared'
Selektives Zurücksetzen	./.	nur durch Kompensation	Transaktionen im Zustand 'prepared' oder durch Kompensation
Kommunikation zw. Bearbeit.-schritten	nicht persistenter Transaktionskontext	./. (persistente Nachrichten)	persistenter Anwendungskontext
Fehlerfall: - welcher Zustand wird hergestellt	Beginn der aktuellen Transaktion	Beginn der Saga (Kompensation)	Beginn der aktuellen Transaktionen
- Fortgang	Fortsetzung nach Rekonstruktion des Kontextes	./.	Fortsetzung mit alternativen Schritten oder Kompensation

Tabelle 5-2: Transaktionskonzepte für lange andauernde Verarbeitungen

5.5.3   Verteilte Transaktionsverarbeitung

Eine verteilte Transaktion ist eine ACID-Transaktion, die mit Hilfe von mehreren lokalen ACID-Transaktionen an unterschiedlichen Servern ausgeführt wird. Typische verteilte Transaktionen sind Multi-Server-Operationen oder Multi-Datenbank-Zugriffe. Verschiedentlich werden die in eine verteilte Transaktion involvierten Server auch als Ressourcen-Manager bezeichnet. Ressourcen-Manager sind beispielsweise Datenbank- oder Dateisysteme, welche die lokale Synchronisation und Recovery ihrer Ressourcen einschließlich Protokollierung unterstützen. Das Problem bei verteilten Transaktionen besteht darin, die globale Serialisierung und die globale Atomarität über mehrere Ressourcen-Manager hinweg auf der Basis der jeweils lokalen Synchronisations- und Recovery-Protokolle zu gewährleisten. Eine generelle Einführung in die Synchronisations- und Recovery-Protokolle bei verteilter Transaktionsverarbeitung ist in [BrGS 92], [DiSp 92] und [ReWe 93a] zu finden. Nachfolgend wird zur Verdeutlichung der Zusammenhänge die verteilte Transaktionsverarbeitung am Beispiel von DECdtm erläutert. DECdtm (*distributed transaction manager*) ist ein in das Betriebssystem VMS integrierter verteilter Transaktionsmanager ([BeET 91], [LaJL 91]).[11]

Die wesentliche Aufgabe eines verteilten Transaktionsmanagers besteht darin, die Einheit einer verteilten Transaktion zu schaffen, damit die lokalen Transaktionen der Ressourcen-Manager im Kontext dieser Einheit ablaufen können (Abbildung 5-15). An der Anwendungsprogrammier-Schnittstelle sind dazu drei Befehle zur Transaktionsverarbeitung in Form von Systemaufrufen erforderlich (nachfolgend wird die im Betriebssystem VMS gültige Notation exemplarisch verwendet; [DECd 91]):

- SYS$START_TRANS,
- SYS$ABORT_TRANS und
- SYS$END_TRANS.

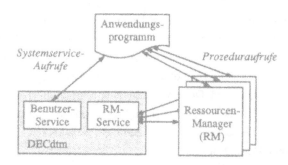

Abbildung 5-15: Abwicklung einer verteilten Transaktion unter DECdtm

---

11) Als weitere Ansätze zur verteilten Transaktionsverarbeitung seien Quicksilver (IBM Almaden), Argus (MIT), Locus (UCLA) und Camelot (CMU) erwähnt ([HMSC 88], [LiSc 83], [MuMP 83], [EpMS 91] und [SpPB 88]).

Der Service SYS$START_TRANS erzeugt für die verteilte Transaktion eine globale Transaktions-Identifikation. Alle Operationen der Ressourcen-Manager, die in lokalen Transaktionen erfolgen, müssen im Kontext dieser verteilten Transaktion ablaufen. Der Service SYS$ABORT_TRANS führt zu einem programmierten Abbruch der verteilten Transaktion mit der Konsequenz, daß alle zugehörigen lokalen Transaktionen der Ressourcen-Manager zurückgesetzt werden. Mit dem Service SYS$END_TRANS läuft in Zusammenarbeit mit den Ressourcen-Managern transparent im Sinne von nicht sichtbar für das Anwendungsprogramm ein verteiltes Zweiphasen-Freigabeprotokoll ab.

Beim Zweiphasen-Freigabeprotokoll im zentralisierten Fall dient die erste Phase der Sicherung der Wiederholbarkeit durch Ausschreiben des Protokoll- und Commit-Satzes einer Transaktion, in der zweiten Phase werden die Sperren freigegeben. Diese Strukturierung bleibt im verteilten Fall erhalten, nur daß zusätzlich die erste Phase neben der Sicherung der Wiederholbarkeit einer globalen Entscheidungsfindung über den erfolgreichen Abschluß aller lokalen Transaktionen in den Ressourcen-Managern dient ([CePe 85], [ÖzVa 91]). Dadurch kann die Atomarität der verteilten Transaktion sichergestellt werden. Eine lokale Transaktion geht bei erfolgreichem Abschluß in der ersten Phase zunächst in den Zustand "prepared" über, in dem sie im weiteren Protokollablauf sowohl zurückgesetzt als auch freigegeben werden kann. Der Koordinator der verteilten Transaktion (DECdtm in Abbildung 5-15) trifft die globale Entscheidung (Abort oder Commit) und teilt diese Entscheidung in der zweiten Protokollphase den Ressourcen-Managern mit.

Beim Ausfall eines Ressourcen-Managers, dessen lokale Transaktion den Zustand "prepared" erreicht hat, muß nach der lokalen Recovery zusätzliche Protokollinformation angefordert werden, um die lokale Transaktion entsprechend dem Ausgang der verteilten Transaktion beenden zu können ("remote recovery information problem"). Diese Transaktionen werden in [GrRe 92] als "in doubt transactions" und in DECdtm als "unresolved transactions" bezeichnet. Optimierungen des Zweiphasen-Freigabeprotokolls sind durch eine implizite erste Phase oder die Verwendung von Defaults (z. B. presumed abort oder presumed commit) möglich. Die Eigenschaft "presumed-abort" wurde erstmals in R^* implementiert und bedeutet, daß bei fehlender Protokollinformation im Recovery-Fall von einem abort der Transaktion ausgegangen wird. Diese Voreinstellung führt zu diversen Leistungssteigerungen bei abgebrochenen Transaktionen, da Protokollinformation nicht sofort ausgeschrieben werden muß. Lokale Lesetransaktionen werden nicht protokolliert und nehmen nicht an der Freigabephase teil ([MoLO 86]).

Die Kommunikation zwischen einem verteilten Transaktionsmanager und den Ressourcen-Managern ist im Anwendungsprogramm nicht sichtbar. DECdtm stellt den Ressourcen-Managern eine Schnittstelle zur Verfügung, um an der verteilten Transaktionsverarbeitung teilnehmen zu können. Die Ressourcen-Manager müssen dazu nachfolgende Anforderungen erfüllen: (1) die Synchronisation und Recovery einschließlich der Protokollierung ihrer Ressourcen im Kontext der verteilten Transaktion und (2) die Abwicklung des Zweiphasen-Freigabeprotokolls als Teilnehmer, was insbesondere der Offenlegung des Zustandes "prepared" der lokalen Transaktionen entspricht. Um die Anforderung (1) erfüllen zu können, erfolgen sämtliche Prozeduraufrufe des Anwendungsprogramms an die Ressourcen-Manager unter Angabe des globalen Transaktions-Identifikators. Dadurch ist eine Kommunikation zwischen dem verteilten Transaktionsmanager und den Ressourcen-Managern unter Bezug auf diese Transaktion möglich. Für eine weiterführende Schnittstellenbeschreibung zwischen einem verteilten Transaktionsmanager und den Ressourcen-Managern, wie z. B. die Anmeldung eines Ressourcen-Managers zur Teilnahme an einer verteilten Transaktion, sei auf die System-Dokumentation von DECdtm verwiesen. Die Definition der Schnittstelle zwischen Transaktionsmanager und Ressourcen-Manager ist unter anderem Bestandteil der Standardisierungsbemühungen in X/Open DTP (Distributed Transaction Processing, [Brag 91]). Eine generelle Darstellung der Ressourcen-Manager und deren Koordination durch einen Transaktions-Manager ist in [GrRe 92] (Kap. 2.7.4 und 6.2.2) zu finden.

Ein verteilter Transaktionsmanager wird als verteiltes Programm realisiert, d. h. auf jedem involvierten Rechnerknoten muß eine Instanz installiert sein, wobei die einzelnen Instanzen durch den Austausch von Nachrichten kommunizieren. DECdtm koordiniert das verteilte Zweiphasen-Freigabeprotokoll der verteilten Transaktion mit den Optimierungen "presumed-abort" und nichtblockierend ([LaJL 91]). Die Nichtblockierungs-Eigenschaft beim Zweiphasen-Protokoll ist in einem SD-System möglich, da die lokale Protokollinformation auf Platte bei einem Knotenfehler von einem anderen Knoten aus zugegriffen und somit die Recovery durchgeführt werden kann. Die Behandlung von Verklemmungen erfolgt durch Timeouts. DECdtm verwendet eine hierarchische Kommunikationsstruktur beim Zweiphasen-Freigabeprotokoll in dem Sinne, daß es bei der Inanspruchnahme mehrerer lokalen Ressourcen-Manager für diesen Knoten nur eine lokale DECdtm-Instanz gibt, welche die Kommunikation mit einem entfernten DECdtm-Koordinator übernimmt.

Abbildung 5-16 zeigt den Auszug eines Anwendungsprogramms, um am Beispiel von DECdtm und dem relationalen Datenbanksystem Rdb/VMS als Ressourcen-Manager die Programmierung zu verdeutlichen. Das Programm realisiert eine Überweisung zwischen zwei Rdb/VMS-Datenbanken in einer verteilten Transaktion. Es wird zunächst ein globaler Transaktions-Identifikator erzeugt; anschließend werden zwei lokale Rdb-Transaktionen auf den Knoten A und B gestartet. Um die Zugehörigkeit zu einer verteilten Transaktion kenntlich zu machen, muß im Anwendungsprogramm ein sogenannter Kontext deklariert werden, der jeder SQL-Anweisung in den lokalen Transaktionen angefügt wird. Die Kontextstruktur enthält unter anderem den globalen Transaktions-Identifikator der verteilten Transaktion. Auf der Basis dieser Transaktions-Identifikation kann Rdb mit DECdtm kommunizieren.

```
Type   context_rec = record
              version : unsigned; ctx_type : unsigned;
              length : unsigned; tid : $uocta; ctx_end : unsigned;        (* 8-Byte-Transaktions-Identifik. tid  *)
       end;
Var    ctx : context_rec;
       ...
       exec sql declare acc_a alias filename 'acc_db_a';                  (* Datenbank acc_a auf Knoten A        *)
       exec sql declare acc_b alias filename 'faui61::acc_db_b';          (* Datenbank acc_b auf Knoten B        *)

       status := sys$start_transw (,, iosb,,, ctx.tid);                   (* Erzeugen der verteilten TA          *)
       exec sql whenever sqlerror goto exit;
       exec sql using context:ctx                                         (* Starten einer lokalen TA auf        *)
          set transaction on acc_a using (read write wait                 (* Knoten A im Kontext                 *)
          reserving acc_a.account for protected write);                   (* der verteilten TA                   *)
       exec sql using context:ctx                                         (* Abbuchen auf Knoten A               *)
          update acc_a.account
          set    balance = balance - :amount
          where  account_no = :from_account_no;
       ...                                                                (* Analog ist die lokale TA auf        *)
                                                                          (* Knoten B zu verarbeiten             *)
       status := sys$end_transw (, , iosb, , , ctx.tid);                  (* Zweiphasen-Freigabeprotokoll        *)
       ...
       exit: status := sys$abort_transw (, , iosb, , , ctx.tid);
```

Abbildung 5-16:   Verteilte Transaktion unter DECdtm und Rdb/VMS

5.5.4   TP-Monitore

Ein TP-Monitor (*Transaction Processing*) stellt eine integrierte Anwendungsentwicklungs-
umgebung für Transaktionssysteme bereit. Er erweitert die Funktionalität eines Betriebssystems um Präsentationsfunktionen, Mechanismen zur transaktionalen Verarbeitung (Protokollierung, Synchronisation, Recovery, transaktionaler RPC, etc.), Datenbanksysteme als
Ressourcen-Manager, Standardfunktionen (Auftragswarteschlangen, Programmverwaltung,
Lastbalancierung, Konfigurationsmanagement, etc.) und Möglichkeiten zur Kontrollfluß-
beschreibung.

Bekannte TP-Monitore sind CICS (IBM), Pathway (Tandem), UTM (Siemens Nixdorf),
Encina (Transarc), Tuxedo (Unix System Laboratories), Top End (NCR) und ACMS (DEC)
([HPTS 91], [GrRe 92], [DiSp 92], [EpSS 92]). Hinsichtlich der diversen Prozeß-, Tasking-
und Programmverwaltungskonzpete bei der Implementierung von TP-Monitoren sei auf
[Meye 88] und [Bern 90] verwiesen. In diesem Abschnitt sollen lediglich die Möglichkeiten
der TP-Monitore zur Beschreibung und Abwicklung von Vorgängen analysiert werden. Dabei
wird sich insbesondere an der Kontrollflußbeschreibungssprache TDL (*Task Description
Language*) des TP-Monitors ACMS orientiert ([Taka 91], [GyWi 91], [DECa 91]).

Ein Transaktionssystem ist durch seine problemorientierte, daten- und programmunabhängige
Benutzerschnittstelle gekennzeichnet. Anwendungsfunktionen werden über sogenannte Trans-

aktions-Codes (TAC) ausgewählt. Die Zusammenfassung aller Dialog- und Verarbeitungsschritte (TAP, Transaktionsprogramme), die zur Abwicklung einer ausgewählten Funktion
führen, heißt Vorgang. Online-Transaktionssysteme (OLTP) müssen in der Lage sein, eine
große Anzahl von interaktiven Transaktionen an mehreren 10.000 Terminals zu verwalten.
Aus diesem Grund werden die Transaktionssysteme meist als Teilhabersysteme im Gegensatz
zu den Teilnehmersystemen ("time sharing") entwickelt. Reservierungssysteme sind typische
Beispiele für Transaktionssysteme ([Meye 88]).

Eine ACMS-Anwendung besteht aus einer Menge von Anwendungsfunktionen (sie werden
als tasks bezeichnet), die jeweils mehrere Einzelschritte (steps) umfassen. Es werden drei
Typen von Schritten unterschieden:

- Dialogschritte (exchange steps): Aufruf von Präsentationsfunktionen,
- Verarbeitungsschritte (processing steps): Aufruf von Anwendungsfunktionen (procedures),
  die in einer beliebigen höheren Programmiersprache erstellt und ACMS über das Server-
  Konzept zugänglich gemacht werden, und
- Blockschritte, die mehrere Dialog- und Verarbeitungsschritte zu funktionalen Einheiten
  zusammenfassen.

Abbildung 5-17 zeigt beispielhaft den Kontrollfluß bei der Abwicklung eines Vorgangs unter
ACMS. Der Vorgang besteht aus zwei Dialogschritten und einem Verarbeitungsschritt. Der
Verarbeitungsschritt greift auf einen gemeinsamen Datenbestand zu. Die Abbildung verdeut-
licht insbesondere die integrierende Stellung eines TP-Monitors von der Maskensteuerung,
Kontrollflußabwicklung bis hin zur Datenverarbeitung.

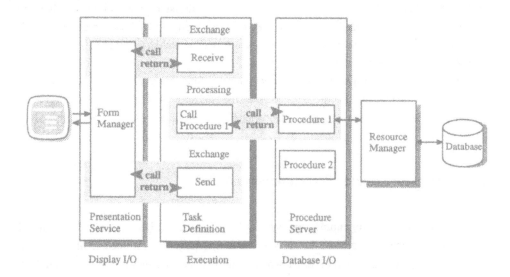

Abbildung 5-17: Kontrollfluß einer ACMS-Vorgangsbearbeitung (aus [DECa 91])

Die Definition einer Task erfolgt mit der Kontrollflußbeschreibungssprache TDL (*Task Definition Language*). TDL verfügt im Vergleich zu konventionellen Programmiersprachen über Sprachkonstrukte zum Aufrufen von Präsentationsfunktionen und Anwendungs-Servern sowie zur Definition von Transaktionsgrenzen. Der Datenaustausch zwischen Dialog- und Verarbeitungsschritten, Anwendungs-Servern und aufgerufenen Tasks erfolgt über temporäre Speicherbereiche (workspaces). Hinsichtlich der Kontrollstrukturen zwischen den einzelnen Schritten unterstützt TDL die vier Strukturen IF THEN ... ELSE, WHILE DO, SELECT FIRST (entspricht einem CASE) und CONTROL FIELD (Abfrage eines Eintrags im Speicherbereich). Weiterhin können in TDL Tasks geschachtelt werden. Besonders hervorzuheben ist die Möglichkeit der Integration existierender Anwendungsprogramme in eine Task-Definition.

TP-Monitore haben sich für die Realisierung von Teilhabersystemen mit einer großen Zahl von Benutzern bewährt. Die Realisierung der Transaktionseigenschaften erfolgt weitestgehend auf der Basis der transaktionalen Verarbeitung in den Ressourcen-Managern und kann mit Hilfe von Sub-Systemen (DECdtm im Falle von ACMS) funktional abgedeckt werden. Die Modellierungsmöglichkeiten für transaktionsgesicherte Vorgänge sind auf ACID-Transaktionen oder auf Transaktionsketten mit den Problemen des Wiederanlaufs beschränkt (siehe Abschnitt 5.5.2). Die Strukturierung der Einzelschritte der Vorgänge in Transaktionen bleibt dem Anwendungsprogrammierer überlassen.

Das Abwicklungskonzept eines Vorgangs in einem Transaktionssystem ist stets auf *einen* Benutzer fixiert. Abläufe in geregelten arbeitsteiligen Anwendungssystemen sind dagegen dadurch gekennzeichnet, daß verschiedene Benutzer einzelne Verarbeitungsschritte in einem Ablauf durchführen. In diesem Sinne ist ein Ablaufkontrollsystem, wie es im nachfolgenden Hauptabschnitt C vorgestellt wird, als eine Fortführung des Vorgangsgedankens in Transaktionssystemen zu Mehrbenutzer-Anwendungen zu verstehen ([DGHK 93]). Die grundlegenden Ideen der TP-Monitore, wie Kontroll-, Kommunikations-, Programm- und Datenunabhängigkeit, Vorgangsgedächtnisse als gemeinsame Speicherbereiche zwischen Verarbeitungsschritten, Datenbanksysteme zur Ressourcenverwaltung, Transaktionen als Einheit der Synchronisation und Recovery, etc., bilden hierfür eine fundierte Ausgangsbasis.

5.6   Triggerorientierte Programmierung

Die triggerorientierte Programmierung ist ein Programmierstil, bei dem als Reaktion auf das Eintreten eines Ereignisses bestimmte Aktionen ausgeführt werden. Mit Hilfe von Triggern kann der aktive Betrieb einer Anwendung realisiert werden (siehe Abschnitt 5.1). Nachfolgend wird nach einer begrifflichen Einführung von Ereignissen und Triggern die Ereignisorientierung als genereller Mechanismus zur Koordination in Anwendungssystemen

dargestellt. Daran anschließend wird ein Überblick über Triggerkonzepte in aktiven Datenbanksystemen gegeben, um den derzeitigen Entwicklungsstand in diesem Bereich und das
Spektrum an Entwurfskonzepten aufzuzeigen. Die Programmierung mit Ereignissen hat in
den letzten Jahren vor allem bei der Implementierung von Window-Systemen Verwendung
gefunden. Programmierkonzepte wie "constraints" und "active values" in Loops und KEE
bauen auf ähnlichen ereignisorientierten Konzepten auf, sind jedoch direkt in eine Sprach-
umgebung eingebettet und sollen deshalb in dieser Arbeit ausgeklammert werden.

5.6.1   Begriffe

Nach [DBBC 88] stellt ein Trigger ein Tripel (E, C, A) mit der Semantik dar, daß beim
Eintreten eines Ereignisses E die Bedingung C ausgewertet wird und im Falle einer erfüllten
Bedingung die Aktion A auszuführen ist. Um eine Verwechslung von Triggern mit einfachen
Methodenaufrufen oder Situations-Aktions-Regeln zu vermeiden, wird nachfolgend eine
Klassifikation von Formen der Aktionsausführung eingeführt:

- Methodenaufruf: Methoden (Funktionen, Prozeduren, etc.) sind *aufrufgesteuert*, wenn sie
  von anderen Methoden aufgerufen werden.

- Situations-Aktions-Regeln: Diese Regeln werden insbesondere in Produktionsregel-
  systemen wie OPS5 eingesetzt und verfügen über keinen Ereignisteil. Aktionen werden
  nach der Evaluierungsphase einer Inferenzmaschine gefeuert, wenn der Situationsteil der
  Regeln in der aktuellen Situation einer Problemlösung erfüllt ist ([Forg 82]). Die Situations-Aktions-Regeln sind *datengesteuert*, da sie in Abhängigkeit von der aktuellen
  Situation feuern. Ein expliziter Aufruf von Aktionen erfolgt nicht.

- Trigger: Bei den Triggern erfolgt die Aktionsausführung *ereignisgesteuert*, d. h. beim
  Eintreten bestimmter Ereignisse werden definierte Aktionen ausgeführt. Die ereignisauslösende Aktion und die Aktion, die als Konsequenz eines Ereignisses ausgeführt wird,
  sind durch das Ereignis entkoppelt; es erfolgt kein expliziter Aufruf von Aktionen.

Ein Ereignis legt fest, wann ein Trigger auszuführen ist, während die Aktion beschreibt,
was dann passiert. Die Bedingung eines Triggers ist als Vorbedingung der Aktionsausführung
zu verstehen und dient der Evaluation von Konstellationen im Anwendungsdatenbestand.
Nachfolgend steht zum einen die Klärung des Triggerbegriffs durch eine logische Rekonstruktion im Vordergrund und zum anderen die Etablierung eines generellen Programmier-
konzepts auf der Basis von Ereignissen.

Konstitutiv am Triggerkonzept ist der *Ereignisbegriff*. Es muß geklärt werden, was ein
Ereignis ist und welche Prädikatoren einem Ereignis zugesprochen werden können. Diese

Fragestellung wurde insbesondere in philosophischen Kreisen ausgiebig diskutiert. Ohne diese Diskussionen rekapitulieren zu wollen, sollen nachfolgend einige Definitionsversuche genannt werden:

> "An Event is anything that happens, an occurence; something that occurs in a certain place during a particular interval of time. ... have to do with the fact that some agent has done something or that something has changed ... events are non-repeatable happenings; and they have spatial location. ... Events get their spatial locations by virtue of being changes in things that themselves have spatial locations. ... It seems evident that some events are events of which another event is composed (e. g. the sinking of a ship seems composed of the sinkings of its parts). " ([BuSm 91]).

In [Mitt 84] und auch [Lore 90] wird in Anlehnung an die Ereignistheorie von A. N. Whitehead ein Ereignis wie folgt charakterisiert:

> "Ein Ereignis ist dabei ein Gegenstand, der als Exempel solcher Prädikatoren auftritt, die durch Nominalisierung eines Aussagesatzes (mit Handlungsprädikatoren, a. d. A.) gewonnen sind. Dabei wird der Satz über das Einzelding in einen Satz über das Ereignisschema überführt, von dem mit Hilfe von ›findet statt‹, ›passiert‹ oder ähnlicher Wendungen ausgesagt ist, daß eine Aktualisierung vorliegt (z. B. führt die Nominalisierung des Satzes ›Napoleon stürzt‹ zum Satz der Ereignissprache ›der Sturz Napoleons findet statt‹)."

Ausgehend von diesen philosophischen Charakterisierungen läßt sich für die vorliegende Arbeit ein *Ereignis* wie nachfolgend beschrieben festlegen. Dabei ist von der Vorstellung auszugehen, daß eine generelle Verarbeitung stets aus Zuständen und operativen Zustandsübergängen besteht. Zu einem Ereignis gehören ([ReWe 93b]):

- der Abschluß (Beginn) einer Operation, die einen Zustandsübergang vollzieht (beginnt), und
- die Relevanz (Erheblichkeit) der Operation, d. h. ein Operationsabschluß (-beginn) wird erwartet.

Ein Ereignis ist durch einen Nominator (Eigenname oder Kennzeichnung) benennbar und in Raum und Zeit festgelegt. Dadurch kann ein Ereignis von anderen Ereignissen unterschieden werden. Welche Zustandswechsel relevant sind, bleibt Bestandteil der Anwendungsmodellierung und gehört deshalb zur Schemaentwicklung einer Anwendung.

Zusammengesetzte Ereignisse können aussagenlogisch aus elementaren Ereignissen konstruiert werden. Als grundlegende Verknüpfungsoperatoren für ein zusammengesetztes Ereignis E Θ F sollen $\Theta \in \{\rightarrow, \vee, \wedge\}$ zugelassen sein. Die Negation sei ausgeschlossen, weil eine Ereignislogik positive Operationsabschlüsse voraussetzt. Ein Nicht-Ereignis ist kein Ereignis, da es dem Ergebnis einer nicht getätigten Operation entsprechen würde. Die

Semantik der Ereignisverknüpfung sei informell wie folgt festgelegt (Großbuchstaben bezeichnen ein Schema, Kleinbuchstaben dagegen eine Instanz):

- $X = E \rightarrow F$ $=_{def}$ x tritt ein, wenn f stattfindet und vorher e passiert ist;
- $X = E \vee F$ $=_{def}$ x tritt ein, wenn eines der beiden Ereignisse e oder f stattfindet;
- $X = E \wedge F$ $=_{def}$ $(E \rightarrow F) \vee (F \rightarrow E)$;

Bei der Sequenz können zwischenzeitlich andere Ereignisse eintreten, die in andere zusammengesetzte Ereignisse eingehen. Eine verfeinerte Spezifikation kann vorsehen, daß ein zusammengesetztes Ereignis nur dann eintritt, wenn sämtliche Teilereignisse vom gleichen Aktivitätsträger angezeigt wurden (beispielsweise die Ausführung einer Transaktion als Sequenz: BOT (T) $\rightarrow$ COMMIT (T)).

Wesentlich im Zusammenhang mit zusammengesetzten Ereignissen sind die Fragen nach dem Gültigkeitsbereich und der Lebensdauer von (zusammengesetzten) Ereignissen. Beide Fragestellungen haben wesentlichen Einfluß darauf, wann ein Ereignis eintritt und beeinflussen somit nachhaltig die Semantik eines Triggersystems. Nachfolgende Beispiele dienen der Verdeutlichung der Sachverhalte:

- elementare Ereignisse: E und F
- zusammengesetzte Ereignisse: $X = E \vee F$ und $Y = E \wedge F$.

Gesetzt den Fall, es findet das Ereignis e_1 statt, so ist zunächst die Frage nach dem *Gültigkeitsbereich* des Ereignisses e_1 zu beantworten. Der Gültigkeitsbereich eines Ereignisses legt fest, für welche zusammengesetzten Ereignisse das Ereignis gilt. Da im obigen Fall das Ereignis E in beide zusammengesetzten Ereignisse X, Y eingeht, könnte man sich hier die beiden Alternativen vorstellen, daß e_1 nicht-deterministisch einem der beiden zusammengesetzten Ereignisse oder beiden Ereignissen zugeordnet wird. In dieser Arbeit wird die zweite Alternative verfolgt, die besagt, daß ein eingetretenes Ereignis in alle zusammengesetzten Ereignisse eingeht, in denen es verwendet wird (Dies gilt auch für iterativ geschachtelte Ereignisse.). Dies bedeutet für die zusammengesetzten Ereignisse X und Y, daß mit dem Ereignis e_1 das Ereignis x_1 eintritt, während für das Ereignis y_1 noch auf ein Ereignis f_1 gewartet werden muß.

Für das zusammengesetzte Ereignis Y stellt sich weiterhin die Frage nach der *Lebensdauer* von Ereignis e_1. Die Problematik verschärft sich, wenn während des Wartens auf ein Ereignis f_1, ein weiteres Ereignis e_2 eintritt. Zur Lösung dieser Fragestellung werden sogenannte Verarbeitungsphasen eingeführt, die verdeutlichen sollen, daß eingetretene Ereignisse auch explizit verbraucht werden müssen. Mit dem Eintreten von Ereignis e_1 tritt das Ereignis Y (genauer das noch nicht eingetretene Ereignis y_1) in die Phase 0, in der es nur noch auf das Ereignis f_1 wartet. Die Repräsentation von Verarbeitungszuständen zusammengesetzter Ereignisse kann anhand von Zustands/Übergangsdiagrammen oder Bedingungs/Ereignisnetzen (Petri-Netzen) erfolgen. Passiert während des Wartens auf das Ereignis f_1 das Ereignis e_2, so tritt eine weitere Instanz y_2 von Ereignis Y in die Phase 1, während das Ereignis x_2 eintritt, usw. Es entsteht somit eine FIFO-Warteschlange von Ereignissen y_i, die auf ein Ereignis f_1 warten. Findet ein Ereignis f_1 statt und es gibt das Ereignis Y in mehreren Phasen, so gilt dieses Ereignis f_1 nur für das Ereignis y_1 in Phase 0. In obigem konkreten Beispiel kann dann das Ereignis y_1 eintreten, und die Ereignisse höherer Phasen gelangen in die jeweils nächst niedrigere Phase. Diese Phasenbildung kann für beliebig zusammengesetzte Ereignisse verallgemeinert werden.

5.6.2   Koordination durch Ereignisse

Nachdem im vorangegangenen Abschnitt die Begriffe Ereignis und Trigger generell eingeführt wurden, wird in diesem Abschnitt dargestellt, wie sich unterschiedliche (Teil-)Anwendungen eines verteilten Anwendungssystems mit Hilfe von Ereignissen koordinieren lassen. Es wird sich dabei auf elementare Ereignisse beschränkt, da sowohl aus Sicht des Eintretens als auch des Erwartens eines Ereignisses die Zusammensetzung eines Ereignisses gleichgültig ist. Nachfolgend wird zunächst der Ereignisverteilungsmechanismus erläutert und anschließend auf Möglichkeiten zur Reglementierung von Ereignisfolgen im Hinblick auf die Koordination von Verarbeitungseinheiten eingegangen.

Das Prinzip der *Ereignisverteilung* besteht darin, daß ein Anwendungssystem erreichte Verarbeitungszustände in Form von Ereignissen propagiert, wodurch andere Anwendungssysteme, die an diesen erreichten Zuständen interessiert sind, informiert werden. Bei diesem Konzept handelt es sich somit um eine Kombination aus Bring- und Holprinzip. Nachfolgend wird eine Schnittstelle spezifiziert, die exemplarisch die Spezifikation einer asynchronen Koordination zwischen beliebigen Verarbeitungseinheiten (Prozessen, Aktivitätsträgern, etc.) anhand von Ereignissen ermöglicht.

Die Schnittstelle des Ereignisverteilungsmechanismus umfaßt nachfolgende Anweisungen zum Anzeigen und Verarbeiten von Ereignissen:

- **create event** *event_name ()*   ! Definieren eines Ereignistyps (mit Parametern)
- **register event** *event_name*   ! Interesse, Ereignisse eines Typs zu empfangen
- **raise event** *event_name ()*   ! Anzeigen und Verteilen eines Ereignisses
- **get event** *()*   ! Entgegennehmen eines Ereignisses
  [with nowait I wait[=value]]   ! (nicht blockierend I blockierend mit Wartezeit)
- **remove event** *event_name*   ! Löschen des Interesses an einem Ereignis
- **drop event** *event_name*   ! Löschen einer Ereignisdefinition

Die Semantik des *raise*-Befehls zum Anzeigen und Verteilen von Ereignissen sei anhand von vier Prozessen in Abbildung 5-18 erläutert. Die Prozesse P_2 und P_3 in dieser Abbildung wollen unter anderem jeweils das Ereignis E empfangen (register event E). Sobald der Prozeß P_1 ein Ereignis e anzeigt, repliziert das Ereignisverteilungssystem das Ereignis e und verteilt es an alle Prozesse, die es empfangen wollen (Prozesse P_2 und P_3). Der ereignisauslösende Prozeß ist somit von der Ereignisverteilung entlastet und kennt insbesondere die Ereignisempfänger nicht. Da ausgelöste Ereignisse bei den Empfängern explizit und sequentiell verbraucht werden sollen, wird zu diesem Zweck jede Verarbeitungseinheit mit einer FIFO-Warteschlange versehen, um die empfangenen Ereignisse zwischenzuspeichern. In einer Verarbeitungsschleife können jeweils die Ereignisse aus der Ereigniswarteschlange entnommen und durch die Ausführung von Aktionen bearbeitet werden. Das Anzeigen und Verarbeiten von Ereignissen zwischen Sender und Empfänger ist folglich völlig entkoppelt.

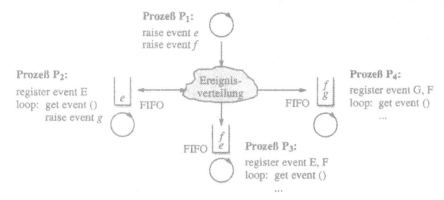

Abbildung 5-18:   Ereignisverteilungsmechanismus

Ein ähnlicher Ereignisverteilungsmechanismus wird vom Datenbanksystem Ingres unter der Bezeichnung "Database Events" bereitgestellt ([Ingr 91a]). Bei Verwendung des Mechanismus gilt zu beachten, daß die Ereignisverwaltung und -verteilung nicht Bestandteil der Transaktionsverarbeitung und insbesondere der Fehlerbehandlung ist. Ein angezeigtes Ereignis bleibt in den (nicht persistenten) Ereigniswarteschlangen der Empfänger erhalten, selbst wenn die ereignisauslösende Transaktion zurückgesetzt wird. Dadurch werden Abhängigkeiten zwischen der auslösenden Transaktion und den verarbeitenden Transaktionen vermieden. Die Implementierung einer anderen Semantik (Löschen von Nachrichten im Fehlerfall des Senders) ist meist in TP-Monitoren zu finden ([Meye 88], [BeHM 90]).

Der grundsätzliche Unterschied zwischen den obigen beiden Semantiken liegt in der Benutzung des Mechanismus zur Kommunikation zwischen Sendern und Empfängern. Es muß strikt zwischen einer mitteilungsorientierten und einer auftragsorientierten Kommunikation unterschieden werden (siehe Abschnitt 5.4.3): Bei der mitteilungsorientierten Kommunikation soll das Ereignis lediglich bei den Empfängern abgeliefert werden, während bei der auftragsorientierten Kommunikation der Sender in jedem Fall vom Empfänger das Ergebnis einer Dienstausführung erwartet. Lediglich im letzten Fall ist das Einbeziehen der Empfänger in die Transaktion des Senders sinnvoll.

Ereignismechanismen sind in Betriebssystemen seit langem bekannt und implementiert. Diese Mechanismen verfügen jedoch meist nur über eine sehr geringe Funktionalität (Ereignis-vektoren mit 1-Bit-Information) und eignen sich daher lediglich zur Prozeßsynchronisation, z. B. bei einer Rückmeldung nach einem asynchronen Betriebssystemaufruf durch einen Softwareinterrupt mit Unix-Signal oder VMS-AST (asynchronous system trap). In [Gloo 89] ist die Implementierung eines Ereignisverteilungsmechanismus, jedoch ohne Ereigniswarte-schlangen, als Betriebssystemdienst in einem verteilten System beschrieben. Die Implemen-tierung erfolgte unter NCS (Network Computing System) von Apollo unter Zuhilfenahme von Unix-Signalmechanismen und Unix-Sockets. Das Entwicklungsziel dieses Ereignis-verteilungsmechanismus liegt auf einer netzwerkweiten Ausführung von Ereignisbehand-lungsfunktionen. Mit Hilfe von blockierenden Ereignissen ist es möglich, einen netzwerk-weiten Synchronisationsmechanismus einfach zu realisieren.

Bislang wurde vom Ereignisverteilungsmechanismus lediglich das Anzeigen und Verteilen von Ereignissen erläutert. Um nun eine Koordination über Ereignisse realisieren zu können, ist ein Protokoll erforderlich, das die entstehenden Ereignishistorien im Ablauf reglementiert, wenn nur ganz bestimmte Folgen von Ereignissen erlaubt sein sollen (*Reglementierung von Ereignisfolgen*). Diese Reglementierung wurde in Abschnitt 5.4.2 als logische Synchronisation bezeichnet und im Kern durch die Relation → ("geschieht vor") beschrieben, die eine logische Abfolge ausdrückt. Als Realiserungskonzept wurden die Pfade von Campbell/Haber-mann vorgeschlagen ([HeHo 89]). Mit Hilfe von Pfadausdrücken, die mit den regulären Ausdrücken vergleichbar sind, können zulässige Ereignisfolgen ausgedrückt werden. Ereig-nisse, die nicht in diese Folge passen, werden verzögert. Nachfolgende Liste enthält einige sinnvolle Pfadoperatoren[12]):

- E ; F $=_{def}$ Sequenz: Ereignis f darf erst eintreten, wenn zuvor ein Ereignis e eingetreten ist.
- E + F $=_{def}$ Ex-Or: es darf entweder Ereignis e oder f eintreten.
- E* $=_{def}$ Ereignisse e dürfen beliebig oft eintreten.

Aus diesen grundlegenden Pfadoperatoren können beliebige Pfadausdrücke zusammengesetzt werden. Die Interpretation der Pfadausdrücke kann auf verschiedene Weise erfolgen: Wenn zulässige Folgen beschrieben werden, spricht man von geschlossenen Pfadausdrücken, im umgekehrten Fall bei zu synchronisierenden Folgen von offenen Pfadausdrücken.

---

12) Die Pfadoperatoren dürfen nicht mit den Verknüpfungsoperatoren für zusammengesetzte Ereignisse in Abschnitt 5.6.1 verwechselt werden. Die Verknüpfungsoperatoren legen lediglich fest, ob und wann ein zusammengesetztes Ereignis eintritt und reglementieren nicht die Ereignishistorie.

Als Beispiel für einen geschlossenen Pfadausdruck sei das verteilte Zweiphasen-Freigabe-protokoll zwischen einem Koordinator (K) und einem Teilnehmer (T) beschrieben:

$$prepare_K \; ; \; ((ready_T \; ; \; commit_K) + (abort_T \; ; \; abort_K) + (timeout \; ; \; abort_K)) \; ; \; ack_T.$$

Der Pfadausdruck kann leicht aus den versendeten Nachrichten im Zustands/Übergangs-diagramm in Abbildung 5-19 abgeleitet werden. Das Ereignis "timeout" ist ein relatives Zeitereignis, das nach Ablauf einer definierten Zeitspanne nach dem Ereignis "$prepare_K$" eintritt. Der Pfadausdruck enthält nicht die Optimierung, daß nach einem "$abort_T$" der Teilnehmer kein "ack_T" mehr absetzen muß.

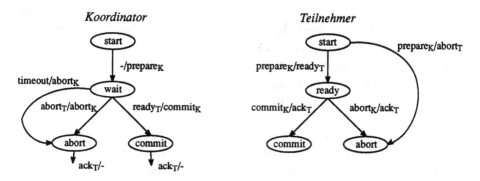

Legende: Empfangene Nachricht / gesendete Nachricht

Abbildung 5-19: Zustands/Übergangsdiagramm des verteilten Zweiphasen-Freigabeprotokolls (nach [CePe 85])

Eine ähnliche Vorgehensweise zur Spezifikation von Protokollen zwischen beliebigen Verar-beitungsagenten wird in [Klei 91a] durch sogenannte Reihenfolge- und Existenzabhängig-keiten zwischen Koordinationsereignissen eingeführt. In [Klei 91a] sind zahlreiche erweiterte Transaktionskonzepte auf diese Art und Weise spezifiziert worden.

5.6.3   Triggerkonzepte in aktiven Datenbanksystemen

In diesem Abschnitt werden aktive Datenbanksysteme im Überblick dargestellt und ver-glichen. Aktive Datenbanksysteme wurden für neuere Anwendungsbereiche (z. B. Prozeß-datenüberwachung, Monitoring- und Fertigungssysteme) entwickelt, die zusätzlich zur reinen Datenverwaltung weitergehende Anforderungen an die Datenverwaltung stellen. Diese Anfor-derungen umfassen das zeitlich fortlaufende Überwachen von Datenkonstellationen bis hin zum automatischen Anstoßen von Aktionen beim Eintreten bestimmter Ereignisse, ohne daß ein Benutzereingriff notwendig wird.

Bei einem aktiven Datenbanksystem wird ein konventionelles passives Datenbanksystem um eine Triggerkomponente mit Möglichkeiten zur Ereigniserkennung, Bedingungsauswertung und Aktionsausführung erweitert. Die Triggerkomponente ist - zumindest konzeptionell - in das Datenbanksystem und seine internen Komponenten (Transaktionsverarbeitung, Synchronisation, Recovery, Protokollierung, etc.) integriert.

Die Zielsetzungen aktiver Datenbanksysteme sind mit den ursprünglichen Bestrebungen der Datenbanksysteme vergleichbar, alle Integritätsbedingungen aus sämtlichen Anwendungsprogrammen herauszutrennen und zentral vom Datenbanksystem überwachen zu lassen ("system enforced integrity control"). Dadurch kann eine Modularisierung und leichte Wartbarkeit der Anwendung erreicht werden. Die Triggerbeschreibungen werden mit der Schemabeschreibung einer Anwendung im Systemkatalog verwaltet. Die Einsatzbarkeit des Triggerkonzepts wurde insbesondere im Rahmen der Entwicklung des experimentellen Datenbanksystems Starburst für die Überwachung von Integritätsbedingungen, Wartung materialisierter Sichten und Konsistenzkontrolle in semantisch heterogenen Datenbeständen untersucht ([CeWi 90], [CeWi 91], [CeWi 92]).

Führende Forschungsinstitute haben bereits prototypische Implementierungen von aktiven Datenbanksystemen vorgenommen; auch kommerzielle Produkte sind inzwischen verfügbar ([Chak 92], [Klei 91b], [Herb 92]). Tabelle 5-3 stellt bekannte Ansätze aktiver Datenbanksysteme hinsichtlich der Spezifikationsmöglichkeiten und des Verarbeitungskonzepts gegenüber. Die Hinterlegung der Systembezeichnungen in der Abbildung kennzeichnet vergleichbare Ansätze einer Entwicklungsgeneration. Trigger werden verschiedentlich auch als Produktionsregeln bezeichnet, um die Vorwärtsverarbeitung der Trigger zu verdeutlichen, und sind von den Deduktionsregeln zu unterscheiden. Alerting-Ansätze wurden aus der Tabelle ausgeklammert (ein Alerter ist ein spezieller Trigger, der als Aktion eine Nachricht an einen Benutzer oder ein Anwendungssystem schickt, [SPAM 91]). Tabelle 5-3 läßt abgesehen von den Operatoren zur Definition zusammengesetzter Ereignisse erkennen, daß HiPAC den allgemeinsten Ansatz darstellt und alle anderen Ansätze umfaßt ([DaBM 88], [Daya 88], [DaMC 89]). Der Tabelleneintrag zu SQL3 soll auf die zukünftigen Bemühungen zur Standardisierung des Triggerkonzepts hinweisen.

Die Unterscheidung in der Tabelle zwischen Basisereignissen und externen Ereignissen ist aus Sicht eines Triggersystems prinzipiell irrelevant. Sie wird nur dann bedeutsam, wenn die Frage nach der Ereigniserkennung diskutiert wird. Ist das Triggersystem vollständig in ein Datenbanksystem integriert, so können die Basisereignisse (die Operationen insert, delete und update) unmittelbar vom Datenbanksystem angezeigt werden. Eine Operation "update employee" entspricht dann implizit dem Anzeigen eines Ereignisses "raise event update$_{emp}$", falls es sich um eine relevante Operation handelt. Für den Fall, daß das Triggersystem nicht in das Datenbanksystem integriert ist, entspricht jedes Ereignis einem externen Ereignis und führt zu enormen Problemen bei der Ereigniserkennung. Lösungsmöglichkeiten hierzu sind das Polling mit dem bekannten Problem der Festlegung des Polling-Intervalls oder die Präcompilation von Anwendungsprogrammen derart, daß die relevanten Operationen mit einem Befehl zur Ereignisauslösung versehen werden. In [KrRo 91] wurde die Polling-Alternative für die Implementierung einer allgemeinen Triggerkomponente als Erweiterung der Unix-Systemwerkzeuge "cron" und "usrcron" gewählt, um beispielsweise Datei-modifikationen als Ereignisse zu erkennen.

Ein exakter Vergleich der Ausführungssemantik von Triggern in HiPAC, Postgres und CPLEX ist in [ZeBu 90] anhand von Petri-Netz-Darstellungen zu finden. Der Petri-Netz-Vergleich der Ansätze läßt insbesondere die Mächtigkeit der Kopplungsmodi zwischen Ereignis-auslösung und Bedingungsauswertung sowie Bedingungsauswertung und Aktionsausführung erkennen. Besonders zu erwähnen ist in diesem Zusammenhang das erweiterte geschachtelte Transaktionskonzept in HiPAC, das die diversen Ausführungszeitpunkte der Bedingungs-auswertung und Aktionsausführung in ihrer Verarbeitung reflektiert ([HsLM 88]).

Trotz der enormen Fortschritte auf dem Gebiet der aktiven Datenbanksysteme sollen nach-folgende Aspekte der Triggerverarbeitung problematisiert werden:

- Interferenzen von Triggern (konkurrierende und kaskadierende Verarbeitung),
- instanzen- oder mengenorientierte Verarbeitung,
- transaktionale Verarbeitung und
- Ablaufverarbeitung.

Die Verarbeitung einer großen Zahl von Triggern stellt ein Entwurfsproblem dar, da sich die Trigger gegenseitig auslösen und beeinflussen können (*Interferenzen*). Aufkommende Fragestellungen betreffen hier die Terminierung einer kaskadierenden Verarbeitung sowie bei einer Mehrfachtriggerung den Einfluß der Verarbeitungsreihenfolge auf den entstehenden Datenbankzustand. Durch eine statische Syntaxanalyse der Trigger kann ein Triggergraph mit den Triggern als Knoten und den von den Triggeraktionen ausgelösten Ereignissen als Kanten erstellt werden. Enthält dieser Graph keine Zyklen, so terminiert jede getriggerte Verarbeitung und es liegt ein noethersches System vor; im Falle von Zyklen muß der Benutzer beispielsweise durch eine Bewertung der Ausführungsbedingung weitere Analysen vor-nehmen. Generell bleibt es jedoch unentscheidbar, ob ein System noethersch ist (Halte-problem). Untersuchungen zum Problem der Verarbeitungsreihenfolgen bei einer Mehrfach-triggerung auf einem Datenbankzustand wurden im Bereich der Termersetzung mit den konfluenten (Church-Rosser-)Systemen vorgenommen. In einem konfluenten System ist die Ausführungsreihenfolge der Trigger gleichgültig, da es stets einen gemeinsamen Zustand gibt, der für jede Ausführungsreihenfolge hergestellt werden kann. In einem noetherschen und konfluenten System gilt generell, daß es für jede Verarbeitung jeweils genau einen Datenbankzustand (Fixpunkt) gibt ([Huet 80], [Schn 87], [ZhHs 90], [AiWH 92]).

Kriterium / System	Datenmodell	Elementare Ereignisse[3] Basisereignisse	Zeit	Extern	Zs.gesetzte Ereignisse: Operatoren	Bedingung	Aktion	Ausführungszeitpunkt [2]	Datenbezug [3]	Arbeitsweise [4]	Rkfolge b. Mehrfachtriggerung	Verarbtg. bei Kaskadierung	Transaktionskonzept
SQL3 [MeSü 93]	relational	vor/nach DML	-	-	-	SQL-Suchrestriktion	Sequenz v. Datenbankoperationen	sofort	alter/neuer Wert	instanzen-/mengenorientiert	?	?	flach
HiPAC [DBBC 88] [HsLC 88]	?	vor/nach DML	absolut, relativ	ja	Disjunktion, Sequenz, Hülle[5]	Parametrierte DB-Anfrage	Operationen mit Parametern	sofort, bei EOT, abgesetzt	Ereignisparameter, Δ-Relat.	mengenorientiert	undefiniert, evtl. Prioritäten	Breitenverarbeitung	erweitert geschachtelt (dependency)
ETM [Kotz 89]	objektorientiert	nach DML	-	ja (EDL)	-	-	ausführbares Modul	sofort	Ereignisparameter	instanzenorientiert	Prioritäten	ja	geschachtelt
CPLEX [HsCh 88]	funktional (DAPLEX)	nach DML	-	-	-	Prädikatenlogischer Ausdruck	CPLEX-Programme	Bdgg. bei EOT, Akt. abges.	alter/neuer Wert	instanzenorientiert	undefiniert	?	flach
Starburst [WiFi 89]	erweiterbar relational	nach DML	-	-	Disjunktion	DB-Anfrage	Datenbankoperationen	bei EOT	Δ-Relationen	mengenorientiert	Reihenfolgebeziehung	Gruppierung	flach
Postgres [StHP 88]	erweiterbar relational	nach DML	time () date ()	-	Disjunktion	Restriktion einer DB-Anfrage	PostQuel-Operationen	sofort	alter/neuer Wert	instanzenorientiert	Prioritäten	?	flach
ARIEL [Hans 89]	relational (EXODUS)	nach DML	absolut, period.	-	Disjunktion	Restriktion einer DB-Anfrage	PostQuel-Operationen	sofort	alter/neuer Wert	mengenorientiert	Prioritäten	?	flach
Ingres [Ingr 9?]	relational	nach DML	-	-	-	SQL-Suchrestriktion	Datenbankprozedur	sofort	alter/neuer Wert	instanzenorientiert	undefiniert	Tiefenverarbeitung	flach
Sybase [Syba 10?]	relational	nach DML	-	-	-	-	Datenbankprozedur	sofort	inserted, deleted	mengenorientiert	pro Ereignis ein Trigger	Tiefenverarbeitung	flach
Ode [GeJS 92] [GeJa 92]	objektorientiert	vor/nach ...[6]	absolut, relativ, period.	-	Relativ, Vor., Sequenz[7]	Maskierung d. Ereignisse	O++ Methoden	sofort, bei EOT, abgesetzt	Ereignisparameter	instanzenorientiert	undefiniert	?	erweitert geschachtelt (dependency)
SAMOS [GaDi 93]	objektorientiert (ObjectSt.)	wie Ode	absolut, relativ, period.	ja	Sequenz, Disjunktion, [8]	?	?	sofort, bei EOT, abgesetzt	Ereignisparameter	instanzenorientiert	Prioritäten	?	geschachtelt
Sentinel [ChAM 93]	objektorientiert	wie Ode	absolut, relativ, period.	ja	Snoop [ChMi 93][9]	C++ Ausdrücke	C++ Methoden	sofort, bei EOT	Kontext-Operator	instanzenorientiert	undefiniert	?	geschachtelt

Legende:

1. Basisereignisse sind Ereignisse, die vom zugrundeliegenden Basissystem erkannt und angezeigt werden können (im allgemeinen Datenmanipulations-Operationen wie insert, delete und update). Externe Ereignisse werden dagegen außerhalb des Basissystems erkannt und dem Triggersystem lediglich angezeigt. Die Definition dieser Ereignisse erfolgt in einer Ereignisbeschreibungssprache.

2. Der Ausführungszeitpunkt bezieht sich auf die Bedingungsauswertung und/oder Aktionsausführung:
   - sofort: innerhalb der ereignisauslösenden Transaktion
   - bei EOT: im Rahmen der EOT-Behandlung der ereignisauslösenden Transaktion
   - abgesetzt: in einer separaten Transaktion unabhängig von der ereignisauslösenden Transaktion (evtl. mit Commit-Abhängigkeit)

3. Die Datenübergabe zwischen Ereignis-, Bedingungs- und Aktionsteil kann durch Parameterübergabe oder in Form von Δ-Relationen (inserted, deleted, updated) erfolgen.

4. instanzenorientiert: bei einer mengenorientierten Operation feuert der Trigger für jeden betroffenen Dateneintrag ("for each row");
   mengenorientiert: der Trigger feuert nur einmal für eine Operation, selbst wenn mehrere Dateneinträge betroffen waren ("for each statement")

5. HiPAC-Hülle: $E^* =_{def}$ eine Sequenz von Ereignissen E, bis irgendein Ereignis E' eintritt.

6. Ode-Basisereignisse: im wesentlichen vor/nach einer Objektoperation (updated, read, accessed, deleted, created), Methodenausführung, Transaktionsoperation (bot, commit, abort)

7. Ode-Ereignisoperatoren (in [GeJS 92] werden 16 Operatoren auf Ereignishistorien vorgeschlagen, die allerdings nicht orthogonal sind):
   - relative (E, F) $=_{def}$ letztes Ereignis von E vor erstem Ereignis von F (wichtig, wenn E und F zusammengesetzte Ereignisse sind)
   - prior (E, F) $=_{def}$ letztes Ereignis von E vor letztem Ereignis von F
   - seq (E_1, ..., E_n) $=_{def}$ Sequenz von Ereignissen, ohne daß ein anderes Ereignis dazwischen eintritt

8. SAMOS-Ereignisoperatoren: Sequenz, Disjunktion und
   - Konjunktion: $E_1 \wedge E_2$ $=_{def}$ $(E_1 \rightarrow E_2) \vee (E_2 \rightarrow E_1)$
   - Sternoperator: $*E$ $=_{def}$ E mit anschließendem disable E im Zeitintervall I
   - Geschichtsoperator: times (n, E) $=_{def}$ $E \rightarrow^2 ... \rightarrow^n$ E im Zeitintervall I
   - Nichtoperator: not (E) $=_{def}$ Zeitereignis I_2, wenn E im Zeitintervall $[I_1, I_2]$ nicht eintritt
   Zusätzlich kann mit same(x) die Möglichkeit ausgedrückt werden, daß Teilereignisse von der gleichen Transaktion (Benutzer) ausgelöst werden müssen.

9. Operatoren der Ereignisbeschreibungssprache Snoop: Sequenz, Disjunktion und
   - Konjunktion: any (i, E_1, ..., E_n) $=_{def}$ i≤n Ereignisse in einer beliebigen Reihenfolge
   - Aperiod. Ereignis: A (E_1, E_2, E_3) $=_{def}$ E_2 in dem durch E_1 und E_3 definierten geschlossenen Intervall

Tabelle 5-3: Vergleich aktiver Datenbanksysteme

Die Frage, ob ein Triggersystem *instanzen- oder mengenorientiert* ablaufen soll, hängt sowohl vom Einsatzbereich als auch dem zugrundeliegenden Basissystem ab. Diese Frage muß auch im Zusammenhang mit der Parameterübergabe zwischen Ereigniserkennung, Bedingungs- auswertung und Aktionsausführung diskutiert werden. Im Falle von mengenorientierten Basisoperationen, die zum Anzeigen eines Ereignisses führen, gestaltet sich eine Parameter- übergabe sicherlich schwierig, da eine Menge von Dateneinträgen zu spezifizieren wäre. Deshalb werden im Starburst-Ansatz entsprechende Δ-Relationen vom Basissystem verwaltet. Die Vorzüge dieses Ansatzes sind die gleichen wie die, die zur Einführung mengenorientierter Anfragesprachen führten. Die instanzenorientierte Arbeitsweise ist dann von Vorteil, wenn das Triggersystem als Kommunikationsmittel zwischen Aktivitätsträgern dient (siehe dazu auch Abschnitt 5.6.2).

Trigger werden in den meisten Fällen als Bestandteil der ereignisauslösenden *Transaktion* ausgeführt. Dies hat zur Konsequenz, daß eine langlebige Anwendung, die durch die ereignis- orientierte Verkettung von Triggern ausgeführt wird, innerhalb einer einzigen ressourcen- blockierenden Transaktion abläuft. Dadurch werden Sperren lange gehalten; eine Entkopplung (Aufteilung) dieser großen Transaktion ist wünschenswert. Eine Problematisierung dieser Entkopplung wurde in Abschnitt 5.5.1 mit den Transaktionskonzepten für lange andauernde Verarbeitungen vorgenommen. Das HiPAC-Transaktionskonzept mit den erweiterten geschachtelten Transaktionen ("causally dependent/independent top level transactions") bietet sicherlich eine flexible Ausgangsbasis für Erweiterungsvorschläge. Ein wesentliches Problem bei diesem Ansatz besteht darin, daß bei einer getriggerten unabhängigen Top-Level- Transaktion im Fehlerfall keinerlei Informationen vorliegen, die die triggernde und getriggerte Transaktion als "lose" Einheit beschreiben. Dies führt dazu, daß eine getriggerte Transaktion vielleicht schon abgeschlossen ist, wenn die auslösende Transaktion zurückgesetzt wird.

Als letzter Punkt sei die Ablaufverarbeitung mit Triggersystemen diskutiert. Die Kontrollfluß- beschreibung der in Kapitel 2 dargestellten geregelten arbeitsteiligen Anwendung hat insbe- sondere die auslösenden Ereignisse der jeweiligen Anwendungssysteme offengelegt: Die Beendigung eines Vorgängersystems wurde in der Fallstudie als Auslöser für das Nachfolger- system identifiziert. Das Nachfolgersystem kann jedoch unter Umständen nicht sofort gestartet werden, da es sich möglicherweise um ein interaktives System handelt und auch andere Abläufe um die Belegung des Systems konkurrieren. Die Auslöser werden somit nicht sofort verarbeitet, sondern erst unter Beachtung von Ablaufsteuerungsstrategien. Aus diesem Grund müssen Mechanismen zum expliziten Verbrauchen von Ereignissen bereitgestellt werden. Da sich darüber hinaus die Ablaufsteuerungsstrategien auf Verarbeitungshistorien stützen, müssen auch Mechanismen eingeführt werden, die die Einheit eines Ablaufs verwalten. Heutige Triggersysteme sind dazu nicht in der Lage.

5.7   Integration von Anwendungssystemen

Ein verteiltes Anwendungssystem besteht aus einer Menge von (Teil-)Anwendungssystemen, die in kontroll- und datentechnischen Beziehungen zueinander stehen. Ein Anwendungssystem sei durch eine definierte Funktionalität und zur Verarbeitung notwendige Daten charakterisiert. Die Aufgaben der in Abschnitt 5.1 eingeführten Integrationsschicht bestehen darin, isolierte Anwendungssysteme auf Funktions- und Datenebene zu integrieren. Diese Aufgabenstellung umfaßt

- den konsistenten Datenaustausch zwischen den Anwendungssystemen und
- die Automation der Ablaufsteuerung der Anwendungssysteme.

Unter dieser Zielsetzung werden in diesem Abschnitt verschiedene Integrationsstufen und -formen eingeführt und aktuelle Bestrebungen bei der Integration von Entwurfswerkzeugen für integrierte Schaltungen oder in Softwareentwicklungsumgebungen aufgezeigt.

5.7.1   Integrationsstufen und -formen

Abbildung 5-20 zeigt vier Integrationsstufen bei der Entwicklung eines integrierten Systems. Ausgehend von isolierten Anwendungssystemen kann zunächst auf Datenebene eine Datenintegration vorgenommen werden. Die Datenintegration ermöglicht den Austausch gemeinsamer Daten zwischen den Anwendungssystemen. Die verschiedenen Formen der Datenintegration werden nachfolgend aufgezeigt. Eine weitere Stufe der Integration bildet die Ablaufintegration. Bei der Ablaufintegration werden die zu integrierenden Anwendungssysteme in eine definierte Ablaufreihenfolge gebracht. Die Einhaltung dieser Reihenfolge kann überwacht oder die Ausführung gar automatisiert werden. Für den Fall, daß die Ablaufreihenfolge auch einen Datenaustausch zwischen den Systemen nach sich zieht, wird eine Ablauf- und Datenintegration erforderlich.

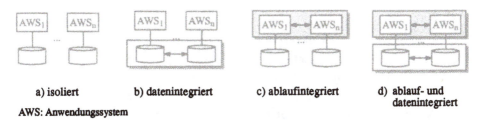

a) isoliert   b) datenintegriert   c) ablaufintegriert   d) ablauf- und
                                                                             datenintegriert

AWS: Anwendungssystem

Abbildung 5-20: Integrationsstufen von Anwendungssystemen

Die Ansätze zur *Datenintegration* sind vielfältig und müssen unter zwei unterschiedlichen Gesichtspunkten diskutiert werden:

- die Integration des Datenbestandes auf Datenebene (horizontal) und
- die Anbindung der Anwendungssysteme an die Datenebene (vertikal).

Bei der Integration des Datenbestandes auf Datenebene geht es darum, die gemeinsamen Datenbestände entsprechend den Datenaustauschanforderungen zu verwalten. Im wesentlichen lassen sich hierzu zwei Fälle unterscheiden (die Dichotomie der beiden Fälle gleicht den beiden Kommunikationsformen über Nachrichten oder gemeinsamen Speicher):

- Bei einer *losen Kopplung* der Datenbestände werden die auszutauschenden Daten abgesetzt ("off line") von der jeweiligen Verarbeitung aus den jeweiligen lokalen Datenbeständen extrahiert und wieder eingebracht. Diese Form des Datenaustauschs kann in spezifischen oder neutralen Datenaustauschformaten geschehen, was sich in der Anzahl der notwendigen Konvertierungsprogramme niederschlägt ($O(n^2)$ versus $O(n)$). Der Vorteil dieses Ansatzes liegt in der Möglichkeit der jeweils optimalen internen Datenrepräsentation; nachteilig wirken sich der Transformationsaufwand und entstehende Redundanzen sowie damit einhergehende Inkonsistenzen aus.

- Bei einem *integrierten Ansatz* wird ein logisch zentraler Datenbestand aufgebaut, der jedoch physisch verteilt verwaltet werden kann. Die Vorteile des integrierten Ansatzes wurden in Abschnitt 5.3.3.1 aufgezeigt.

Der zweite Gesichtspunkt der Datenintegration betrifft die Anbindung der Anwendungssysteme an den gemeinsamen Datenbestand. Hierbei lassen sich nachfolgende drei Ansätze unterscheiden (siehe auch [RaSt 92]):

- *"Black Box"-Integration*: Das Anwendungssystem arbeitet isoliert auf seinen eigenen Datenstrukturen und verwendet die gleichen Dateizugriffe wie im nicht integrierten Fall. Diese Arbeitsweise wird durch sogenannte Check-in/Check-out-Mechanismen mit grobem Datengranulat ermöglicht: Vor der Aktivierung des Anwendungssystems werden die benötigten Daten aus dem "öffentlichen" Datenbestand extrahiert und in den "privaten" Datenstrukturen des jeweiligen Anwendungssystems bereitgestellt; bei der Deaktivierung des Systems erfolgt der Datenfluß in umgekehrter Richtung. Diese Integrationsform wird verschiedentlich auch als Werkzeugkapselung ("tool encapsulation", [Kraf 91]) bezeichnet und von gängiger Integrationssoftware favorisiert (z. B. PowerFrame, [EDA 89], [DECp 91]). Es ist kein Eingriff in die Anwendungssysteme erforderlich; lediglich die Datenschnittstelle muß zugänglich sein. Der Ausdruck Kapselung soll suggerieren, daß die Datenbereitstellung, der Aufruf des Anwendungssystems und die Datenübernahme eine Einheit bilden, die eine Form von Funktionsunabhängigkeit gewährleistet.

- *"Grey Box"-Integration*: Bei dieser Form der Integration wird davon ausgegangen, daß die Anwendungssysteme eine Programmierschnittstelle bereitstellen, anhand derer eine Anbindung an den gemeinsamen Datenbestand realisiert werden kann. Sämtliche Zugriffe auf externe Datenbestände müssen dann über diese Schnittstelle unter Inanspruchnahme zentraler Datenhaltungsdienste abgewickelt werden. Der Vorteil dieses Ansatzes liegt im Vergleich zur Black-Box-Integration darin, daß der Datenaustausch über Konvertierungs-programme entfällt bzw. von den Anwendungssystemen über die Programmierschnittstelle abgewickelt wird. Die Überwachung der Datenintegrität wird somit vereinfacht.

- *"White Box"-Integration*: Diese Integrationsform ermöglicht den Anwendungssystemen einen direkten Zugriff auf kleine Datengranulate des gemeinsamen Datenbestandes. Dazu ist jedoch eine Modifikation bzw. Anpassung der Datenzugriffsroutinen der Anwendungs-systeme sowie die Entwicklung eines einheitlichen konzeptionellen Datenschemas erfor-derlich. Die einheitliche Datenverwaltungskomponente kann durch geeignete Zugriffs-kontrollmechanismen der konkurrierenden bzw. kooperierenden Anwendungssysteme die Konsistenz der Daten gewährleisten.

Bei der Integration von Anwendungssystemen auf *Funktionsebene* stehen sämtliche Möglich-keiten der nachrichtenbasierten Kommunikation zwischen den Anwendungssystemen bereit. Die Kommunikationsformen reichen von der Direkt- und Mailbox-Kommunikation bis zur portorientierten Kommunikation ([MüSc 92]). Auf der Basis dieser Kommunikationsformen können höhere Mechanismen aufgesetzt werden, wie beispielsweise der in Abschnitt 5.6.2 beschriebene Ereignisverteilungsmechanismus. In Verbindung mit der Datenebene kann ein solcher Mechanismus eingesetzt werden, um bei Datenmodifikationen in einem Anwendungs-system andere betroffene Anwendungssysteme davon in Kenntnis zu setzen. Diese können durch entsprechende Ereignisbehandlungsfunktionen beispielsweise Datenwerte am Bild-schirm oder in lokalen Datenstrukturen aktualisieren ([KlKu 91]).

Die Vorteile einer strikten Trennung zwischen den Verarbeitungen in den Anwendungs-systemen einerseits und der Ablauf- und Datenintegration der Anwendungssysteme anderer-seits liegen insbesondere in der Wiederverwendbarkeit ("plug-in capability") der Anwen-dungssysteme und einer höheren Produktivität bei der Software-Entwicklung ([Morr 78], [Stev 82]). Die vorangegangene Diskussion zur Integration von Anwendungssystemen soll somit nicht als Plädoyer für monolithische Systeme mißverstanden werden.

Bei jeglicher Form von Integration auf Ablauf- und Datenebene muß ein zu integrierendes Anwendungssystem in einen Funktions- und Datenverbund eingepaßt werden, um an der Kommunikation zwischen den Anwendungssystemen und dem gemeinsamen Datenbestand teilhaben zu können. Zu diesem Zweck werden sogenannte Integrationssprachen entwickelt, welche die Datendefinition und den Datenzugriff über die kommandoorientierte Einbindung von Anwendungssystemen bis hin zur Schnittstellendefinition unterstützen können. Die Laufzeitsituation der Integrationsansätze gestaltet sich meist so, daß zusätzlich zu jedem Anwendungssystem ein sogenannter Agent abläuft, der das Anwendungssystem im Funktions- und Datenverbund als Repräsentant ohne Funktionalität vertritt. Der nachfolgende Programm-

auszug in der Integrationssprache TIDL (*Tool Integration Description Language*) zeigt
beispielhaft die Black-Box-Integration des Texteditors "emacs" in eine integrierte Umgebung
(aus [RaSt 92]):

```
class Netlist
{      icon = {bitmap = "/icons/CommandMethod.icon"};
       Designer : Edit ()
       {   implementation = blackbox
           {  export this = "this.txt";
              select EmacsOptions
                  {many: select font {} ~EmacsOptions << font << " this.txt";}
              execute "emacs";
              import "this.txt" = this;
           } } }
```

Als kommerzielles System zur Anwendungssteuerung und -kontrolle sei ACA (*Application
Control Architecture*) von Digital Equipment Corp. erwähnt ([DECa 92]). ACA realisiert
eine betriebssystemunabhängige Integration von Anwendungssystemen in heterogenen
Netzen. Die Integration eines Anwendungssystems kann über den einfachen Systemaufruf,
über die Kommandoschnittstelle eines Systems anhand von Skripten oder die Anwendungsprogrammierschnittstelle anhand von Schnittstellenprogrammen ("application wrapper")
erfolgen. Mit diesen Möglichkeiten kann ACA die Handhabung von Altlast-Anwendungen
("legacy applications") unterstützen.

5.7.2   Aktuelle Bestrebungen

Aktuell wird die Integrationsproblematik im Bereich der Automation des Entwurfs mikro-
elektronischer Schaltungen mit dem Ziel diskutiert, offene, integrierte Entwicklungs-
umgebungen zu definieren. Besonders die CAD-Framework Initiative Inc. (CFI), ein internationaler Zusammenschluß von Werkzeugherstellern und Anbietern von Entwurfssystemen,
hat in den letzten Jahren die Definition der erforderlichen Standards vorangetrieben
([RaSt 92]). Die Definitionen umfassen standardisierte Schnittstellen, Konvertierungs-
werkzeuge sowie Schemata für Entwurfsdatendarstellungen. Ähnliche Bestrebungen sind im
Softwareentwicklungsbereich bei der Integration von Softwareentwicklungswerkzeugen zu
beobachten ([Chro 92], siehe [ScWe 88] zu "EUREKA Software Factory" (ESF)).

Sämtliche Initiativen laufen meist in Kooperation mit internationalen Normierungsorgani-
sationen, die Standards zur Datenverwaltung (z. B. STEP für die Produktdatenverwaltung,
[Ande 93]), zum Datenaustausch (z. B. SMGL, EDIF, ODA/ODIF, [Appe 89], [Fran 91])
und zur Entwicklung portabler und interoperabler Anwendungen in verteilten Systemen
entwickeln (z. B. X/Open und OSF-DCE, [GrRe 92], [Schi 92b], [Geih 93]).

C Konzeption und Realisierung des Ablaufkontrollsystems ActMan

In diesem Hauptabschnitt wird für die in Hauptabschnitt A charakterisierten geregelten arbeitsteiligen Anwendungssysteme ein Ablaufkontrollsystem konzipiert und dessen Implementierung beschrieben. Die Arbeiten zu diesem Ablaufkontrollsystem wurden an der Universität Erlangen-Nürnberg im Rahmen des Projektes ActMan (*Activity Man*agement) durchgeführt und umfassen eine gleichnamige prototypische Entwicklung.

In Kapitel 6 wird zunächst ein Aktivitätenmodell für geregelte arbeitsteilige Anwendungen definiert. Das Aktivitätenmodell basiert auf den in Kapitel 4 geschaffenen Entwurfs- und Modellierungsgrundlagen für geregelte arbeitsteilige Anwendungssysteme. Die Beschreibung des Aktivitätenmodells umfaßt ein anwendungsorientiertes Verarbeitungsmodell, das die Abwicklung der Abläufe in geregelten arbeitsteiligen Anwendungen festlegt, sowie eine rechnergestützte Repräsentation des Verarbeitungsmodells in Aktivitätennetzen, die vom Ablaufkontrollsystem ActMan verarbeitet werden kann. Die softwaretechnische Architektur des Ablaufkontrollsystems wird in Kapitel 7 aufgezeigt und basiert auf den in Kapitel 5 eingeführten Basismechanismen und Realisierungsgrundlagen. Kapitel 8 enthält die Beschreibung ausgewählter Implementierungsaspekte der prototypischen Entwicklung.

6 Aktivitätenmodell

In diesem Kapitel wird ein anwendungsorientiertes Verarbeitungsmodell für geregelte arbeitsteilige Anwendungen definiert. Das Verarbeitungsmodell orientiert sich eng an der Klasse der zu unterstützenden Anwendungen und reglementiert die Abwicklung von Abläufen in geregelten arbeitsteiligen Anwendungen (Abschnitt 6.1). Für dieses anwendungsorientierte Verarbeitungsmodell wird anschließend eine rechnergestützte Darstellung in Form von Aktivitäten und Aktivitätennetzen entwickelt. Abschnitt 6.2 beschreibt zunächst den Aufbau einer Aktivität, während in Abschnitt 6.3 auf die möglichen Strukturen in einem Aktivitätennetz eingegangen wird. Diese rechnergestützte Darstellung des Verarbeitungsmodells in Form von Aktivitäten und Aktivitätennetzen kann systemtechnisch vom Ablaufkontrollsystem ActMan verarbeitet werden, das in den Kapiteln 7 und 8 eingehender beschrieben wird.

6.1 Ein anwendungsorientiertes Verarbeitungsmodell für geregelte arbeitsteilige Anwendungen

Bevor nachfolgend ein Verarbeitungsmodell für geregelte arbeitsteilige Anwendungen eingeführt wird, werden zunächst die wesentlichen Zielsetzungen und die verfolgten Entwurfsziele einer möglichen Systemunterstützung für geregelte arbeitsteilige Anwendungen aufgezeigt. Daran anschließend wird das Verarbeitungsmodell vorgestellt, das aus verschiedenen Fallstudien zu dieser Anwendungsklasse hervorgegangen ist (siehe dazu Hauptabschnitt A). Der Abschnitt schließt mit einer Einordnung und Bewertung des Verarbeitungsmodells anhand der Beschreibungselemente für geregelte arbeitsteilige Anwendungssysteme.

6.1.1 Zielsetzungen und Entwurfsziele

Geregelte arbeitsteilige Anwendungen sind Mehrbenutzer-Anwendungen, die verschiedene interaktive oder automatische Bearbeitungsschritte unterschiedlicher Bearbeitungsstellen umfassen (siehe Abschnitt 3.1). Die Bearbeitungsschritte müssen in einer festgelegten Reihenfolge ausgeführt werden (Geregeltheit) und kooperieren durch den Austausch von Anwendungsdaten (Arbeitsteiligkeit). Die a priori festgelegte Ausführungsreihenfolge der Bearbeitungsschritte ermöglicht eine systemgestützte Steuerung des Kontroll- und Datenflusses zwischen den beteiligten Bearbeitungsstellen. Im Mittelpunkt einer Systemunterstützung für geregelte arbeitsteilige Anwendungssysteme stehen die nachfolgenden beiden Zielsetzungen:

- systemgestützter **Kontrollfluß**: Auslösen anstehender Bearbeitungsschritte entsprechend der festgelegten Ablaufbeschreibung;

- systemgestützter **Datenfluß**: Bereitstellen notwendiger Anwendungsdaten zur Ausführung der Bearbeitungsschritte.

Entsprechend der Geregeltheit einer Anwendung können nach der Ausführung eines Bearbeitungsschrittes nachfolgende Schritte automatisch angestoßen und mit den Ergebnisdaten von Vorgängerschritten versorgt werden. Abbildung 6-1 verdeutlicht den Zusammenhang zwischen dem Kontroll- und Datenfluß in einer Anwendung. Die Bearbeitungsschritte werden als Aktivitäten (A_i bzw. A_j) bezeichnet; die genaue Definition einer Aktivität erfolgt in Abschnitt 6.2. Der Kontrollfluß entspricht der Ausführungsreihenfolge der verschiedenen Aktivitäten, der Datenfluß ist als Fluß der Nutzdaten von Aktivität zu Aktivität zu verstehen. Eine enge Koordinierung von Kontroll- und Datenfluß ermöglicht eine optimale Versorgung der Aktivitäten mit den aktuellen Daten zur richtigen Zeit. Notwendige Voraussetzung für eine systemgestützte Kontroll- und Datenflußsteuerung ist eine umfassende Funktions- und Datenintegration, wie sie in Abschnitt 5.7 beschrieben wurde.

Abbildung 6-1:   Kontroll- und Datenfluß zwischen Aktivitäten

Ausgehend von den oben angegebenen Zielsetzungen stehen bei der Entwicklung einer Systemunterstützung für geregelte arbeitsteilige Anwendungssysteme nachfolgende Entwurfsziele im Vordergrund:

- Das Verarbeitungsmodell muß die einzelnen Aktivitäten eines Ablaufs hervorheben, da sich hinter den Aktivitäten die ausführenden (evtl. interaktiven) Anwendungssysteme verbergen (Funktionsunabhängigkeit).

- Die Anwendungssysteme sind als zu belegende Ressourcen zu betrachten, um deren Belegung unterschiedliche Abläufe konkurrieren können.

- Existierende Anwendungssysteme müssen in die Abläufe integrierbar sein.

- Die von einem Anwendungssystem bei der Ausführung eines Bearbeitungsschritts produzierten Ergebnisdaten sind in die Ablaufsteuerung mit einzubeziehen, da sie Einflluß auf den weiteren Verlauf eines Ablaufs nehmen können.

- Kontroll- und Datenfluß müssen getrennt spezifizierbar sein, da beide nicht notwendiger-
  weise übereinstimmend verlaufen müssen.

6.1.2   Verarbeitungsmodell

Das nachfolgend beschriebene anwendungsorientierte Verarbeitungsmodell für die Abwicklung von Abläufen in geregelten arbeitsteiligen Anwendungen orientiert sich eng an der
zu unterstützenden Anwendungsklasse. Das Verarbeitungsmodell wird anhand der Begriffe
eingeführt, die bereits in Abschnitt 4.4 als Beschreibungselemente von Vorgangsmodellen
verwendet wurden:[1)]

- Aktivitäten,
- Abläufe und
- Daten.

Die graphische Repräsentation des Verarbeitungsmodells erfolgt in sogenannten Aktivitätennetzen. Ein Aktivitätennetz ist ein bipartiter, gerichteter Graph, dessen Knoten Aktivitäten
und zugeordnete Warteschlangen darstellen und dessen Kanten die Ablaufstruktur zwischen
den Aktivitäten beschreiben. Abbildung 6-2 zeigt ein Aktivitätennetz, dessen Elemente
nachfolgend beschrieben werden.

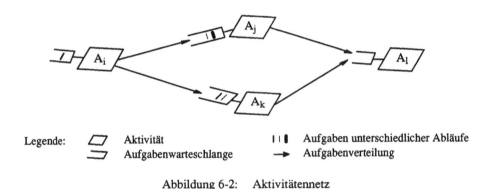

Abbildung 6-2:   Aktivitätennetz

Die Rauten in dem Aktivitätennetz symbolisieren die einzelnen Aktivitäten einer geregelten
arbeitsteiligen Anwendung. Eine Aktivität umfaßt ein ausführbares Anwendungssystem und

---

1)   Die Struktur und Arbeitsweise eines Verarbeitungsmodell wird über Begriffe und Formalismen definiert
     ([FrPW 90]). Beispielsweise wird das Verarbeitungsmodell einer konkreten Von-Neumann-Maschine über
     Begriffe wie Speicher, Register und Maschinenoperation definiert, das Verarbeitungsmodell einer abstrak-
     ten Maschine der Programmierung über Begriffe wie Zustand, Variable und Zustandstransformation.

sämtliche Verarbeitungsschritte zur Vor- und Nachbereitung der Ausführung dieses Anwendungssystems. Das ausführbare Anwendungssystem einer Aktivität wird im weiteren als Aktion bezeichnet. Die Aktionen sind als benutzerdefinierte, autonome Bearbeitungsstellen zu verstehen, die in der Lage sind, Bearbeitungsschritte auszuführen.

Die Pfeile im Aktivitätennetz geben die Aufrufreihenfolge der Aktivitäten wider. Der Aufruf der Aktivitäten erfolgt nicht statisch nach einem Ablaufskript, sondern entsteht dynamisch durch das Versenden von Aufgaben zwischen den Aktivitäten. Beispielsweise werden nach Ausführung der Aktivität A_i Aufgaben für die nachfolgenden Aktivitäten A_j und A_k generiert und diesen zugestellt. Eine Aufgabe ist eine strukturierte Nachricht und entspricht einer Aufforderung zur Ausführung der entsprechenden Aktivität. Die Aufgaben sind mit Formularen in Büroumgebungen vergleichbar. Die indirekte Verknüpfung der Aktivitäten über Aufgaben gewährleistet eine maximale Flexibilität bei der Ausführung von Aktivitäten.

Verschiedene Vorgängeraktivitäten können unter Umständen gleichzeitig mehrere Aufgaben an eine Nachfolgeraktivität verschicken, so daß an der Aktivität die eingehenden Aufgaben in einer sogenannten Aufgabenwarteschlange gepuffert werden müssen. Eine Aktivität wird ausgelöst, sobald in der Aufgabenwarteschlange eine Aufgabe zur Bearbeitung ansteht. Die Aufgabenwarteschlange enthält entsprechend den Posteingangskästen der Sachbearbeiter in Büroumgebungen den Arbeitsvorrat einer Aktivität. Sie unterstützt die Ausführungsautonomie der Aktivitäten und ermöglicht durch die Pufferung der Aufgaben eine zeitlich unabhängige Ausführung der Aktivitäten in einem Aktivitätennetz.

Ein Aktivitätennetz beschreibt die prinzipielle Aufrufreihenfolge der Aktivitäten (Ablauftyp). Konkrete Abläufe durch das Aktivitätennetz sind fallspezifische Instanzen dieses Typs. Sie entstehen als unterscheidbare, identifizierbare Einheiten. Die Unterscheidung zwischen Ablauftyp und konkreten Abläufen ist konstitutiv für das Verarbeitungsmodell. Unterschiede in den konkreten Abläufen ergeben sich zum einen durch die Anzahl der verschickten Aufgaben an eine Nachfolgeraktivität und zum anderen an den Verzweigungen in einem Aktivitätennetz. In verschiedenen Abläufen können an eine Nachfolgeraktivität unterschiedliche viele Aufgaben (0 bis n) verschickt werden. Wird in einem konkreten Ablauf keine Aufgabe an eine potentielle Nachfolgeraktivität verschickt, beschränkt sich eine Verzweigung in einem Aktivitätennetz in einem konkreten Ablauf auf eine sequentielle Verarbeitung. Die Ablaufbeschreibung in einem Aktivitätennetz ist somit

- inkrementell, da sich der Ablauf schrittweise bei der Ausführung ergibt, und
- ergebnisabhängig, da die Ausführungsergebnisse einzelner Aktivitäten den weiteren Verlauf eines Ablaufs bestimmen.

Ein verzweigter Ablauf mit parallelen Pfaden wird an der zusammenführenden Aktivität synchronisiert. In Abbildung 6-2 soll Aktivität A_l in einem konkreten Ablauf erst dann ausgeführt werden, wenn beide Aktivitäten A_j und A_k beendet sind. Für die Synchronisation werden die zu einem Ablauf gehörenden Aufgaben unterschiedlicher Vorgängeraktivitäten zusammengeführt.

Die Aufgaben repräsentieren den aktuellen Fortschritt eines konkreten Ablaufs. Neben dem Anstoßen einer Aktivität erfüllt eine Aufgabe den Zweck, den notwendigen Kontext für eine Aktivitätenausführung bereitzustellen. Dazu sind die Aufgaben mit Parametern versehen, die festlegen, was verarbeitet werden soll. Wie eine Aufgabe bearbeitet wird und welche (Anwendungs-)Daten dabei verarbeitet werden, ist Bestandteil der Definition der Aktivitäten und gehört nicht zur Ablaufbeschreibung. Die Identifikation und Bereitstellung der zu verarbeitenden Anwendungsdaten muß durch die beschreibenden Parameter einer konkreten Aufgabe möglich sein. Die Parameter der Aufgaben stellen somit die Schnittstelle zur Datenverwaltung dar, sind jedoch als Kontrolldaten von den eigentlichen Anwendungsdaten zu trennen.

6.1.3   Einordnung und Bewertung

Eine Einordnung des eingeführten anwendungsorientierten Verarbeitungsmodells als Modellansatz für geregelte arbeitsteilige Anwendungen soll anhand der Alternativen zur Beschreibung von Abläufen erfolgen. In Abschnitt 4.4.2 haben sich als wichtigste Kriterien bei der Ablaufbeschreibung die beiden nachfolgenden Punkte herausgestellt:

- Definition der Ablaufstrukturen und
- die Kommunikation zwischen den Aktivitäten.

Entsprechend der Geregeltheit einer Anwendung werden im vorliegenden Verarbeitungsmodell die Ablaufstrukturen explizit festgelegt, indem im Aktivitätennetz das Versenden von Aufgaben an Nachfolgeraktivitäten auf Typ-Ebene definiert wird. Die Beschreibung des Aufgabenflusses erfolgt aus aktivitätenorientierter Sicht. Da die Aufgaben in den Aufgabenwarteschlangen die Kommunikation zwischen den Aktivitäten realisieren, liegt eine indirekte Kommunikation zwischen den Aktivitäten vor, was sich in der Bipartitheit des Aktivitätennetzes äußert. Die lose Verkettung der Aktivitäten durch Aufgaben kommt der Vorstellung der Aktivitäten als unabhängige Verarbeitungseinheiten entgegen, die autonom entworfen wurden und ohne Einfluß anderer Aktivitäten eine definierte Funktionalität erbringen können. Die Aufgaben fungieren zum einen als Aufforderung zur Ausführung einer Aktivität zu fungieren und ermöglichen zum anderen den Datenaustausch zwischen den Aktivitäten, indem die Parameter einer Aufgabe die Identifikation und Bereitstellung der von einer Aktivität zu verarbeitenden Anwendungsdaten spezifizieren.

Die Bewertung des eingeführten Verarbeitungsmodells erfolgt anhand der Anforderungen an eine Systemunterstützung für geregelte arbeitsteilige Anwendungssysteme (siehe Abschnitt

3.2.1). Diese Anforderungen haben sich aus der Geregeltheit und Arbeitsteiligkeit einer Anwendung ergeben und können in die beiden Klassen Ablaufsteuerung und Datenverwaltung unterteilt werden. Bevor auf diese Anforderungen eingegangen wird, sollen grundsätzlich zwei herausragende Merkmale des gewählten Ansatzes hervorgehoben werden:

- Bei dem Ansatz handelt es sich um eine konsequente Verfolgung des Konzepts der Mehrebenenprogrammierung, wie es in Abschnitt 4.2 als operative Zusammensetzung eingeführt wurde. Die eigentliche Verarbeitung, d. h. die algorithmischen Aspekte in den Aktivitäten, wird von der Beschreibung der Abläufe getrennt. Eine Aktivität bzw. ihre Aktion kann durch ein einfaches sequentielles Programm realisiert sein; die Ablaufbeschreibung regelt die Eingliederung dieser Aktivität in einen größeren Zusammenhang.

- Die Kommunikation zwischen den Aktivitäten über Aufgaben ermöglicht eine integrierte Betrachtung des Kontroll- und Datenflusses zwischen den Aktivitäten in einer Anwendung und schafft gleichzeitig eine klare Schnittstelle zwischen der Ablaufsteuerung und der Datenverwaltung.

Das Verarbeitungsmodell in den Aktivitätennetzen betrachtet den Kontroll- und Datenfluß zwischen den Aktivitäten. Die Definition der Aktivitätennetze enthält die Beschreibung der Aktivitäten mit den ausführenden Anwendungssystemen (Aktionen) und den zur Ausführung notwendigen Betriebsmitteln, insbesondere den zu verarbeitenden Anwendungsdaten. Auf dieser Basis können mit dem vorgeschlagenen Verarbeitungsmodell nachfolgende Anforderungen erfüllt werden:

- Die Abläufe werden automatisiert, indem die Aktivitäten aufgabenbasiert angestoßen und spezifisch mit den notwendigen Anwendungsdaten versorgt werden; bei interaktiven Aktivitäten beschränkt sich die Automation auf die Benachrichtigung, Führung und Unterstützung des Benutzers.

- Die Kapselung von Aktionen in Aktivitäten entlastet den Benutzer von der Initialisierung der Aktionen und der Datenbereitstellung (Funktions- und Datenunabhängigkeit).

- Die Koordination von Ablaufsteuerung und Datenverwaltung in den Aufgaben vermeidet Störungen in den Abläufen aufgrund von Dateninkonsistenzen, fehlenden Daten oder mangelnder Datenaktualität.

- Die systemgestützte Abwicklung von Abläufen ermöglicht durch entsprechende Protokollierungsmaßnahmen eine Unterstützung der Benutzer beispielsweise bei der Fehlerbehandlung.

Die Nutzeffekte einer Systemunterstützung für geregelte arbeitsteilige Anwendungen wurden bereits in Abschnitt 3.2.2 herausgearbeitet. Sie können durch eine geeignete Implementierung des vorgestellten Verarbeitungsmodells vollständig realisiert werden.

6.2   Beschreibung einer Aktivität

Ein wesentliches Element des im vorangegangenen Abschnitt vorgestellten Verarbeitungsmodells für geregelte arbeitsteilige Anwendungen ist der Begriff einer Aktivität. Der Aufbau
einer Aktivität wird nachfolgend zunächst im Überblick dargestellt, bevor auf die einzelnen
Beschreibungselemente einer Aktivität eingegangen wird.

6.2.1   Aufbau einer Aktivität

Eine Aktivität in einem Aktivitätennetz umfaßt ein ausführbares Anwendungssystem und
verschiedene Vor- und Nachbereitungsschritte, welche einerseits das vorgestellte anwendungsorientierte Verarbeitungsmodell realisieren und andererseits eine Integration der ausführenden
Anwendungssysteme in das Ablaufkontrollsystem ermöglichen. Entsprechend der Theorie
der Kontrollsphären von Davies entspricht eine Aktivität einer Kontrollsphäre, bei der die
Vor- und Nachbereitungsschritte eine "logische Hülle" um das ausführende Anwendungssystem bilden (siehe Abschnitt 4.2.2). Die umhüllten Anwendungssysteme stellen eine
definierte Funktionalität zur Ausführung bestimmter Aufgaben bereit, während die Vor- und
Nachbereitungsschritte den zur Verarbeitung notwendigen Kontext erzeugen. Abbildung 6-3
zeigt eine strukturierte Darstellung aller Vor- und Nachbereitungsschritte einer Aktivität
([ReWe 92a], [ReWe 92b]).

Die Vor- und Nachbereitungsschritte einer Aktivität lassen sich in die nachfolgenden Bereiche
unterteilen, deren Zusammenhang zunächst erläutert werden soll, bevor anschließend näher
auf die Einzelelemente eingegangen wird:

- Aufgabenzusammenführung,
- Aufgabenwarteschlange,
- Vorbereitung der Aktionsausführung,
- Nachbereitung der Aktionsausführung und
- Aufgabenverteilung.

Jede Aktivität verfügt über eine Aufgabenwarteschlange, um die zur Bearbeitung anstehenden
Aufgaben puffern zu können. Die Warteschlange kann nach einer bestimmten Abarbeitungsstrategie zur Verarbeitung der anstehenden Aufgaben organisiert sein und dient auch dazu,
einzelne Aufgaben von Vorgängeraktivitäten bis zum Eintreffen entsprechender Aufgaben
anderer Vorgängeraktivitäten zu verzögern, um einen verzweigten Ablauf zusammenführen
zu können (Aufgabenzusammenführung). Wurde eine Aufgabe in der Warteschlange zur
Ausführung ausgewählt, werden Ausführungsbedingungen bezüglich der ausgewählten Auf-

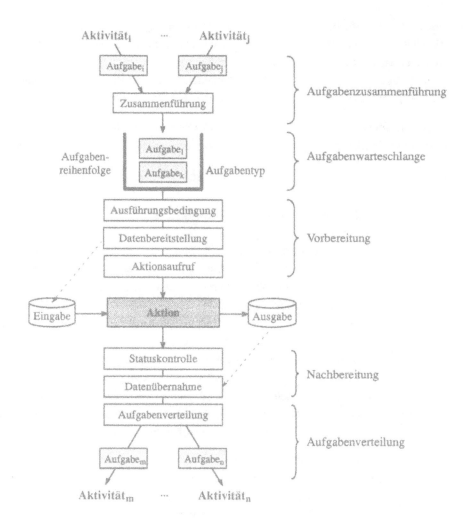

Abbildung 6-3:   Aufbau einer Aktivität

gabe überprüft. Sind die Ausführungsbedingungen nicht erfüllt, bleibt die ausgewählte Aufgabe in der Warteschlange und die nächste Aufgabe wird zur Bearbeitung ausgewählt. Bei positivem Ergebnis der Bedingungsauswertung werden die zu verarbeitenden aufgabenspezifischen globalen Anwendungsdaten in einem für das Anwendungssystem geeigneten Format bereitgestellt. Anschließend wird das Anwendungssystem aktiviert und die Ausführung der Aufgabe überwacht. Das Anwendungssystem verarbeitet die Eingabedaten und produziert Ausgabedaten. Die produzierten Ausgabedaten, die unter Umständen als Eingaben für nachfolgende Aktivitäten relevant sind, werden in den globalen Datenbestand des Ablaufkontrollsystems übernommen, um sie nachfolgenden Aktivitäten bereitstellen zu können. Die anschließende Aufgabenverteilung versendet in Abhängigkeit vom Ausführungsstatus der Aktivität (Abbruch, Fehler, etc.) und dem produzierten Ergebnis der Aufgabenverarbeitung Aufgaben an die nachfolgenden Aktivitäten. Sämtliche Aufgaben, die aus der Bearbeitung einer Aufgabe in einer ersten Aktivität (Startaktivität) entstanden sind, bilden eine Einheit und repräsentieren in ihrer Historie einen konkreten Ablauf durch das Aktivitätennetz.

In den nachfolgenden Abschnitten werden die einzelnen Beschreibungselemente einer Aktivität detailliert beschrieben. Hinsichtlich der Aufgabenzusammenführung sei auf Abschnitt 6.3.2 verwiesen.

6.2.2   Aufgabentyp und Aufgabenwarteschlange

Eine Aufgabe ist eine Aufforderung zur Ausführung einer Aktivität. Im Hinblick auf die Automation der Abläufe handelt es sich bei den Aufgaben um strukturierte Nachrichten eines definierten Aufgabentyps. Die Aufgabeninstanzen werden kurz als Aufgaben bezeichnet. Eine Aufgabe beschreibt, *was* von einer Aktivität in einem konkreten Ablauf bearbeitet werden soll. Das *wie* der Ausführung und insbesondere welche Anwendungsdaten dazu notwendig sind, ist Bestandteil einer näheren Spezifikation der Aktivität selbst. Die Aufgaben dienen lediglich der Kommunikation zwischen den Aktivitäten. Anhand des Inhalts der verschickten Aufgaben muß es möglich sein, den notwendigen Ablaufkontext für die Ausführung einer Aktivität zu identifizieren, zu selektieren und aufbereitet bereitzustellen. Die dazu notwendigen Anwendungsdaten werden nicht mit den Aufgaben zwischen den Aktivitäten verschickt, sondern auf der Ebene der Datenverwaltung ablaufneutral bereitgestellt.

Jede Aktivität verfügt über eine Aufgabenwarteschlange, in der die zu bearbeitenden Aufgaben einer Aktivität zur Ausführung anstehen. Die Auswahl einer Aufgabe aus der Warteschlange erfolgt nach einer zu definierenden Abarbeitungsstrategie, z.B. FIFO, LIFO oder prioritätengesteuert. Das Überschreiten einer maximalen Verweildauer einer Aufgabe in der Warteschlange kann durch eine Zeitüberwachung festgestellt und durch entsprechende Alarmmechanismen (Benachrichtigung eines Benutzers, Weiterleiten der betreffenden Aufgabe an eine andere Aktivität, etc.) verhindert werden.

Hinsichtlich der Kontrolle und Steuerung der Abläufe durch das Aktivitätennetz stellt die Aufgabenwarteschlange zwei Zielsetzungen sicher:

- Innerhalb eines Ablaufs werden die Aufgaben im Falle der Zusammenführung eines verzweigten Ablaufs verzögert, bis die entsprechenden Aufgaben sämtlicher notwendiger Vorgängeraktivitäten eingetroffen sind (siehe Abschnitt 6.3.2).

- In einer Aufgabenwarteschlange treffen Aufgaben unterschiedlicher Abläufe aufeinander und konkurrieren um die Belegung der Aktivität. Die Zuteilung der Aktivität bzw. der

ausführenden Aktion an einen Ablauf erfolgt nach einer definierbaren Abarbeitungsstrategie. Die Aufgabenwarteschlange bewirkt somit eine ablaufübergreifende Synchronisation.

6.2.3   Vorbereitung der Aktionsausführung

Die Vorbereitungsschritte zur Aktionsausführung realisieren zusammen mit den in Abschnitt
6.2.5 beschriebenen Nachbereitungsschritten die Schnittstelle zwischen dem Ablaufkontrollsystem und den ausführenden Aktionen. Sobald eine Aufgabe in der Aufgabenwarteschlange
zur Ausführung bestimmt ist, werden die Vorbereitungsschritte angestoßen. Sie umfassen

- die Überprüfung der Ausführungsbedingungen,
- die Datenbereitstellung und
- den Aufruf der Aktion.

Bei den Ausführungsbedingungen kann zwischen Parameter- und Umgebungsbedingungen
unterschieden werden. Parameterbedingungen betreffen die Ausführbarkeit einer Aufgabe.
Die Umgebungsbedingungen beziehen sich dagegen auf die systemtechnische Ausführungsumgebung, zu der Auslastungs- und Zeitbeschränkungen sowie Zugriffsrechte gehören. Im
Falle einer nicht erfüllten Ausführungsbedingung kann die Aufgabe nicht ausgeführt werden
und wird beispielsweise erneut in die Aufgabenwarteschlange eingereiht.

Die zu verarbeitenden Anwendungsdaten sind der entsprechenden Aktion bei erfüllten Ausführungsbedingungen einer ausgewählten Aufgabe bereitzustellen. Die Parameter der Aufgabe
ermöglichen dabei die Identifikation der bereitzustellenden Anwendungsdaten aus dem
globalen Datenbestand, der aus der Verarbeitung der Vorgängeraktivitäten aufgebaut wurde.
Die selektierten Daten werden aus dem globalen Datenbestand extrahiert und durch Konver-
tierungen und Formatierungen in eine aktionsspezifische Form gebracht.

Nachdem mit der Datenbereitstellung die entsprechende fallspezifische Ausführungsumgebung einer Aktion erzeugt ist, wird die Aktion als ausführbares Anwendungssystem
aufgerufen. Der Aufruf der Aktion erfolgt gemäß ihrer kommandoorientierten Schnittstelle.

6.2.4   Klassifikation der Aktivitäten

Das Eintreffen einer Aufgabe an einer Aktivität stellt eine Aufforderung zur Ausführung
der Aktivität dar. Die zeitliche Beziehung zwischen dem Eintreffen der Aufgabe und dem
eigentlichen Starten der dazugehörenden Aktion wird unter anderem vom Typ der jeweiligen

Aktivität bestimmt. Je nachdem, ob eine interaktive oder eine automatische Aktivität vorliegt, führen die Aufgaben in unterschiedlicher Weise zum Starten der Aktivität (Abbildung 6-4):

- interaktive Aktivität: die Auswahl einer Aufgabe in einer Aufgabenwarteschlange durch einen Benutzer stellt das Ereignis zum Starten der Aktivität dar;
- automatische Aktivität: das Anstehen einer Aufgabe entsprechend der Abarbeitungs-strategie der Warteschlange entspricht dem Ereignis zum Starten der Aktivität.

Zusätzlich kann für beide Typen von Aktivitäten differenziert werden, ob eine oder mehrere aktive Programmausführungen gleichzeitig möglich sind. Bei interaktiven Aktivitäten entspricht dies der Unterscheidung in Ein- und Mehrbenutzerbetrieb; im Falle von automa-tischen Aktivitäten kann eine synchrone oder asynchrone Aufgabenverarbeitung festgelegt werden. Synchrone Verarbeitung bedeutet, daß das Kontrollsystem das Ende einer Aufgaben-verarbeitung abwartet, bevor die nächste Aufgabe zur Bearbeitung ausgewählt wird; bei asynchroner Verarbeitung kann die Bearbeitung einer weiteren Aufgabe schon angestoßen werden, wenn die Bearbeitung der letzten Aufgabe noch nicht abgeschlossen ist.

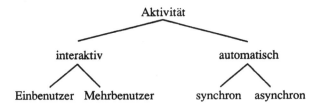

Abbildung 6-4:   Klassifikation der Aktivitäten

6.2.5   Nachbereitung der Aktionsausführung

Die Nachbereitung der Aktionsausführung kommt nach Beendigung der mit der durch-geführten Aufgabe korrespondierenden Aktion zum Tragen. Die Anforderungen an die Nachbereitung umfassen

- die Überprüfung des Ausführungsstatus der Aufgabenverarbeitung und
- die Übernahme der bei der Ausführung produzierten Ergebnisse in den gemeinsamen Datenbestand.

Nach Abschluß einer Aufgabenverarbeitung können drei Ausführungsstatus unterschieden werden, auf die das Ablaufkontrollsystem in der Regel unterschiedlich reagieren muß:

- erfolgreiche Bearbeitung: die Aufgabenverarbeitung ist beendet, Ergebnisdaten wurden produziert;

- kontrollierter Abbruch: die Aufgabenverarbeitung wurde abgebrochen, es konnten keine Ergebnisdaten erstellt werden, da ein Fehler in der Anwendung vorliegt;

- unkontrollierter Abbruch: die Aufgabenverarbeitung wurde unkontrolliert abgebrochen (z. B. Systemabsturz oder Maschinenfehler).

Führt die Bearbeitung einer Aufgabe zu einem Fehler, so sind in Abhängigkeit von der Art des Fehlers und dem Typ der Aktivität Korrekturmaßnahmen zu ergreifen. Korrekturmaßnahmen können den Neustart der Aktivität, das Starten einer Alternativ- oder Ersatzaktivität oder das Weiterleiten der Aufgabe an eine ausgezeichnete Aktivität umfassen.

Bei erfolgreicher Bearbeitung einer Aufgabe werden die erzeugten Ergebnisse der Aktion in den globalen Datenbestand des Ablaufkontrollsystems übernommen. Die Datenübernahme verläuft analog zur Datenbereitstellung: Zunächst werden die erzeugten Daten, die in aktionsspezifischer Form vorliegen, selektiert und anschließend nach Konvertierungs- und Formatierungsmaßnahmen in den globalen Datenbestand eingebracht.

6.2.6 Aufgabenverteilung

Ein Ablauf im Aktivitätennetz kommt durch das Versenden von Aufgaben an Nachfolgeraktivitäten zustande und stellt eine dynamische Aktivitätenverkettung sicher. Nach Beendigung einer Aktionsausführung werden im Rahmen der Verarbeitung der aktuellen Aufgabe Aufgaben für die Nachfolgeraktivitäten erzeugt und an diese übermittelt. Das Generieren und Verschicken der Aufgaben geschieht in Abhängigkeit vom Ausführungsstatus und den produzierten Daten der Aktionsausführung. Die Berücksichtigung des Ausführungsstatus ist notwendig, da im Falle einer erfolgreichen Aufgabenverarbeitung eine andere Aufgabenverteilung erfolgen soll als bei einem kontrollierten Abbruch.

Durch die Aufgabenverteilung werden die Beziehungen zu den Nachfolgeraktivitäten festgelegt. Der Mechanismus der Aufgabenverteilung deckt alle relevanten Ablaufstrukturen zwischen Aktivitäten ab: Sequenz, parallele und bedingte Verzweigung. Auf diese Ablaufstrukturen wird ausführlich im nachfolgenden Abschnitt 6.3 eingegangen.

6.3 Aktivitätennetze und Abläufe

Nachdem im vorangegangenen Abschnitt der Aufbau einer einzelnen Aktivität beschrieben wurde, wird in diesem Abschnitt die Zusammensetzung mehrerer Aktivitäten zu Aktivitätennetzen erläutert. Es werden zunächst die bei der Zusammensetzung von Aktivitäten entstehenden Strukturen aufgezeigt und anschließend die möglichen Strukturen konkreter Abläufe in Aktivitätennetzen untersucht.

6.3.1   Struktureller Aufbau von Aktivitätennetzen

Ein Aktivitätennetz entsteht durch die Verknüpfung der Aktivitäten einer Anwendung. Die Verknüpfung der Aktivitäten wird in der Aufgabenverteilung der einzelnen Aktivitäten spezifiziert. In diesem Abschnitt werden zunächst die grundlegenden Eigenschaften von Aktivitätennetzen untersucht und anschließend deren Strukturierungsmittel beschrieben.

Jedes Aktivitätennetz besitzt zwei ausgezeichnete Aktivitäten, eine Start- und eine End-aktivität. Die Startaktivität dient dem initialen Erzeugen von Abläufen und damit dem Starten von Abläufen durch ein Aktivitätennetz. Die Endaktivität dagegen erzeugt keine neuen Aufgaben, so daß sämtliche Abläufe eines Aktivitätennetzes in der Endaktivität beendet werden. Die Start- und Endaktivität legen somit fest, daß sämtliche Abläufe durch das Aktivitätennetz in der gleichen Startaktivität beginnen und in der gleichen Endaktivität enden.

Für die Aktivitäten und deren Verbindungen (Kanten) in einem Aktivitätennetz wird gefordert, daß es zu jeder Aktivität und jeder Kante im Aktivitätennetz mindestens einen geschlossenen Pfad von der Start- zur Endaktivität geben muß, in dem diese Aktivität oder Kante enthalten ist. Dies bedeutet zum einen, daß es in einem Aktivitätennetz keine Sackgassen gibt, und zum anderen, daß jede Aktivität außer der Startaktivität mindestens eine Vorgängeraktivität besitzt und jede Aktivität außer der Endaktivität mindestens eine Nachfolgeraktivität.

Neben den zu beachtenden grundlegenden Netzeigenschaften können Aktivitätennetze durch nachfolgende Strukturierungsmittel aufgebaut werden:

- Ablaufstrukturen zwischen Aktivitäten und
- schrittweise Verfeinerung komplexer Aktivitäten.

Die Ablaufstrukturen zwischen den Aktivitäten repräsentieren die Geschieht-vor-Relation zwischen den Aktivitäten (siehe Abschnitt 5.4.2). Je nach Anzahl der Nachfolgeraktivitäten einer Aktivität werden die Ablaufstrukturen

- Sequenz $A_i \rightarrow A_j$
- und Verzweigung $A_i \rightarrow (A_{j1} \wedge ... \wedge A_{jn})$
  mit Zusammenführung $(A_{k1} \wedge ... \wedge A_{kn}) \rightarrow A_l$

unterschieden. Bei der sequentiellen Beziehung erzeugt eine Aktivität A_i Aufgaben für genau eine Nachfolgeraktivität A_j, bei einer Verzweigung dagegen gibt es mehr als eine Nachfolger-aktivität, an die Aufgaben geschickt werden ($A_{j1} \wedge ... \wedge A_{jn}$). Zu jeder Verzweigung gehört eine symmetrische Zusammenführung.

Der Aufbau von Aktivitätennetzen ist durch eine symmetrische Verzweigung und Zusammenführung gekennzeichnet. Abbildung 6-5 verdeutlicht dieses Prinzip der symmetrischen Blockstrukturierung. Die Aufgabenwarteschlangen der Aktivitäten wurden aus Gründen der Übersicht nicht in die Abbildung aufgenommen. Zu jeder n-fachen Verzweigung gehört eine
n-fache Zusammenführung. Die Verzweigung ermöglicht die parallele Ausführung der nachfolgenden Aktivitäten. Bei der Zusammenführung müssen alle in der Verzweigung erzeugten
Aufgaben abgeschlossen sein. Symmetrische Blöcke können geschachtelt werden, wodurch
jedoch keine Hierarchisierung entsteht (siehe schrittweise Verfeinerung von Aktivitäten am
Ende dieses Abschnitts).

Die symmetrische Blockstrukturierung stammt aus dem Bereich der blockorientierten
Programmiersprachen, bei denen sogenannte nebenläufige Blöcke als strukturiertes pro-
grammiersprachliches Mittel zur expliziten Beschreibung von Nebenläufigkeit eingeführt
wurden ([Dijk 68], [HeHo 89], [Bräu 93]). Die Vorteile der Programmierung mit nebenläufigen Blöcken liegen in der Eindeutigkeit der Struktur, da die Verzweigung und Zusammenführung des Kontrollflusses an jeweils einem ausgezeichneten Punkt erfolgt. Dadurch werden
nur Kontrollflüsse mit regelmäßiger Schachtelung erlaubt. Ein mächtigeres, aber gleichzeitig
unübersichtlicheres Ausdrucksmittel für Nebenläufigkeit bilden die Fork- und Join-
Anweisungen nach Dennis/van Horn ([DeHo 66]). Im Vergleich zur symmetrischen Blockstrukturierung würde dieser Ansatz auch die Beschreibung von Kontrollflüssen mit unregel-
mäßiger Schachtelung erlauben.

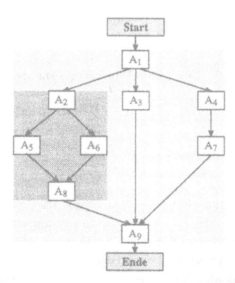

Abbildung 6-5:   Symmetrische Blockstrukturierung in Aktivitätennetzen

Bei den geregelten arbeitsteiligen Anwendungen handelt es sich um hochkomplexe, umfangreiche Anwendungssysteme, so daß ein hierarchischer Entwurf von Aktivitätennetzen durch
schrittweise Verfeinerung ein wesentliches Strukturierungsmittel darstellt. Der eingeführte
Verfeinerungsmechanismus orientiert sich am SADT-Ansatz, wie er in Abschnitt 4.1.3 aufgezeigt wurde. Der hierarchische Entwurf von Aktivitätennetzen geht in der Weise vonstatten,
daß eine komplexe Aktivität auf Ebene n durch ein Aktivitätennetz (Verfeinerungsnetz) auf
Ebene n+1 verfeinert wird (Abbildung 6-6). Im Zuge eines Verfeinerungsschrittes ist das
Verhältnis zwischen der zu verfeinernden Aktivität auf Ebene n und dem verfeinernden
Aktivitätennetz auf Ebene n+1 festzulegen. In der vorliegenden Arbeit wird gefordert, daß
es sich bei einem Verfeinerungsnetz um ein vollständiges Aktivitätennetz mit Start- und
Endaktivität handeln muß. Die Startaktivität auf Ebene n+1 fungiert als initiale Aktivität,
welche die Ausführung der komplexen Aktivität aus Ebene n auf Ebene n+1 initiiert. Die
Endaktivität zeigt als finale Aktivität das Ende der Aufgabenverarbeitung an die Ebene n
an.

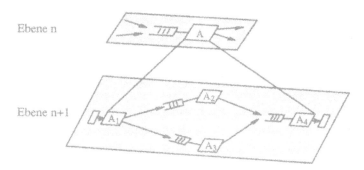

Abbildung 6-6:   Schrittweise Verfeinerung komplexer Aktivitäten

6.3.2   Abläufe in Aktivitätennetzen

Ein Aktivitätennetz definiert einen Ablauftyp, dessen Ausprägungen den verschiedenen
konkreten Abläufen durch das komplexe Anwendungssystem entsprechen. Die konkreten
Abläufe durch ein Aktivitätennetz folgen dem Aufbau eines Aktivitätennetzes, können sich
jedoch im Rahmen der Typbeschreibung strukturell unterscheiden. In diesem Abschnitt wird
zunächst der Begriff des Ablaufs durch ein Aktivitätennetz konkretisiert und anschließend
auf die möglichen Strukturen von Abläufen in Aktivitätennetzen eingegangen. Dabei wird
zwischen netzbedingten Strukturen und Strukturen unterschieden, die aufgrund der mengen-

orientierten Aufgabenverteilung entstehen. Der letzte Teil dieses Abschnitts beschreibt verschiedene Formen der Zusammenführung von Ablaufverzweigungen.

6.3.2.1 Begriff eines Ablaufs

Ein Ablauf wird durch die Aufgabenverarbeitung in der Startaktivität initiiert und anschließend durch das Versenden von Aufgaben an die im Aktivitätennetz spezifizierten Nachfolgeraktivitäten, die bei diesen Aktivitäten wiederum zu Aufgabenverarbeitungen und -verteilungen führen, schrittweise aufgebaut. Sämtliche Aufgaben, die aus der Bearbeitung einer Aufgabe (Wurzelaufgabe) in der Startaktivität entstanden sind, bilden eine Einheit und repräsentieren in ihrer Historie einen konkreten Ablauf durch das Aktivitätennetz. Die einzelnen Abläufe durch ein Aktivitätennetz sind eindeutig identifizierbar und unterscheidbar.

Die Struktur der konkreten Abläufe wird durch die Ablaufstrukturen zwischen den Aktivitäten im Aktivitätennetz und die Aufgabenverteilung nach der Bearbeitung einer Aufgabe in einer Aktivität festgelegt. Die Startaktivität wird durch eine externe Aufgabe (externes Ereignis) ausgelöst, während sämtliche Aktivitäten des Netzes außer der Startaktivität durch Aufgaben von Vorgängeraktivitäten angestoßen werden. Die Aufgaben in den Warteschlangen eines Aktivitätennetzes zeigen den aktuellen Fortschritt aller Abläufe an. Jede Aufgabe in einer Aufgabenwarteschlange gehört eindeutig zu einem Ablauf, während der aktuelle Stand eines Ablaufs unter Umständen durch mehrere Aufgaben repräsentiert wird.

Der hier eingeführte Begriff eines Ablaufs in einem Aktivitätennetz wird durch das in Abbildung 6-7 gezeigte Beispiel verdeutlicht. Die Abbildung zeigt ein Aktivitätennetz für

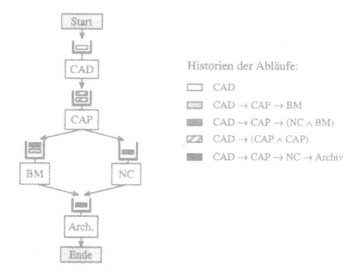

Abbildung 6-7:   Beispielabläufe in einem Aktivitätennetz

die in Kapitel 2 beschriebene geregelte arbeitsteilige Anwendung, welches die Abwicklung der Planungsaufträge im Bereich Technik und Arbeitsvorbereitung des Produktionsbetriebes beschreibt. Die konkreten Abläufe durch das Netz entsprechen den tatsächlichen Planungsaufträgen. Die Aktivitäten "CAD" bzw. "Archivierung" sind als Start- bzw. Endaktivität gekennzeichnet. Das Eintreffen eines externen Planungsauftrages ist das Ereignis zum Auslösen der Startaktivität, das zum Starten eines Ablaufs durch das Aktivitätennetz führt. Die unterschiedlichen Schraffierungen der Aufgaben in den Aufgabenwarteschlangen des Netzes deuten die Zugehörigkeit der Aufgaben zu verschiedenen Abläufen an.

In den Aufgabenwarteschlangen der Aktivitäten treffen unterschiedliche Abläufe des gleichen Ablauftyps aufeinander, die um die Belegung der Aktivitäten als Ressourcen konkurrieren. Ein Ablauf in sich repräsentiert in seinem Fortschritt die arbeitsteilige Bearbeitung einer Aufgabenstellung durch verschiedene Aktivitäten. In Abschnitt 5.4 wurden Kooperation und Konkurrenz als zwei Paradigmen der Interaktion aktiver Elemente eingeführt. Kooperation wurde dabei allgemein als Zusammenarbeit beschrieben, Konkurrenz dagegen als Wettbewerb isolierter Einheiten, die gleichzeitig eine gemeinsame Ressource benutzen wollen. In Aktivitätennetzen ist Kooperation in der arbeitsteiligen Bearbeitung von Aufgaben ·in der Historie eines Ablaufs zu finden; Konkurrenz dagegen entsteht zwischen isolierten Abläufen, die in den Aufgabenwarteschlangen um die Belegung der Aktivitäten konkurrieren.

6.3.2.2   Strukturen konkreter Abläufe

In einem Aktivitätennetz werden Ablaufstrukturen zwischen Aktivitäten beschrieben. Entlang dieser Ablaufstrukturen können Aufgaben in konkreten Abläufen fließen, wodurch die Struktur konkreter Abläufe festgelegt wird. Neben diesen netzbedingten Einflüssen auf die Struktur konkreter Abläufe wirkt sich auch die mengenorientierte Aufgabenverteilung zwischen den Aktivitäten auf die Struktur konkreter Abläufe aus. In diesem Abschnitt werden beide Einflußfaktoren auf die Struktur konkreter Abläufe ausgearbeitet.

Die Anzahl der verschickten Aufgaben zwischen zwei Aktivitäten hat enormen Einfluß auf die Struktur eines Ablaufs: es können eine, mehrere, aber auch keine Aufgaben zwischen zwei Aktivitäten in einem konkreten Ablauf übertragen werden. Die Einflußfaktoren auf die Aufgabenverteilung - Ausführungsstatus und erzeugte Ergebnisdaten - wurden bereits in Abschnitt 6.2.6 aufgezeigt.

Die mengenorientierte Aufgabenverteilung hat zur Konsequenz, daß sich erst bei einem konkreten Ablauf entscheidet, ob eine Verzweigung in einem Aktivitätennetz eine bedingte oder eine parallele Verzweigung darstellt. Werden bei einer Verzweigung nur an eine einzige Nachfolgeraktivität Aufgaben verschickt, so handelt es sich um eine bedingte Verzweigung, ansonsten um eine parallele. An der Struktur eines Aktivitätennetzes ist somit nicht erkennbar, ob es sich in einem konkreten Ablauf um eine bedingte oder parallele Verzweigung handeln wird. Entsprechend der Verzweigung in einem konkreten Ablauf ergibt sich die Notwendigkeit der Zusammenführung eines Ablaufs. Die Zusammenfassung der beiden Verzweigungsformen auf Netzebene ist erforderlich, da sich in zahlreichen Anwendungen die Form der Verzweigung erst im konkreten Ablauf ergibt (siehe Abschnitt 2.1.3).

Abbildung 6-8 zeigt mögliche Ablaufstrukturen auf Netzebene und konkreter Ablaufebene, wobei der Einfachheit halber jeweils nur eine Aufgabe zwischen den Aktivitäten verschickt werden soll. Beim sequentiellen Ablauf erzeugt Aktivität A_i eine Aufgabe für die Nachfolgeraktivität A_j. Für eine Verzweigung auf Aktivitätennetzebene an der Aktivität A_i zeigt die Abbildung je einen bedingten und einen parallelen Ablauf. Bei der bedingten Verzweigung wird lediglich an eine der n Nachfolgeraktivitäten eine Aufgabe verschickt, bei der parallelen Verzweigung dagegen an m ≤ n Nachfolgeraktivitäten. Während beim bedingten Ablauf die Zusammenführung entfällt, wird beim parallelen Ablauf der verzweigte Ablauf an der Aktivität A_k zusammengeführt. Dies geschieht dadurch, daß auf Aufgaben aus den entsprechend der vorangegangenen Verzweigung definierten Vorgängeraktivitäten gewartet wird und diese Aufgaben anschließend zusammengefaßt werden (siehe Abschnitt 6.3.2.3).

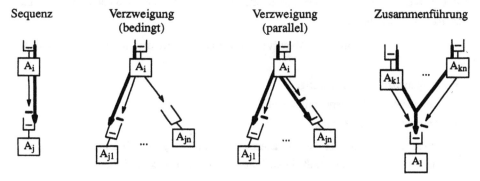

Abbildung 6-8:   Netzbedingte Strukturen von Abläufen in einem Aktivitätennetzen

Die Notwendigkeit einer strikten Unterscheidung zwischen Strukturen auf Aktivitätennetzebene und konkreter Ablaufebene wird bei der Einbeziehung der mengenorientierten Aufgabenverteilung deutlich. Die Verarbeitung einer Aufgabe in einer Aktivität kann zu mehreren Aufgaben für eine Nachfolgeraktivität führen, so daß selbst bei einer sequentiellen Struktur auf Netzebene auf konkreter Ablaufebene eine verzweigte Struktur entstehen kann. Abbildung 6-9 zeigt zwei sequentielle Aktivitäten A_1 und A_2, wobei die Verarbeitung der Aufgabe t_1 in der Aktivität A_1 im Beispiel zu drei Aufgaben $t_{2.1}$, $t_{2.2}$ und $t_{2.3}$ für die Aktivität A_2 führt. Die aus der Aufgabe t_1 entstandenen drei Aufgaben $t_{2.1}$, $t_{2.2}$ und $t_{2.3}$ gehören alle zum gleichen Ablauf und werden in der Nachfolgeraktivität A_2 konkurrierend verarbeitet.

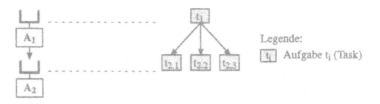

a) Sequentielle Aktivitäten   b) Aufgabenhistorie eines Ablaufs

Abbildung 6-9:   Einfluß der mengenorientierten Aufgabenverteilung auf die
                  Struktur von Abläufen

6.3.2.3   Zusammenführung von Ablaufverzweigungen

Im vorangegangenen Abschnitt wurde die Entstehung konkreter Abläufe sowohl unter den
Vorgaben der Aktivitätennetze als auch unter Berücksichtigung der mengenorientierten Aufgabenverteilung untersucht. Dabei hat sich insbesondere die Verzweigung von Abläufen als
wesentliches Merkmal in Abläufen unter verschiedenen Gesichtspunkten herausgestellt. In
diesem Abschnitt werden nun verschiedene Formen der Zusammenführung von Ablaufverzweigungen eingeführt. Die Definition einer Zusammenführung muß bei der Beschreibung
eines Aktivitätennetzes erfolgen.

Für die Zusammenführung von Ablaufverzweigungen stehen drei Möglichkeiten zur Verfügung:

- Aufgabenzusammenführung,
- kumulierte Aufgabenverteilung und
- Ablaufzusammenführung.

Nachfolgend werden zunächst die Aufgabenzusammenführung und die kumulierte Aufgabenverteilung erläutert; im Anschluß daran wird darauf aufbauend auf die Ablaufzusammenführung eingegangen.

Abbildung 6-10 stellt die *Aufgabenzusammenführung* und die *kumulierte Aufgabenverteilung*
gegenüber. Ausgehend von einer mengenorientierten Aufgabenverteilung zwischen zwei
sequentiellen Aktivitäten A_1 und A_2 bestehen zwei Möglichkeiten einer Zusammenführung
an der Aktivität A_2: Die Aufgaben $t_{2.1}$, $t_{2.2}$ und $t_{2.3}$ werden vor der Verarbeitung zu einer
(Hilfs-)Aufgabe zusammengefaßt und diese eine Aufgabe wird in der Aktivität A_2 verarbeitet
(Aufgabenzusammenführung in Abbildung 6-10a), oder die drei Aufgaben werden jeweils
einzeln in der Aktivität A_2 verarbeitet, aber es wird in A_2 lediglich eine einzige Aufgabenverteilung für alle drei Aufgaben zusammen durchgeführt (kumulierte Aufgabenverteilung
in Abbildung 6-10b). Wesentlich für beide Fälle ist, daß für mögliche Nachfolgeraktivitäten
von A_2 jeweils nur eine einzige Aufgabenverteilung stattfindet.

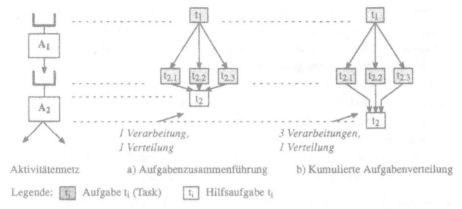

Abbildung 6-10: Einstufige Aufgabenzusammenführung und kumulierte Aufgabenverteilung

Die beiden Konzepte der Aufgabenzusammenführung und kumulierten Aufgabenverteilung lassen sich dahingehend verallgemeinern, daß nicht nur die Aufgaben zusammengeführt werden, die aus einer Aufgabe der unmittelbaren Vorgängeraktivität entstanden sind (Aufgaben $t_{2.1}$, $t_{2.2}$ und $t_{2.3}$ der direkten Vorgängeraufgabe t_1), sondern mehrstufig in der Ablaufhistorie zurückgegangen und somit eine stufenweise Zusammenführung spezifiziert wird. Die Zusammenführung der Aufgaben erfolgt schrittweise entsprechend den Stufen der Vorgängeraufgaben.

Abbildung 6-11 verdeutlicht an einem Beispiel die mehrstufige Aufgabenzusammenführung, analog verläuft die kumulierte Aufgabenverteilung. Die Verarbeitung einer Aufgabe t_0 in der Aktivität A_0 führt zu zwei Aufgaben t_1 und t_1' für Aktivität A_1. Die Verarbeitung dieser

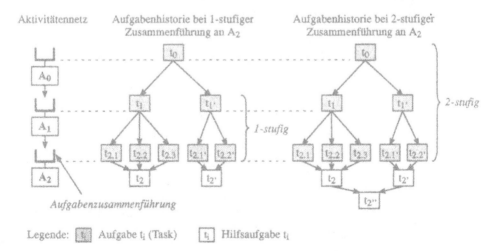

Abbildung 6-11: Mehrstufige Aufgabenzusammenführung bei sequentiellen Aktivitäten

Aufgaben in der Aktivität A_1 zieht jeweils die Aufgaben $t_{2.1}$, $t_{2.2}$ und $t_{2.3}$ bzw. $t_{2.1'}$ und $t_{2.2'}$ für die Aktivität A_2 nach sich. Die Definition einer einstufigen Aufgabenzusammen-führung für die Aktivität A_2 hat zur Konsequenz, daß sämtliche Aufgaben, die aus einer Aufgabe der unmittelbar vorhergehenden Aktivität (Aktivität A_1) entstanden sind, zusammen-geführt werden. Bei der zweistufigen Aufgabenzusammenführung dagegen wird die Auf-gabenhistorie in zwei Stufen zurückverfolgt. Die Zusammenführung der Aufgaben erfolgt stufenweise entsprechend der Rückwärtsverfolgung der Aufgabenhistorie: Die Aufgaben $t_{2.1}$, $t_{2.2}$ und $t_{2.3}$ werden zur Hilfsaufgabe t_2, die Aufgaben $t_{2.1'}$ und $t_{2.2'}$ zur Hilfsaufgabe $t_{2'}$. Anschließend werden diese beiden Hilfsaufgaben t_2 und $t_{2'}$ zur Hilfsaufgabe $t_{2''}$ zusammen-gefaßt, die dann letztendlich von der Aktivität A_2 bearbeitet werden kann.

Die mehrstufige Aufgabenzusammenführung und mehrstufige kumulierte Aufgabenverteilung sind auf sequentielle Strukturen in Aktivitätennetzen beschränkt. Bei einer Verzweigung in einem Aktivitätennetz wird eine sogenannte *Ablaufzusammenführung* notwendig. Nachfolgend wird die Ablaufzusammenführung lediglich für eine einfache Netzverzweigung und -zusammenführung aufgezeigt. Die Verallgemeinerung des Konzepts erfolgt entsprechend dem Konzept der symmetrischen Blockstrukturierung in Aktivitätennetzen (siehe Abschnitt 6.3.1).

Abbildung 6-12 zeigt ein Aktivitätennetz mit einer Verzweigung und Zusammenführung und beispielhaft die Aufgabenhistorie eines Ablaufs. Die Verzweigung beginnt mit der Verar-beitung der Aufgabe t_1 in der Aktivität A_1 und führt zur abgebildeten Aufgabenhistorie, die in der Ablaufzusammenführung in Aktivität A_5 endet. Die Konsequenzen der Netz-

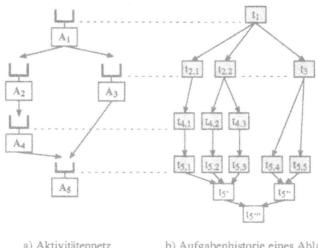

a) Aktivitätennetz   b) Aufgabenhistorie eines Ablaufs

Legende: ▓ Aufgabe t_i (Task) $\boxed{t_i}$ Hilfsaufgabe t_i

Abbildung 6-12: Ablaufzusammenführung

zusammenführung an der Aktivität A_5 hinsichtlich der Struktur der Aufgabenhistorie ist in der Semantik der Ablaufzusammenführung wie folgt festgelegt: Sämtliche Aufgaben, die an der Verzweigungsaktivität A_1 aus einer Aufgabe entstanden sind, müssen verarbeitet sein, bevor mit der Aktivität A_5 der Ablauf fortgesetzt werden kann.

Die Semantik der Ablaufzusammenführung läßt sich mit Hilfe der mehrstufigen Aufgaben-zusammenführung definieren: Für jede Vorgängeraktivität der Zusammenführungsaktivität wird eine mehrstufige Aufgabenzusammenführung bis zur entsprechenden Verzweigungs-aktivität vorgenommen. Im Beispiel der Abbildung 6-12 entsteht somit für die Vorgänger-aktivität A_4 bei einer dreistufigen Aufgabenzusammenführung die Hilfsaufgabe $t_{5'}$ und für die Vorgängeraktivität A_3 bei einer zweistufigen Aufgabenzusammenführung die Hilfsaufgabe $t_{5''}$. Die beiden Hilfsaufgaben $t_{5'}$ und $t_{5''}$ werden letztendlich im Rahmen der Ablauf-zusammenführung zu einer Hilfsaufgabe $t_{5'''}$ für die Aktivität A_5 zusammengefaßt, womit die Verzweigung und Zusammenführung abgeschlossen ist.

Die festgelegte Semantik der Ablaufzusammenführung führt in letzter Konsequenz zu soge-nannten geschachtelten Abläufen, wenn die Verzweigungsaktivität als Startaktivität und die Zusammenführungsaktivität als Endaktivität interpretiert wird. Die durch die symmetrische Blockstrukturierung eingeführten Blöcke entsprechen einem geschachtelten Ablauftyp mit verschiedenen konkreten geschachtelten Abläufen.

7 Architektur des Ablaufkontrollsystems ActMan

Das Ablaufkontrollsystem ActMan realisiert den Kontroll- und Datenfluß in geregelten arbeitsteiligen Anwendungssystemen. In diesem Kapitel wird die Architektur des Ablaufkontrollsystems in ihren einzelnen Teilkomponenten beschrieben, während im anschließenden Kapitel ausgewählte Implementierungsaspekte bei der Realisierung von ActMan aufgezeigt werden. Zunächst wird die Stellung des Ablaufkontrollsystems im Verhältnis zu den zu integrierenden Anwendungssystemen erläutert (Abschnitt 7.1). Anhand der dabei eingeführten Zusatzebene lassen sich die systemtechnischen Anforderungen an das Ablaufkontrollsystem konkretisieren und grundsätzliche Entwurfsentscheidungen aufzeigen. Auf der Basis der getroffenen Entwurfsentscheidungen wird anschließend die softwaretechnische Rahmenarchitektur des Ablaufkontrollsystems ActMan eingeführt (Abschnitt 7.2). Die Rahmenarchitektur schafft einen Überblick über die zu realisierenden Softwarekomponenten und somit über den restlichen Teil des vorliegenden Kapitels.

Das Ablaufkontrollsystem besteht aus den Komponenten Definitions-, Aktivitäten-, Ablaufverwaltungs- und Datensystem. Der Schwerpunkt der Beschreibung des Definitionssystems liegt bei der Einführung einer Beschreibungssprache für Aktivitätennetze (Abschnitt 7.3) und der Verwaltung der Aktivitätenbeschreibungen in einem Systemkatalog. Das Aktivitätensystem realisiert die Abwicklung der Abläufe durch ein Aktivitätennetz (Abschnitt 7.4). Der Kern des Aktivitätensystems wird von einem Triggersystem gebildet. Die Kommunikation zwischen den Aktivitäten erfolgt anhand von Aufgaben, die zwischen den Aktivitäten verschickt werden und in ihrer Historie einen Ablauf bilden. Die Verwaltung der Aufgaben und Abläufe wird vom Ablaufverwaltungssystem realisiert (Abschnitt 7.5). Die Anforderungen an das Datensystem bestehen in der Verwaltung der globalen Anwendungsdaten eines Aktivitätennetzes (Abschnitt 7.6).

7.1 Stellung des Ablaufkontrollsystems zu den Anwendungssystemen

In diesem Abschnitt wird die Stellung des Ablaufkontrollsystems ActMan in einer bestehenden Umgebung von Anwendungssystemen und Benutzern beschrieben. Anhand dieser Einordnung lassen sich die systemtechnischen Anforderungen an das Ablaufkontrollsystem konkretisieren und die grundsätzlichen Entwurfsentscheidungen aufzeigen.

Das Ablaufkontrollsystem zur Steuerung und Überwachung der Abläufe in einem Aktivitätennetz nimmt die Stellung einer Zusatzebene bezüglich der zu integrierenden Anwendungssysteme ein (Abbildung 7-1). Die Abbildung verdeutlicht insbesondere die nachfolgenden beiden Aspekte des Ablaufkontrollsystems:

- Der Zugang der Benutzer zu den interaktiven Aktivitäten erfolgt über das Ablaufkontroll-system, da das Kontrollsystem die anstehenden Aufgaben der Aktivitäten verwaltet. Das Verarbeiten automatischer Aktivitäten wird dagegen vom Ablaufkontrollsystem ohne Benutzereingriffe geregelt (siehe Aktivitätenklassifikation in Abschnitt 6.2.4). Die Abbil-dung 7-1 enthält die Einbenutzeraktivität A_1, die Mehrbenutzeraktivität A_2 sowie die synchrone und asynchrone Aktivität A_3 bzw. A_n.

- Das Ablaufkontrollsystem verwaltet eine logisch zentrale Datenbank, welche die globalen Anwendungsdaten aller Abläufe durch das Aktivitätennetz enthält. Die globalen Daten sind die produzierten Ergebnisse von Vorgängeraktivitäten, die nachfolgenden Aktivitäten zur Verfügung gestellt werden müssen. Lokale Daten, die nur für eine Aktivität von Interesse sind, stehen unter der Verwaltung der einzelnen Anwendungssysteme selbst und werden nicht weiter betrachtet.

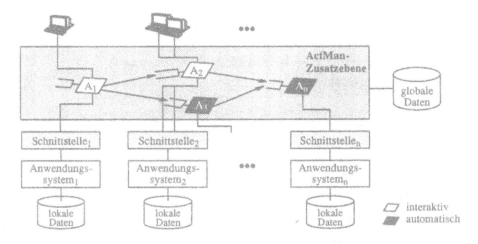

Abbildung 7-1:   Kontroll- und Datenflußsteuerung als Zusatzebenen-Architektur

Die funktionalen Anforderungen an das Ablaufkontrollsystem für Aktivitätennetze bestehen neben der Realisierung des anwendungsorientierten Verarbeitungsmodells für geregelte arbeitsteilige Anwendungen (siehe Abschnitt 6.1) in der Sicherstellung der aufgezeigten Nutzen des Verarbeitungsmodells. Dazu sind nachfolgende grundsätzliche Entwurfsent-scheidungen bezüglich der Aktivitäten, Abläufe und Daten zu treffen:

- Die Anwendungssysteme sind in die Abläufe einzubetten, indem sie entsprechend der Ablaufbeschreibung kontrolliert und mit Anwendungsdaten versorgt werden. Für diese

Form der Einbettung stehen sämtliche Möglichkeiten der Integration von Anwendungssystemen zur Verfügung (siehe Abschnitt 5.7).

- Das Ablaufkontrollsystem ist sowohl für das aktive als auch zuverlässige Abwickeln der
  Abläufe in einem Aktivitätennetz verantwortlich. Aktive Abwicklung bedeutet, daß das
  Ablaufkontrollsystem, falls möglich ohne Benutzereingriffe, die Abläufe durch automatisches Auslösen der anstehenden Aktivitäten fortschaltet; die zuverlässige Abwicklung
  fordert, daß im Fehlerfall eine konsistente Wiederaufsetzbarkeit einer Verarbeitung sichergestellt ist. Für die aktive Abwicklung stehen die Realisierungsmöglichkeiten der ereignisorientierten Programmierung zur Verfügung (siehe Abschnitt 5.6), für die zuverlässige
  Abwicklung der Abläufe wird die transaktionale Verarbeitung herangezogen (siehe
  Abschnitt 5.5).

- Bei der Verwaltung des globalen Datenbestandes ist von einem verteilten System auszugehen. Die Beschreibung der Abläufe in Aktivitätennetzen enthält exakte Angaben
  darüber, wann und wo welche Anwendungsdaten verarbeitet werden. Diese Angaben
  erlauben eine ereignisorientierte verteilte Datenverwaltung nach dem Need-to-Know-
  Verteilungsprinzip (aktivitätenorientierte Datenallokation) mit physischer Datenverfügbar-
  keit und dedizierter Datenaktualisierung (siehe Abschnitt 5.3.3.3).

7.2   Rahmenarchitektur

Auf der Basis der im vorangegangenen Abschnitt eingeführten Zusatzebenen-Architektur
wird nachfolgend die Rahmenarchitektur des Ablaufkontrollsystems ActMan aufgezeigt und
auf die Konfiguration als verteiltes Programm in einem verteilten System eingegangen. Die
Rahmenarchitektur enthält die wesentlichen Softwarekomponenten des Ablaufkontrollsystems
und gibt somit einen Überblick über den weiteren Inhalt von Kapitel 7.

Die Architektur des Ablaufkontrollsystems ActMan ist wesentlich geprägt von den Anforderungen einer aktiven, zuverlässigen Ablaufabwicklung und einer verteilten Datenverwaltung. Abbildung 7-2 zeigt die grundsätzliche Architektur des Ablaufkontrollsystems
ActMan zum Betrieb von Aktivitätennetzen. Die Architektur umfaßt vier Teilkomponenten:

- Definitionssystem,
- Aktivitätensystem,
- Ablaufverwaltungssystem und
- Datensystem.

Diese vier Teilkomponenten werden in der Abbildung den oberen und mittleren Bereichen
Definitions- und Kernsystem zugeordnet. Der untere Abbildungsbereich beschreibt die zu
steuernden und integrierenden Anwendungssysteme.

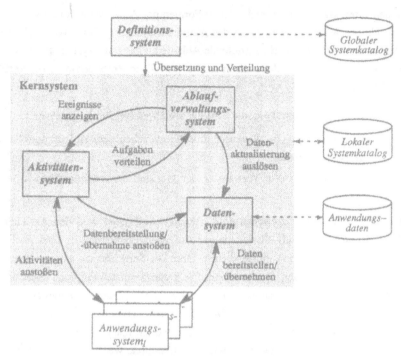

Abbildung 7-2:   Rahmenarchitektur des Ablaufkontrollsystems ActMan

Im *Definitionssystem* (siehe Abschnitt 7.3) erfolgt die Beschreibung des Aktivitätennetzes und der Systemkonfiguration, in der das Netz betrieben werden soll. Die Beschreibungsinformation wird in einem globalen Systemkatalog verwaltet. Das Definitionssystem besteht aus

- einer Aktivitätenbeschreibungssprache ActSpec (*Activity Spec*ification) und
- einer Spezifikationssprache für die Systemumgebung.

Der aktive Betrieb des Aktivitätennetzes erfolgt durch das *Aktivitätensystem* (siehe Abschnitt 7.4), dessen Kern ein Triggersystem bildet. Aus diesem Grund ist die Beschreibung des Aktivitätennetzes in eine Menge von Triggern umzusetzen. Das Triggersystem realisiert das Auslösen der Aktivitäten, indem beim Eintreten eines Ereignisses (Eingang bzw. Auswahl einer Aufgabe zu einer Aktivität) eine Ausführungsbedingung überprüft und bei positivem Ergebnis die entsprechende Aktivität ausgeführt wird. Die Aufgabenverarbeitung in einer Aktivität muß unter Transaktionskontrolle stattfinden, um die konsistente Wiederaufsetzbarkeit im Fehlerfall gewährleisten zu können. Die Bereitstellung der Kontextdaten zur Ausführung einer konkreten Aktivität wird vom Datensystem realisiert.

Das *Ablaufverwaltungssystem* (siehe Abschnitt 7.5) verwaltet die Aufgaben in den Warteschlangen der Aktivitäten und realisiert entsprechend der Aktivitätenbeschreibung die Aufgabenverteilung und die verschiedenen Formen der Zusammenführung verzweigter Abläufe. Anstehende Aufgaben werden an das Aktivitätensystem in Form von Ereignissen gemeldet. Weiterhin müssen rechnerübergreifende Abläufe an das Datensystem gemeldet werden, damit die notwendigen Anwendungsdaten an den jeweiligen Rechnerknoten zur Verfügung gestellt werden können.

Das *Datensystem* (siehe Abschnitt 7.6) hat zwei wesentliche Aufgabenstellungen zu erfüllen:

- die Realisierung der Datenschnittstelle zwischen dem Ablaufkontrollsystem und den Aktivitäten sowie
- die ablauforientierte Verwaltung der globalen Anwendungsdaten in einem verteilten System.

Die Datenschnittstelle zwischen dem Ablaufkontrollsystem und den Aktivitäten betrifft die Datenbereitstellung und -übernahme zur Aufgabenverarbeitung in einer Aktivität. Die Parameter einer konkreten Aufgabe dienen dabei zur Selektion der notwendigen Anwendungsdaten aus dem globalen Datenbestand. Die Datenbereitstellung und -übernahme wird durch das Aktivitätensystem ausgelöst. Die Verwaltung des globalen Datenbestands in einem verteilten System orientiert sich an der Verteilung der Aktivitäten im verteilten System: Datenpartitionen werden an den Knoten allokiert, wo sie entsprechend der Aktivitätenverteilung gebraucht werden. Eventuell replizierte Datenbestände werden in Übereinstimmung mit dem Fortschritt der konkreten Abläufe aktualisiert, da der jeweilige Ablauffortschritt den notwendigen Datenbedarf bestimmt.

Der Betrieb des Ablaufkontrollsystems in einer verteilten Rechnerumgebung gestaltet sich derart, daß das ActMan-Kernsystem aus Abbildung 7-2 auf jedem Rechner als ActMan-Instanz konfiguriert wird (siehe Abbildung 7-3). Die ActMan-Instanzen sind in der Lage, die jeweils lokalen Anwendungssysteme an einem Rechnerknoten zu betreiben. Dazu ist es erforderlich, daß die notwendigen Kataloginformationen in einem lokalen Systemkatalog

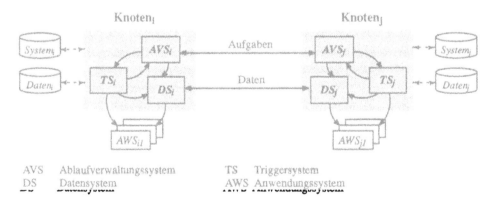

Abbildung 7-3:   ActMan-Kernsystem in einem verteilten System

bereitgestellt werden. Um Aufgaben für Aktivitäten auf unterschiedliche Knoten verteilen zu können, kommunizieren die Ablaufverwaltungssysteme der jeweils lokalen ActMan-Instanzen durch den Austausch von Aufgaben. Die mit der knotenübergreifenden Aufgaben-verteilung notwendige Übertragung von globalen Anwendungsdaten wird von der Daten-verteilungskomponente der jeweils lokalen Datensysteme geregelt. Die Triggersysteme zum Anstoßen der Aktivitäten arbeiten jeweils lokal.

7.3   Definitionssystem

Dieser Abschnitt enthält die Beschreibung des Definitionssystems des Ablaufkontrollsystems ActMan. Der Schwerpunkt der Beschreibung liegt auf der Einführung einer Aktivitäten-beschreibungssprache für Aktivitätennetze. Die Verwaltung der Aktivitätenbeschreibungen erfolgt in einem Systemkatalog. Für diesen Systemkatalog wird das konzeptionelle Daten-schema entworfen und beschrieben.

7.3.1   Anforderungen

Die Beschreibung eines Aktivitätennetzes umfaßt die Funktions- und Datenverteilung eines geregelten arbeitsteiligen Anwendungssystems in einem verteilten System. Das Definitions-system muß Möglichkeiten bereitstellen, das Aktivitätennetz und die zugrundeliegende Systemkonfiguration (vorhandene Rechnerknoten, Betriebs- und Kommunikationssysteme, Benutzer, etc.), in der die Aktivitäten ausgeführt werden sollen, zu spezifizieren. Es sind somit Sprachelemente für nachfolgende Aufgabenstellungen bereitzustellen:

- Beschreibung der Aktivitäten in einem Aktivitätennetz,
- Beschreibung der Systemkonfiguration und
- Verteilung der Aktivitäten auf die Systemkonfiguration.

Das in dieser Arbeit vorgestellte Definitionssystem beschränkt sich auf Sprachelemente für die Beschreibung der Aktivitäten in einem Aktivitätennetz und ihre Verteilung auf eine Systemkonfiguration. Auf die Einführung von eigenen Sprachelementen für die Beschreibung einer Systemkonfiguration wird verzichtet, da diese Information nur einmalig bereitzustellen ist und von einem Systemadministrator direkt in den Systemkatalog eingebracht werden kann, z. B. mit der Datenbanksprache SQL. Im Rahmen der Vorstellung des globalen System-katalogs wird auf die Struktur und Verwaltung der Systemkonfiguration eingegangen.

7.3.2   Aktivitätenbeschreibungssprache ActSpec

Die Ausdrucksmittel des Aktivitätenmodells werden durch die formale Spezifikationssprache ActSpec (*Act*ivity *Spec*ification) reglementiert. Die Beschreibungssprache zerfällt in drei Bestandteile:

- Aktivitätendefinitionssprache (ADL, *A*ctivity *D*efinition *L*anguage),
- Datenaustauschsprache (DIDL, *D*ata *I*nterchange *D*efinition *L*anguage) und
- Datendefinitionssprache (DDL, *D*ata *D*efinition *L*anguage).

Die Aktivitätendefinitionssprache dient der Beschreibung der Aktivitäten, die Datenaustauschsprache der Beschreibung der Bereitstellung und Übernahme globaler Anwendungsdaten bei der Ausführung von Aktivitäten und die Datendefinitionssprache der Beschreibung des konzeptionellen Schemas der globalen Anwendungsdaten. Jede Teilsprache wird nachfolgend in ihrer Syntax und Semantik vorgestellt und durch geeignete Beispiele erläutert.

Eine Validierung des Sprachentwurfs wurde am Funktionalbereich NC-Programmierung der in Kapitel 2 erläuterten Fallstudie vorgenommen. Die Aktivitätenbeschreibung des ausgewählten Funktionalbereichs ist in [Sich 92] und die Beschreibung des konzeptionellen Datenschemas in [Raut 91] dokumentiert.

Bei den nachfolgenden Syntaxbeschreibungen werden nachfolgende Metasymbole der BNF (*B*ackus-*N*aur-*F*orm) benutzt:

::=	= definiert als,
SYMBOL	= terminales Symbol,
<*symbol*>	= nichtterminales Symbol,
[...]	= optionales Sprachelement,
|	= Alternative,
(...)*	= n-fache Wiederholung (n $\geq$ 0) und
(...)+	= n-fache Wiederholung (n $\geq$ 1).

7.3.2.1   Aktivitätendefinitionssprache ADL

In diesem Abschnitt wird die Aktivitätendefinitionssprache ADL beschrieben. Die nachfolgenden Ausführungen beschränken sich auf die Sprachelemente zur Definition von Aktivitäten eines Aktivitätennetzes; Sprachelemente zum Löschen und Ändern von Aktivitäten sind entsprechend aufgebaut. Der in Abschnitt 6.2 beschriebene Aufbau einer Aktivität gibt eine graphische Orientierungshilfe für den ADL-Sprachumfang. Die ADL-Anweisungen werden nachfolgend ausgehend von der Spezifikation eines Aktivitätennetzes erläutert und die erforderlichen Sprachelemente schrittweise konkretisiert. Am Ende dieses Abschnitts wird ein Beispiel aufgezeigt.

Ein Aktivitätennetz ist eine identifizierbare Einheit mit einem eindeutigen Namen. Es besteht aus einer Liste von Aktivitäten. Die Verkettung der Aktivitäten wird bei den einzelnen Aktivitäten spezifiziert. Zwei Aktivitäten sind als Start- und Endaktivität auszuzeichnen.

> **ACTIVITY_NET** *<activity-net-name>*
>> **ACTIVITY** *<activity-name>;*
>>
>> ...
>
> **NET_END**

Die Beschreibung einer Aktivität ist das zentrale Sprachkonstrukt der Beschreibungssprache ActSpec, da es die Mächtigkeit des ActMan-Ansatzes verdeutlicht. Die Definition einer Aktivität umfaßt die Datenschnittstelle zu den auszuführenden Anwendungssystemen und die involvierten globalen Datenbestände. Entsprechend zeigt das Sprachkonstrukt die unmittelbaren Verbindungen zu den Teilsprachen DIDL und DDL auf. Die einzelnen Elemente des Sprachkonstrukts werden anschließend in ihrer Syntax und Bedeutung erläutert.

> **ACTIVITY** *<activity-name>* [**IN** *<hierarchy>*] **AT** *<site-name>*
>> **TASK** *<task-structure>*
>> **QUEUE** *<queue-description>*
>>> [**AGGREGATE** *<task-aggregation>* **TO LEVEL** *<number>*]
>>
>> **PRECONDITION** *<query-specification>*
>> **ACTION** *<action-description>*
>>> **DATA_CHECKOUT** (*<prepare-clause>*)$^+$
>>> **DATA_CHECKIN** (*<store-clause>*)$^+$
>>
>> **DISPATCHING TASKS**
>>> [**CUMULATE** *<task-aggregation>* **TO LEVEL** *<number>*
>>> **STATUS** *<status-aggregation>*]
>>> (*<status>* (**TO** *<activity>* **IF** *<condition>* **TASKS** *<task-clause>*,)$^+$,)$^+$;

- **ACTIVITY** *<activity-name>* [**IN** *<hierarchy>*] **AT** *<site-name>*:
  Jede Aktivität erhält einen eindeutigen Namen (*activiy-name*) innerhalb des Aktivitäten-netzes und wird an einem spezifizierten Rechnerknoten (*site-name*) im verteilten System allokiert. Im Falle eines Verfeinerungsnetzes muß die übergeordnete Aktivität (*hierarchy*) angegeben werden.

- **TASK** *<task-structure>*:
  Dieses Sprachelement dient der Beschreibung des Aufgabentyps, den die Warteschlange einer Aktivität verwaltet und verarbeitet. Jede Aktivität kann genau einen Typ verarbeiten. Der Aufgabentyp wird in einer Datenstrukturbeschreibung (*task-structure*) definiert:

```
<task-structure>    ::=    <task-name>
                           <attribute-name> : <attribute-type>
                           (, <attribute-name> : <attribute-type> )*
                    END;
<attribute-type>    ::=    INTEGER | CHAR | BOOLEAN | STRING
```

- **QUEUE** *<queue-description>*:

Mit der QUEUE-Klausel werden die Attribute einer Aufgabenwarteschlange spezifiziert. Diese umfassen neben dem Namen der Warteschlange (*queue-name*) die Abarbeitungsstrategie (*strategy*), die maximale Verweildauer einer Aufgabe in der Warteschlange (*digit*) mit dem Namen einer Ersatzaktivität, die bei Überschreiten der Verweildauer benachrichtigt wird (*activity-name*), sowie eine Liste der zugriffsberechtigten Benutzer oder eine Gruppe von Benutzern, die Aufgaben aus der Warteschlange bearbeiten dürfen (*name-list*). Falls eine prioritätengesteuerte Abarbeitungsstrategie gewählt wird, erfolgt dies entsprechend der Auswahl eines Aufgabenparameters (*task-attribute-name*):

```
<queue-description>    ::=    <queue-name>
                              ORDER-BY <strategy>,
                              TIME-OUT <digit> ALERT-TO <activity-name>,
                              USER <name-list>;
<strategy>             ::=    FIFO | LIFO | PRIO <task-attribute-name>
```

- **[AGGREGATE** *<task-aggregation>* **TO LEVEL** *<number>*;]:

Die Aggregierungs-Anweisung ermöglicht die Definition der Aufgabenzusammenführung. Der Aggregierungs-Anteil spezifiziert, wie die Aufgabenattribute mit Hilfe von Mengenoperationen (*set-function*) zusammengeführt werden, damit aus mehreren Aufgaben eine Aufgabe entsteht. Die nachfolgende Anzahl (*number*) beschreibt die Stufigkeit der Zusammenführung. Die Operation "CURRENT" dient der statischen Zuordnung von Aufgabenattributen. Die Festlegung einer Mehrstufigkeit dient dann lediglich der zeitlichen Synchronisation einer Aufgabenhistorie. Dies bedeutet, daß die entstehende Aufgabe erst bearbeitet werden kann, wenn sämtliche Aufgaben bis zu der spezifizierten Stufe verarbeitet sind:

```
<task-aggregation>    ::=    <task-attribute-name> :=
                                        <set-function>.<task-attribute-name>
                             (, <task-attribute-name> :=
                                        <set-function>.<task-attribute-name> )*
<set-function>        ::=    AVG | MAX | MIN | SUM | MAJORITY | CURRENT
<number>              ::=    <digit>
```

Die Semantik der Ablaufzusammenführung wurde anhand der mehrstufigen Aufgabenzusammenführung für jede direkte Vorgängeraktivität einer Aktivität definiert (siehe Abschnitt
6.3.2.3). Eine explizite Spezifikation der zur Ablaufzusammenführung notwendigen
Vorgängeraktivitäten ist nicht erforderlich, da diese aus der Definition der Vorgängeraktivitäten (Aktivitäten mit gleicher Nachfolgeraktivität) eruiert werden kann.

- **PRECONDITION** *<sql-query-specification>*;:

  Die Ausführungsbedingungen sind SQL-Spezifikationen von Datenbankanfragen (siehe
  [MeSi 93]). Die Überprüfung der Ausführungsbedingung bezieht sich auf eine ausgewählte konkrete Aufgabe, so daß die Aufgabenparameter mit in die Spezifikation der
  Ausführungsbedingung einbezogen und bei einer Auswertung durch die konkreten Werte
  aktualisiert werden (parametrisierte Datenbankanfragen). Die Aufgabenparameter sind
  in der Datenbankanfrage mit "TASK." zu kennzeichnen. Eine Ausführungsbedingung
  ist erfüllt, falls die Anfrage Ergebnisse zurückliefert; ansonsten gilt sie als nicht erfüllt.

- **ACTION** *<action-description>*:

  Die Aktionsanweisung beschreibt die Schnittstelle zum ausführbaren Programm. Die
  Anweisung umfaßt den Aufruf des Programms (*command*) sowie den Typ (*type*) und
  Betriebsmodus (*mode*) einer Aktivität (siehe Aktivitätenklassifikation in Abschnitt 6.2.4):

<action-description>	::=	START *<command>*,
		TYPE *<type>*,
		MODE *<mode>*;
<command>	::=	*<program-name>*
<type>	::=	INTERACTIVE I AUTOMATIC
<mode>	::=	SINGLE I MULTIPLE I SYNCHRONOUS I
		ASYNCHRONOUS

- **DATA_CHECKOUT** (*<prepare-clause>*)⁺
  DATA_CHECKIN (*<store-clause>*)⁺:

  Der Datenteil einer Aktivität spezifiziert die Datenbereitstellung vor der Aktionsausführung und die Datenübernahme nach der Aktionsausführung. Die Spezifikation
  umfaßt neben den Dateinamen (*file-name*) die Struktur (*s-name*) und das Format (*f-name*)
  der Ein-/Ausgabedaten einer Aktivität sowie die Abbildung der Daten auf den globalen
  Datenbestand (*c-name*). Die Datenbereitstellung/-übernahme erfolgt anhand der Aufgabenparameter durch parametrisierte Datenbankoperationen. Eine Konkretisierung dieser
  Sprachelemente erfolgt in der DIDL (Abschnitt 7.3.2.2):

<prepare-clause>	::=	*<file-name>*
		STRUCTURE *<s-name>*,
		FORMAT *<f-name>*,
		CONTENTS *<c-name>*;

    <store-clause>   ::=   *<file-name>*
                                   STRUCTURE *<s-name>*,
                                   FORMAT *<f-name>*,
                                   CONTENTS *<c-name>*;

- **DISPATCHING TASKS**
  [**CUMULATE** *<task-aggregation>* **TO LEVEL** *<number>*
     STATUS *<status-aggregation>*]
  (*<status>* (**TO** *<activity>* **IF** *<condition>* **TASKS** *<task-clause>*,)$^+$,)$^+$;:

Im Falle einer kumulierten Aufgabenverteilung wird für mehrere Aufgabenverarbeitungen nur eine Aufgabenverteilung durchgeführt. Das Erzeugen der benötigten gemeinsamen Hilfsaufgabe erfolgt analog zur Aufgabenzusammenführung (siehe AGGREGATE-Anweisung). Die Bestimmung eines Verarbeitungsstatus für die entstehende Hilfsaufgabe kann nach verschiedenen Strategien (*status-aggregation*) erfolgen. Beispielhaft wurde die Strategie "ALL_FINISHED" mit der Semantik definiert: Wenn alle Aufgaben im Status "FINISHED" enden, dann soll die Hilfsaufgabe diesen Status annehmen, ansonsten den Status "ABORTED".

Abhängig vom Status (*status*) der Ausführung einer Aufgabe in einer Aktivität oder vom Status der Hilfsaufgabe sowie von zu überprüfenden Bedingungen (*condition*) auf dem produzierten Ergebnis der Aufgabenverarbeitung werden Aufgaben (*task-clause*) für Nachfolgeraktivitäten (*activity*) generiert. Es werden die erfolgreiche und fehlerhafte (keine Ergebnisdaten konnten erzeugt werden) Aufgabenverarbeitung unterschieden. Zur Überprüfung der Bedingungen zur Aufgabenverteilung werden SQL-Datenbankanfragen unter Bezugnahme auf die aktuelle Aufgabe auf dem globalen Datenbestand ausgewertet. Das Generieren von Aufgaben erfolgt ebenfalls durch parametrisierte SQL-Datenbankanfragen, wobei in diesem Fall zusätzlich eine Zuordnung zu den Aufgabenattributen der Aufgabentypen der Nachfolgeraktivitäten zu spezifizieren ist (*task-name.attribute-name*).

    <status-aggregation> ::=   ALL_FINISHED
    <status>   ::=   FINISHED | ABORTED
    <activity>   ::=   *<activity-name>*
    <condition>   ::=   [NOT] EXISTS (*<sql-query-specification>*) | TRUE
    <task-clause>   ::=   *<sql-query-specification>*
                                     INTO (*<task-name.attribute-name>*)$^+$

Zur Veranschaulichung der aufgezeigten Syntax wird nachfolgend die Spezifikation einer Aktivität in ADL vorgenommen. Die Aktivitätenbeschreibung gibt die Spezifikation der Aktivität "Arbeitsplanung" der in Kapitel 2 erläuterten Fallstudie wieder ([Rein 92]). Zur

Spezifikation der Datenschnittstelle zum ausführenden Anwendungssystem wird das Beispiel im nachfolgenden Abschnitt 7.3.2.2 nochmal aufgegriffen.

```
ACTIVITY  process_planning AT  cap_node
  TASK   cap_task
            tnr : STRING, text : STRING, techgr : STRING
         END;
  QUEUE planning_jobs
     ORDER_BY FIFO, TIME-OUT 100 ALERT-TO boss, USER planning_dep;
  PRECONDITION TRUE;
  ACTION START action:engin.exe, TYPE AUTOMATIC, MODE SINGLE;
       DATA_CHECKOUT part
          STRUCTURE engin_in, FORMAT engin_in, CONTENTS engin_in;
       DATA_CHECKIN plan
          STRUCTURE engin_out, FORMAT engin_out, CONTENTS engin_out;
  DISPATCHING TASKS FINISHED
       TO  nc_programming IF TRUE TASKS
             SELECT tnr, agnr, text FROM arbeitsgang
             WHERE tnr = task.tnr AND ksug = 'NC'
             INTO nc_task.tnr, nc_task.agnr, nc_task.text,
       TO  ressource_management IF TRUE TASKS
             SELECT tnr, agnr, text FROM arbeitsgang
             WHERE tnr = task.tnr AND ksug <> 'NC'
             INTO rm_task.tnr, rm_task.agnr, rm_task.text;
```

7.3.2.2 Datenaustauschsprache DIDL

Bei einer Aufgabenverarbeitung in einer Aktivität werden den ausführenden Anwendungssystemen vom Ablaufkontrollsystem die zu verarbeitenden Eingabedaten aus dem globalen Datenbestand bereitgestellt. Die Eingabedaten werden bearbeitet und entsprechende Ausgabedaten produziert, die wiederum vom Ablaufkontrollsystem in den globalen Datenbestand übernommen werden. Die Datenaustauschsprache DIDL (*Data Interchange Definition Language*) dient der Beschreibung der Ein-/Ausgabedaten der ausführenden Anwendungssysteme einer Aktivität und ermöglicht somit die Datenbereitstellung und -übernahme. Die Kommunikation zwischen dem Ablaufkontrollsystem und den Anwendungssystemen findet über eine Dateikopplung statt. Der Zusammenhang zwischen DIDL und ADL wird in der DATA_CHECKOUT- bzw. DATA_CHECKIN-Anweisung des Sprachkonstrukts zur Aktivitätenbeschreibung hergestellt.

Der in dieser Arbeit gewählte Ansatz zur Beschreibung der auszutauschenden Daten orientiert sich an der internationalen Norm ODA/ODIF (*Office Document Architecture and Interchange Format*) zur Übertragung und Bearbeitung von Dokumenten aller Art ([Appe 89], [Fran 91]). Die Teile der Norm, welche die Visualisierung der Dokumente betreffen (z. B. Seitenumbruch), bleiben in dieser Arbeit unberücksichtigt, da bei der angestrebten Dateikopplung lediglich die maschinelle Weiterverarbeitung der Daten von Interesse ist. Ebenso sei lediglich auf die verschiedenen Kodierungsformen zur Übertragung von Dokumenten (ASN.1, ODL (*Office Document Language*)) verwiesen.

Das Beschreibungskonzept für die Definition der Ein-/Ausgabedaten der Aktivitäten in ActMan umfaßt drei Bereiche:

- Struktur,
- Format und
- Inhalt.

Die Strukturbeschreibung bestimmt den inhaltlichen Aufbau der Daten. Ein Brief beispielsweise besteht aus einem Briefkopf, dem Text, der Grußzeile und der Unterschrift. Die Formatbeschreibung regelt die Positionierung der Datenelemente in einem Dokument, und die Inhaltsbeschreibung dient der Selektion der Eingabedaten aus bzw. Speicherung der Ausgabedaten in den globalen Datenbestand. Die einzelnen Bereiche des Beschreibungskonzepts und deren Querbezüge werden nachfolgend erläutert ([Thal 92]).

Die *Strukturbeschreibung* erfolgt durch die hierarchische Anordnung von Blocktypen. Es werden drei Arten von Blocktypen unterschieden:

- zusammengesetzter Block: zur Unterteilung einer Struktur in Unterstrukturen,
- Basisblock: als elementare nicht zerlegbare Struktur und
- Listenblock: zur Darstellung der strukturellen Wiederholung eines Basisblocks.[2]

Mit diesen Blocktypen lassen sich hierarchische Strukturen von Daten beschreiben. Die Strukturbeschreibung erfolgt in Form eines Baumes mit einer Wurzel, die in Unterstrukturen zerfällt, und Blättern, die nicht weiter zerlegbare Strukturen (Basisblöcke) darstellen. Damit ergeben sich nachfolgende Ableitungsregeln für einen Strukturbaum:

$$
\begin{array}{lll}
\text{<}root\text{>} & ::= & \text{<}comp\_block\text{>} \\
\text{<}comp\_block\text{>} & ::= & (\text{ <}comp\_block\text{> | <}list\_block\text{> | <}basic\_block\text{> })^+ \\
\text{<}list\_block\text{>} & ::= & (\text{ <}basic\_block\text{> })^+
\end{array}
$$

Die formale Syntax zur Spezifikation der Strukturbeschreibung einer auszutauschenden Datei erfolgt in Form von Regeln mit linker und rechter Seite. Die linke Seite benennt einen

---

2) Aus implementierungstechnischen Gründen werden keine zusammengesetzten Blöcke innerhalb von Listenblöcken verwendet.

zerlegbaren Block, die rechte Seite die Liste der entstehenden Unterblöcke. Die Listenblöcke sind durch einen Stern gekennzeichnet. Es kann nur ein einstufig zusammengesetzter Block in eine Liste aufgenommen werden:

$$<structure\text{-}name> ::= \quad (\ <lhs> \to <rhs>\ )^+$$
$$<lhs> \qquad ::= \quad <block\text{-}name>$$
$$<rhs> \qquad ::= \quad (\ <block\text{-}name>[*];\ )^+$$

Als Beispiel wird nachfolgend der strukturelle Aufbau der Daten eines Arbeitsplans mit DIDL beschrieben. Abbildung 7-4 zeigt die Ausprägung eines entsprechenden Arbeitsplans. Das Beispiel wird in den nachfolgenden Abschnitten zur Beschreibung des Formats und des Inhalts wieder aufgegriffen.

```
#
#                Arbeitsplan fuer Vorschaltrad
#501 2104711         20000001-A66VORSCHALTRAD VGO7 RA01RC2
#
#                Arbeitsgaenge fuer Vorschaltrad
#01  00.0    0210        1.35      0.31drehen nach apl          51211
#02  00.0    0210        0.80      0.04fraesen der schaufeln     51227
#03  00.0    0210        1.45      0.27drehen nach apl          51211
#        Gesamtzeit: 3.60
```

Abbildung 7-4:   Daten eines Arbeitsplans

Die strukturelle Beschreibung eines Arbeitsplans in DIDL sieht wie folgt aus:

Arbeitsplan	->	Arbeitsplankopf; Arbeitsplanrumpf;
Arbeitsplankopf	->	Text_Kopf; Werkstueck;
Arbeitsplanrumpf	->	Text_Rumpf; Arbeitsgang*; Zeit;
Werkstueck	->	Vst; Sac; Tnr; Ba; Minlos; Aex; Text_1;
Arbeitsgang	->	Agnr; Dlz; Stv; Ec; Vc; Bml; Einr, Vorg; Text_2; Ksug;
Zeit	->	Arbeitszeit; Summe;

Die *Formatbeschreibung* legt die Positionierung und somit die Formatierung der Datenelemente in einer Datei fest. In Anlehnung an die Layoutbeschreibung in ODA/ODIF erfolgt die Formatierung durch die Festlegung von Attributen für die Datenelemente. Es ist festzuhalten, daß lediglich Basisblöcke die eigentlichen Datenelemente enthalten. Bei der Formatierung wird eine relative Positionierung der Datenelemente zueinander festgelegt. Dies geschieht anhand der Blöcke in der hierarchischen Strukturbeschreibung. Die beschreibenden Attributwerte eines Blocks beziehen sich immer auf einen definierbaren Vorgängerblock der

Strukturbeschreibung, wenn davon ausgegangen wird, daß der Strukturbaum so traversiert wird, daß eine Präfixform entsteht. Das Traversierungsverfahren wird als "pre-order-traversal" bezeichnet.

Tabelle 7-1 zeigt die Formatierungsattribute der Blöcke. Da die zusammengesetzten Blöcke und Listenblöcke lediglich der Strukturierung dienen und keine Datenelemente enthalten, ist für diese Blocktypen nur der vertikale Abstand ("line") als Attribut vorgesehen.

Formatierungs-attribute	Bedeutung	Wertebereich	Default-Werte
predecessor	Vorgängerblock	alle Vorgängerblöcke einschließlich übergeordneter Block der Teilstruktur	Vorgängerblock bzw. übergeordneter Block
line	Vertikaler Abstand	≥ 0	0, d. h. gleiche Zeile
position	Horizontaler Abstand	≥ 0	0, d. h. nächste Position
edge	Bezug auf Rand des Vorgängerblocks	right, left	right
alignment	Ausrichtung	right, left	left, d. h. linksbündig
length	Blockgröße	≥ 0	0

Tabelle 7-1: Formatierungsattribute

Die formale Syntax für die Formatbeschreibung gleicht der Syntax der Strukturbeschreibung. Den Blöcken der Strukturbeschreibung werden in Regelschreibweise mit linker und rechter Seite die entsprechenden Attribute zugewiesen:

```
<format-name>    ::=    ( <lhs> -> <rhs>)+
<lhs>            ::=    <block-name>
<rhs>            ::=    PREDECESSOR <block-name>; LINE <digit>;
                       POSITION <digit>; EDGE <side>; ALIGNMENT <side>;
                       LENGTH <side>;
<side>           ::=    RIGHT | LEFT
```

Der nachfolgende Auszug einer Formatbeschreibung bezieht sich auf den Arbeitsplan in Abbildung 7-4:

```
Arbeitsplankopf    ->    line 1;
Arbeitsplanrumpf   ->    line 2;
Text_kopf          ->    position 15; length 29;

    ...
```

In der *Inhaltsbeschreibung* wird spezifiziert, auf welche Weise den Blöcken der Strukturbeschreibung Datenelemente und somit auch Datentypen des globalen Datenbestandes
zugewiesen werden. Dabei ist zwischen einer Datenbereitstellung zur Aktionsausführung und
der Datenübernahme nach der Aktionsausführung zu unterscheiden. Es wird davon ausgegangen, daß die Datenelemente in einer globalen Anwendungsdatenbank verwaltet werden.
Der Zugriff auf die Datenbank erfolgt mittels der Datenbanksprache SQL ([MeSi 93]). Die
Beschreibung des konzeptionellen Schemas der Anwendungsdatenbank erfolgt in der DDL
(siehe Abschnitt 7.3.2.3). Die Inhaltsbeschreibung für die Datenbereitstellung geschieht in
nachfolgender Syntax:

> *<contents-name>*   ::=   (*<sql-clause>* | *<assignment>*)$^+$
>
> *<sql-clause>*   ::=   *<sql-query-specification>*
>   INTO *<block-name-list>*;
>
> *<assignment>*   ::=   *<lhs>* -> *<rhs>*;

Mit Select-Operationen werden Daten aus der Datenbank gelesen und zur Aktionsausführung
bereitgestellt. Die Aufbereitung der selektierten Daten geschieht dabei entsprechend der
Festlegung der Blöcke in der Struktur- und Formatbeschreibung. Die notwendige Zuordnung
zwischen den Attributen in der Datenbank und den Blöcken im Strukturbaum wird in den
Select-Operationen durch die Into-Anweisung ausgedrückt. Die selektierten Attribute der
Datenbank werden 1:1 den Basisblöcken zugeordnet. Es können jedoch auch zusammen-
gesetzte oder Listenblöcke in der Into-Anweisung stehen, um das Auflisten sämtlicher
Basisblöcke zu vermeiden. Hierbei muß beachtet werden, daß eine Abbildung der selektierten
Attribute auf die in eine Struktur enthaltenen Basisblöcke möglich ist.

Die Select-Operationen sind parametrisiert in dem Sinne, daß die im Bedingungsteil mit
"task." gekennzeichneten Attribute bei der Ausführung mit den aktuellen Aufgabenparametern aktualisiert werden. Neben der reinen datenbankgestützten Datenbereitstellung
können noch zahlreiche sogenannte Inhaltsfunktionen verwendet werden, um den Basisblöcken Datenelemente zuzuordnen. Dazu gehören Konstantenfunktionen oder Aggregats-
funktionen wie Minimums- oder Maximumsfunktionen. Für solche Zuweisungen wurde die
Regelschreibweise eingeführt. Auf eine vollständige Auflistung der Inhaltsfunktionen wird
an dieser Stelle verzichtet und statt dessen auf [Thal 92] verwiesen.

Die Datenbereitstellung für den Arbeitsplan in Abbildung 7-4 wird durch nachfolgende
Inhaltsbeschreibung in Auszügen spezifiziert ([Rein 92]):

```
SELECT    tnr, agnr, dlz, stv, bml, einr, vorg, time, text, ksug
FROM      arbeitsgang
WHERE     tnr = task.tnr and ksug = 'NC'
INTO      Tnr_2, Agnr, Dlz, Stv, Bml, Einr, Vorg, Time, Text_2, Ksug;
...
Zeitsumme    ->    SUM(Einr);
```

Die Datenübernahme erfolgt durch die Spezifikation von Insert- und Update-Operationen zum Einbringen der Ergebnisse einer Aufgabenverarbeitung in den globalen Datenbestand. Die Ergebnisse liegen in Form von Blöcken vor und werden entsprechend einer Struktur- und Formatbeschreibung auf die Attribute des globalen Datenbestands abgebildet. Die Syntax der Inhaltsbeschreibung zur Datenübernahme sieht wie folgt aus:

<contents-name>	::=	(*<insert-clause>* | *<update-clause>*)$^+$ ·
<insert-clause>	::=	insert into *<table-name>* (*<attribute-name-list>*)
		values (*<block-name-list>*);
<update-clause>	::=	update *<table-name>*
		set (*<attribute-name>* = *<basic-block-name>*)$^+$
		[where *<search-condition>*];
<search-condition>	::=	siehe SQL

In der Insert-Operation erfolgt die Abbildung der in den Blöcken enthaltenen Werte auf die Attribute des Datenbestands analog zur Datenbereitstellung mit einer Select-Operation. Listenblöcke in einem Strukturbaum werden auf mehrere Insert-Operationen abgebildet. Im Set-Teil der Update-Operation können nur Basisblöcke zugewiesen werden. Auf Aufgaben-parameter kann im Bedingungsteil der Update-Operation durch das Präfix "task." Bezug genommen werden.

7.3.2.3   Datendefinitionssprache DDL

Die Datendefinitionssprache DDL (*D*ata *D*efinition *L*anguage) dient der Spezifikation des konzeptionellen Schemas der globalen Anwendungsdatenbank. Im Rahmen von ActSpec wird bei der Spezifikation des konzeptionellen Datenschemas die relationale Darstellungsweise in SQL als normierte Datenbanksprache verwendet. Die Schemadefinitionssprache SQL-DDL reglementiert die Spezifikation von Relationen, Sichten, Integritätsbedingungen und Privilegien. Auf die Darstellung der Syntax soll an dieser Stelle verzichtet und lediglich auf die umfassende Spezifikation in [MeSi 93] hingewiesen werden.

7.3.3   Aufbau des Systemkatalogs

Die Spezifikation der Aktivitätennetze mit der Sprache ActSpec wird in einem Systemkatalog verwaltet. In diesem Abschnitt wird der Aufbau des Systemkatalogs beschrieben. Die Entwicklung und Darstellung des Systemkatalogs erfolgt gemäß der in [Wede 91] eingeführten Begriffsschemalehre und Konstruktionsdiagramme.

Der Systemkatalog gliedert sich in mehrere Teilbereiche. Die Teilbereiche umfassen notwendige Katalogeinheiten zur Verwaltung der Beschreibung

- der Aktivitäten,
- des Datenaustauschs,
- des konzeptionellen Datenschemas der Anwendungsdaten,
- der Systemumgebung und
- der konkreten Abläufe und Aufgaben.

Nachfolgend werden die wesentlichen Begriffe des Systemkatalogs rekonstruiert. Zusätzlich wird eine Umsetzung der dabei entstehenden Konstruktionsdiagramme in ein relationales Datenmodell angedeutet.[3]

Der Systemkatalog muß sämtliche *Beschreibungselemente der Aktivitäten* verwalten können, so wie sie in der Aktivitätendefinitionssprache ADL festgelegt werden. Es wird davon ausgegangen, daß nur ein Aktivitätennetz im Systemkatalog verwaltet wird, so daß nicht ein Aktivitätennetz, sondern eine Aktivität den Ausgangspunkt der Rekonstruktion bildet.

Abbildung 7-5 zeigt das Konstruktionsdiagramm einer Aktivität mit allen dazugehörenden Begriffen. Eine Aktivität entspricht einem Knoten im Aktivitätennetz. Der Begriff ACTIVITY (Aktivität) ist eine elementare Einheit (Subsumtion) mit nachfolgenden Apprädikatoren: der ausgewählte Rechnerknoten der Systemumgebung, auf dem die Aktivität allokiert wird, der Aufgabentyp, die zugeordnete Aufgabenwarteschlange, die Ausführungsbedingung sowie die Parameter der Aktionsausführung wie Aktionsaufruf, -typ und Betriebsmodus. Im Falle einer Aktivität in einem Verfeinerungsnetz ist zusätzlich die übergeordnete Aktivität festzuhalten. Es ergibt sich somit folgende Systemrelation:

ACTIVITY (*act_name*, site_name, task_type_name, queue_name, pre_condition,
start_command, type, mode, hierarchy, ...)

Ein Aufgabentyp ist eine benannte Liste von Attributnamen (Selektoren) mit Attributtypen. Die Selektoren der Aufgabentypen entstehen durch Komposition von Attribut- und Typnamen zum Begriff TASK_TYPE_ATTRIBUTE (Aufgabentyp_Attribut). Der Begriff TASK_TYPE (Aufgabentyp) ergibt sich aus TASK_TYPE_ATTRIBUTE durch Reduktion, indem lediglich die Aufgabenattribute eines Aufgabentyps betrachtet werden:

TASK_TYPE (*task_type_name*, ...)
TASK_TYPE_ATTRIBUTE (*task_type_name*, *attribute_name*, attribute_type, ...)

---

3) Der Primärschlüssel wird in den Relationen jeweils kursiv dargestellt. In Anlehnung an die in Abschnitt 7.3.2 eingeführte Syntax der Sprache ActSpec werden in den Konstruktionsdiagrammen englische Begriffe verwendet.

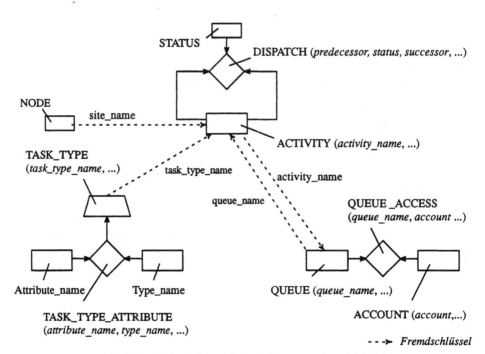

Abbildung 7-5:   Konstruktionsdiagramm einer Aktivität

Der Begriff QUEUE (Aufgabenwarteschlange) bildet einen elementaren Begriff mit einfachem Nominator und beschreibenden Attributen. Die beschreibenden Attribute umfassen insbesondere die Beschreibung der Aufgabenzusammenführung ("aggregation") und der kumulierten Aufgabenverteilung ("cumulation"). Der Zugriff der Benutzer auf eine Warteschlange wird durch eine Komposition rekonstruiert. Die Verwaltung und Organisation eines Benutzermodells gehört zur Definition der Systemumgebung.

> QUEUE (*queue_name*, order_by, prio_attribute, time_out, alert_activity,
>   aggregation, a_level, cumulation, c_level, c_status, ...)
> QUEUE_ACCESS(*queue_name*, *account*, access_right, ...)

Der Begriff DISPATCH (Aufgabenverteilung) entsteht durch Komposition des Begriffs ACTIVITY mit sich selbst und einem Begriff STATUS, da die Aufgabenverteilung vom Verarbeitungsstatus abhängig ist:

> DISPATCH (*predecessor, status, successor,* condition, task_clause, ...)

Die *Datenbereitstellung und -übernahme* sind jeweils durch die Beschreibungen der Struktur, des Formats und des Inhalts für den Datenaustausch definiert und entstehen somit jeweils durch Komposition. Durch Subordination kann von den beiden Begriffen DATA_CHECKOUT und DATA_CHECKIN (Datenbereitstellung und -übernahme) zum abstrakten Begriff DATA_INTERCHANGE (Datenaustausch) übergegangen werden, der in einem diskriminieren- den Attribut die Richtung des Datenaustausches anzeigt (Abbildung 7-6). Wesentlicher Apprädikator ist der Name einer Aktivität, für die eine Datenbereitstellung oder -übernahme erfolgt:

DATA_INTERCHANGE (*filename*, type, activity_name, structure, format, contents, directory)

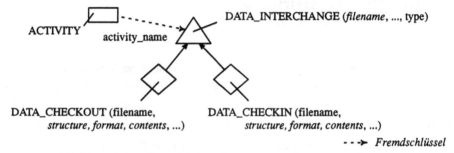

Abbildung 7-6:   Konstruktionsdiagramm des Datenaustauschs

Die Verwaltung der *Metadaten einer Datenbankanwendung* ist inzwischen in zahlreichen kommerziellen Datenbanksystemen in umfangreichen Systemkatalogen ("Data Dictionary") zu finden. An dieser Stelle sind im Hinblick auf den Datenaustausch zur Aktionsausführung lediglich zwei Aspekte des konzeptionellen Datenschemas von Interesse: die Namen der Relationen und der Attribute zum Selektieren und Speichern der Anwendungsdaten. Bei der Beschreibung des konzeptionellen Schemas der Anwendungsdaten wird von einem relationalen Schema ausgegangen.[4] Es sind zwei Systemrelationen erforderlich, welche die Anwendungsrelationen und deren Attribute einschließlich Attributtyp (Primärschlüssel, Fremdschlüssel) und Wertebereich (Datentyp) verwalten. Auf die Darstellung eines Konstruk- tionsdiagramms für diese beiden Relationen soll verzichtet werden.

RELATION   (*rel_name*, ...)
ATTRIBUTE   (*rel_name*, *role_name*, attribute_type, domain_name, ...)

Besonders hervorzuheben sind die Querbeziehungen zwischen der Beschreibung des Daten- austauschs und dem konzeptionellen Datenschema. Sämtliche Inhaltsbeschreibungen bei der Datenbereitstellung und -übernahme müssen mit der Beschreibung des konzeptionellen Daten- schemas kompatibel sein.

---

4)   Bei einem konzeptionellen Datenschema für ein Netzwerk- oder hierarchisches Datenmodell ist der Systemkatalog entsprechend anzupassen.

Die *Beschreibung einer Systemumgebung* umfaßt die einer Anwendung zugrundeliegende Hardware (Rechnerknoten) einschließlich Betriebs-, Kommunikations- und Datenhaltungssoftware. Bestandteil der Beschreibung einer Systemumgebung kann auch die Einführung eines Benutzer- oder Rollenmodells im Hinblick auf den Zugang der Benutzer zu den Aktivitäten bzw. Aufgabenwarteschlangen sein. Dies soll jedoch lediglich durch die Verwaltung der Benutzer angedeutet werden.

NODE (*site_name*, ...)
NODE_LINKAGE (*site1*, *site2*, ...)
COMMUNICATION_SYSTEM (*comm_name*, ...)
DATABASE_SYSTEM (*dbs_name*, ...)
ACCOUNT (*account*, ...)

Während die bisher beschriebenen Teile des Systemkatalogs der Verwaltung der Definition eines Aktivitätenmodells einschließlich Systemumgebung dienen, gibt die *Beschreibung der konkreten Abläufe und Aufgaben* den aktuellen Verarbeitungszustand in einem Aktivitätenmodell wieder. Diese Beschreibung läßt sich in zwei Teilbereiche untergliedern:

- Aufgaben, die in den Aufgabenwarteschlangen zur Bearbeitung anstehen bzw. sich aktuell in Bearbeitung befinden, und

- das Verarbeitungsprotokoll der Abläufe und Aufgaben (Ablaufhistorien).

Zentral ist der Begriff einer Aufgabe. Eine Aufgabe wird von einer Vorgängeraktivität an eine Nachfolgeraktivität geschickt. Da bei einer Aufgabenverteilung von einer Aktivität an eine Nachfolgeraktivität mehrere Aufgaben entstehen können, muß eine laufende Nummer mitgeführt werden. Dadurch ergibt sich der Begriff TASK (Aufgabe) durch Komposition des Begriffs ACTIVITY mit sich selbst und einer laufenden Nummer (Abbildung 7-7). Jede

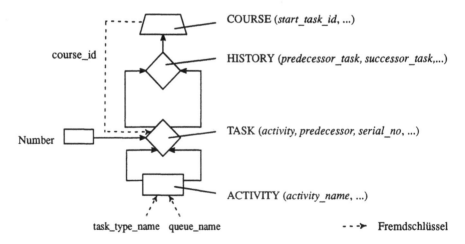

Abbildung 7-7:   Konstruktionsdiagramm der konkreten Abläufe und Aufgaben

Aufgabe gehört eindeutig zu einem Ablauf. Für die Verarbeitung notwendige Apprädikatoren einer Aufgabe sind beispielsweise Eingangszeit, Priorität, aktueller Bearbeitungszustand (wartend oder in Bearbeitung) und Bearbeiter einer Aufgabe. Jede Aufgabe verfügt über eine eindeutige Identifikationsnummer als Surrogat. Eine Aufgabe steht ab einem bestimmten Zeitpunkt zur Bearbeitung an ("entry_time"). Dieser Zeitpunkt dient der Zeitüberwachung der Aufgaben in einer Aufgabenwarteschlange. Die konkreten Werte der Attribute einer Aufgabe lassen sich in Anlehnung an die Attributnamen eines Aufgabentyps rekonstruieren (auf ein Konstruktionsdiagramm wird verzichtet). Der Begriff HISTORY (Historie) entsteht durch Komposition einer Aufgabe mit sich selbst und drückt die Entwicklungsreihenfolge der Aufgaben aus (welche Aufgaben sind aus welchen Aufgaben entstanden). Der Begriff COURSE (Ablauf) ergibt sich durch Reduktion der Historie auf die Vorgängeraufgabe. Es entstehen somit folgende Relationen:

> TASK (task_id, *activity, predecessor_activity, serial_no*, course_id, entry_time,
>   priority, current_status, selected_by, ...)
> TASK_VALUES (*task_id, attribute_name*, value, ...)
> HISTORY (*predecessor_task_id, successor_task_id,* ...)
> COURSE (course_id, *start_task_id,* ...)

7.4   Aktivitätensystem

Das Aktivitätensystem realisiert die aktive Komponente des Ablaufkontrollsystems ActMan. Der Kern des Aktivitätensystems wird von einem Triggersystem gebildet, das die Verarbeitung der Aufgaben in den Aktivitäten und somit die Abwicklung der Abläufe steuert. Nach einer Konkretisierung der Anforderungen an das Aktivitätensystem werden in diesem Abschnitt die Architektur des Triggersystems sowie die triggergesteuerte Aufgabenverarbeitung im Aktivitätensystem beschrieben.

7.4.1   Anforderungen

Die Anforderungen an das Aktivitätensystem bestehen in der aktiven und zuverlässigen Aufgabenverarbeitung in einem Aktivitätennetz. Die aktive Verarbeitung ist eine Vorgabe des anwendungsorientierten Verarbeitungsmodells für Aktivitätennetze: Beim Eintreffen einer Aufgabe in einer Aufgabenwarteschlange ist unter Berücksichtigung spezifizierter Bedingungen die entsprechende Aktivität auszuführen. Die zuverlässige Verarbeitung entspricht der Forderung nach einem definierten Fehlerverhalten. Für die Realisierung der beiden Anforderungen stehen zwei generelle Basismechanismen zur Verfügung:

- Trigger zum ereignisorientierten Auslösen der Aktivitäten (siehe Abschnitt 5.6) und
- Transaktionen für die zuverlässige Aufgabenverarbeitung (siehe Abschnitt 5.5).

Für die Triggerverarbeitung wurde im Rahmen der Implementierung des Aktivitätensystems ein allgemeines Triggersystem realisiert. Nachfolgend wird zunächst die Architektur des Triggerverarbeitungssystems vorgestellt und anschließend gezeigt, wie die Spezifikation von Triggern für ein Aktivitätennetz aus dem mit der Sprache ActSpec beschriebenen Aktivitätennetz abgeleitet werden kann. Hinsichtlich der transaktionalen Aufgabenverarbeitung wird auf den entsprechenden Abschnitt 7.5.5 bei der Beschreibung des Ablaufverwaltungssystems verwiesen, da das Ablaufverwaltungssystem die transaktionale Aufgabenverarbeitung festlegt. Das Aktivitätensystem steht lediglich in der Pflicht, sämtliche Schritte zu einer Aufgabenverarbeitung im Kontext dieser Transaktionen auszuführen.

7.4.2   Triggerverarbeitungssystem

Ein Trigger repräsentiert eine Einheit bestehend aus Ereignis (*Event*), Bedingung (*Condition*) und Aktion (*Action*) mit der Semantik, daß bei Eintreten eines Ereignisses und erfüllter Bedingung eine bestimmte Aktion ausgeführt wird. Diese ECA-Trigger wurden im HiPAC-Ansatz für aktive Datenbanksysteme entwickelt (siehe Abschnitt 5.6.3). Basierend auf den ECA-Triggern wird nachfolgend zunächst ein Systemkatalog zur Verwaltung von Triggern entworfen und anschließend die Architektur eines generellen Triggerverarbeitungssystems vorgestellt.

7.4.2.1   *Systemkatalog zur Triggerverwaltung*

Für den Betrieb des Triggerverarbeitungssystems ist die Beschreibung der ECA-Trigger in einem Triggerkatalog erforderlich. Abbildung 7-8 zeigt das Konstruktionsdiagramm des Triggerkatalogs gemäß der in [Wede 91] eingeführten Begriffsschemalehre. Die Begriffe EVENT (Ereignis), CONDITION (Bedingung) und ACTION (Aktion) werden als elementare Begriffe eingeführt. Der Begriff TRIGGER (Trigger) entsteht durch Komposition dieser drei Begriffe, wobei ein Surrogat "Triggername" eingeführt wird.

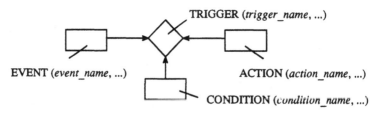

Abbildung 7-8:   Konstruktionsdiagramm des Triggerkatalogs

Die relationale Umsetzung des Triggerkatalogs führt zu nachfolgendem Systemkatalog mit den Relationen TRIGGER, EVENT, CONDITION und ACTION. In der Relation TRIGGER wurde ein Attribut Priorität zur Beeinflussung der Bearbeitungsreihenfolge von Triggern mit gleichem auslösenden Ereignis eingeführt. An dieser Stelle könnten auch Koppelmodi zwischen Eintritt eines Ereignisses und Bedingungsauswertung sowie zwischen Bedingungs-auswertung und Aktionsausführung eingebracht werden, so wie es ursprünglich in den ECA-Triggern des HiPAC-Ansatzes vorgesehen wurde. In der Relation CONDITION wird die auszuwertende Bedingung als SQL-Ausdruck abgelegt. Die Relation ACTION verwaltet die auszuführenden Aktionen. Das Attribut "command" enthält den Befehl zum Starten einer Aktion:

TRIGGER (*trigger_name*, event_name, condition_name, action_name, priority, ...)
EVENT (*event_name*, ...)
CONDITION (*condition_name*, expression, database, ...)
ACTION (*action_name*, command, ...)

Eine grundlegendere Rekonstruktion des Begriffs EVENT wird notwendig, wenn die Ereig-niserkennung mit in das Triggersystem einbezogen wird. Dann könnte zum einen beispiels-weise zwischen den Begriffen DATABASE_EVENT (Datenbankereignis), TIME_EVENT (Zeit-ereignis) und PROGRAM_EVENT (Programmereignis) unterschieden werden. Der Begriff EVENT würde dann durch Subordination dieser Begriffe in einer Art/Gattungsbeziehung entstehen ([Krei 90]). Zum anderen könnten zusammengesetzte Ereignisse, wie sie in Abschnitt 5.6.1 eingeführt wurden, in die Triggerverarbeitung einbezogen werden. Da bei der Implementierung des Aktivitätssystems keine zusammengesetzten Ereignisse verwendet werden, sollen sie bei der Rekonstruktion des Triggerkatalogs nicht berücksichtigt werden (statt dessen siehe [Kohu 93]).

7.4.2.2   Architektur

In diesem Abschnitt wird die Software-Architektur des ECA-Triggerverarbeitungssystems beschrieben. Die Architektur umfaßt die nachfolgenden drei Komponenten:

- Ereignis-,
- Bedingungs- und
- Aktions-Manager.

Nachfolgend wird zunächst kurz auf den Kommunikationsmechanismus zwischen den drei Managern eingegangen und anschließend deren Funktionsweise erläutert (Abbildung 7-9).

Bei der Kommunikation zwischen den drei Managern wird eine nachrichtenbasierte Kommu-nikation im Vergleich zu den Mechanismen über gemeinsame Speicherbereiche als flexiblerer

Kommunikationsmechanismus eingesetzt. Eine nachrichtenbasierte Kommunikation kann durch Direkt-, Mailbox- oder portorientierte Kommunikation realisiert werden ([MüSc 92]). Im ECA-Triggerverarbeitungssystem wird eine Mailboxkommunikation verwendet, da eine Mailbox als expliziter Kommunikationspuffer unabhängig von Sender und Empfänger einer Nachricht existiert und Nachrichten im Vergleich zu den anderen beiden Kommunikations- formen zwischengespeichert werden können.

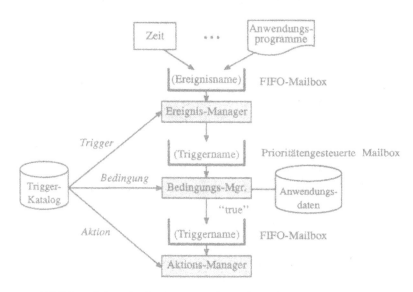

Abbildung 7-9:   Architektur des ECA-Triggerverarbeitungssystems

Eine Ereigniserkennung kann bei dem vorliegenden generellen Ansatz nicht vom Ereignis- Manager durchgeführt werden, da nicht alle relevanten Situationen in einer Anwendung vom Triggersystem erkannt werden können. Aus diesem Grund wurde die Ereigniserkennung gänzlich aus dem Triggersystem genommen, so daß alle Ereignisse aus Sicht des Trigger- systems extern erkannt und dem Triggersystem explizit angezeigt werden müssen. Der *Ereignis-Manager* nimmt somit lediglich angezeigte Ereignisse von externen Einheiten ent- gegen. Beispiele für externe Einheiten sind eine Zeitkomponente, die Zeitereignisse anzeigt, oder ein beliebiges Anwendungsprogramm, das einen erreichten Programmstatus signalisiert. Das Stattfinden eines Ereignisses wird dadurch angezeigt, daß der Ereignisname in der Mailbox des Ereignis-Managers abgelegt wird. Der Ereignis-Manager verarbeitet die in der Mailbox angezeigten Ereignisse, indem er jeweils zu jedem Ereignis aus dem Triggerkatalog sämtliche Trigger selektiert, in die das angezeigte Ereignis eingeht. Diese Trigger bzw. ihre Namen werden an den Bedingungs-Manager weitergegeben, indem sie in dessen Mailbox abgelegt werden.

Die Aufgaben des *Bedingungs-Managers* bestehen darin, die Ausführungsbedingungen der auszuführenden Trigger auszuwerten. Da zu einem Ereignis mehrere Trigger gehören können, sind die Trigger mit Prioritäten versehen, welche die Reihenfolge der Bedingungsauswertung festlegen. Diese Prioritätenregelung kommt nur bei Triggern mit dem gleichen auslösenden Ereignis zum Tragen; ansonsten erfolgt die Bedingungsauswertung in der Reihenfolge des Eintretens (Anzeigen) der Ereignisse. Ein Trigger mit höherer Priorität, aber späterem Eintrittszeitpunkt seines Ereignisses, kann einen anderen Trigger mit niedrigerer Priorität, aber früherem Eintrittszeitpunkt seines Ereignisses, nicht verdrängen. In der vorliegenden Architektur erfolgt die Bedingungsüberprüfung durch die Auswertung von SQL-Datenbankanfragen. Die Bedingungsauswertung bezieht sich auf den aktuellen Datenbestand einer Anwendung. Die Ausführungsbedingung eines Triggers ist erfüllt ("true"), falls mit der SQL-Anfrage eine nicht-leere Datenmenge selektiert wird. Im Falle einer erfüllten Ausführungsbedingung wird der Aktions-Manager mit der Aktionsausführung beauftragt und die nächste Ausführungsbedingung überprüft.

Der *Aktions-Manager* übernimmt die Ausführung der Aktionen zu den vom Bedingungs-Manager übermittelten Triggern. Ob die Aktionsausführung unter der Kontrolle des Aktions-Managers abläuft oder ob der Aktions-Manager einen Server mit der Aktionsausführung beauftragt, sei an dieser Stelle dahingestellt. In Abschnitt 8.3 wird diese Fragestellung im Zusammenhang mit der konkreten Implementierung nochmals aufgegriffen.

7.4.3   Umsetzung der Aktivitätenbeschreibung in ECA-Trigger

Die Software-Architektur des ECA-Triggerverarbeitungssystems soll als Ausführungssystem für Aktivitätennetze dienen. Aus diesem Grund ist es notwendig, die Beschreibung eines Aktivitätennetzes in der Sprache ActSpec in eine Menge von Triggern zu übersetzen, die vom Triggerverarbeitungssystem ausgeführt werden können. Nach der Klärung einiger grundsätzlicher Fragestellungen wird in diesem Abschnitt der Übersetzungsprozeß von Aktivitätennetzen in Trigger beschrieben.

Für die Spezifikation der ECA-Trigger für ein Aktivitätennetz müssen nachfolgende Fragestellungen geklärt werden:

- Was entspricht einem Trigger in einem Aktivitätennetz?
- Was sind die Ereignisse in einem Aktivitätennetz, die zum Ausführen einer Aktivität führen?
- Wie erfolgt die Ereigniserkennung?

Das Verarbeitungsmodell für Aktivitätennetze legt fest, daß das Eintreffen einer Aufgabe in der Aufgabenwarteschlange einer Aktivität einer Aufforderung zur Ausführung der

Aktivität entspricht. Im Gegensatz dazu führt das Stattfinden (Anzeigen) eines Ereignisses im Triggerverarbeitungssystem zur Ausführung einer entsprechenden Aktion. Die Verbindung beider Verarbeitungsmodelle legt nachfolgende triggerorientierte Interpretation der Aktivitätennetze nahe und beantwortet obige Fragestellungen.

Für jede Aktivität in einem Aktivitätennetz wird genau ein Trigger definiert. Hinsichtlich des Eintretens der Ereignisse dieser Trigger müssen der Aktivitätentyp (interaktive oder automatische Aktivität) und die aktuelle Belegung der Aufgabenwarteschlangen der jeweiligen Aktivitäten beachtet werden. Diese Informationen sind jedoch nicht im Triggersystem verfügbar, so daß die Ereigniserkennung nicht vom Triggersystem realisiert werden kann. Da das Verwalten der Aufgaben der Aktivitäten im Ablaufverwaltungssystem (siehe Abschnitt 7.5) erfolgt, muß diese Komponente auch die Ereigniserkennung und insbesondere das Anzeigen der Ereignisse an den Ereignis-Manager des Triggersystems realisieren. Das Ablaufverwaltungssystem kann somit unter Berücksichtigung der Vorgaben des Verarbeitungsmodells (Abarbeitungsreihenfolge, Typ einer Aktivität, etc.) durch entsprechendes Anzeigen der Ereignisse die Aufgabenverarbeitung in den einzelnen Aktivitäten steuern.

Die Übersetzung der Spezifikation einer Aktivität in eine Triggerdefinition ist in Abbildung 7-10 dargestellt. Das Ereignis zum Starten einer Aktivität ist vom Typ der Aktivität abhängig: Handelt es sich um eine interaktive Aktivität, bei welcher der Benutzer die Bearbeitung einer Aufgabe auslöst, so ist die Auswahl einer Aufgabe aus der Aufgabenwarteschlange notwendig, um dem Triggersystem ein entsprechendes Ereignis anzeigen zu können. Bei

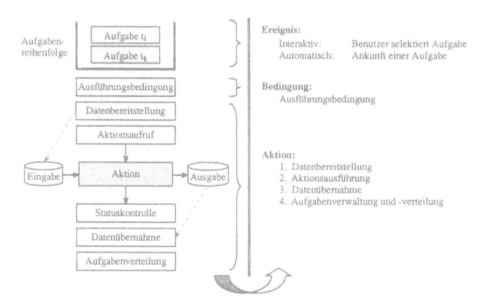

Abbildung 7-10: Ableitung eines ECA-Triggers aus einer Aktivitäten-Spezifikation

automatischen Aktivitäten dagegen kann mit dem Eintreffen einer Aufgabe in der Aufgabenwarteschlange das auslösende Ereignis für eine Aktivität angezeigt werden. Eine detaillierte
Darstellung des Zusammenhangs zwischen dem Zustand einer Aufgabe im Ablaufverwaltungssystem und dem Anzeigen eines Ereignisses an das Triggersystem erfolgt in
Abschnitt 7.5.4 anhand eines Zustands/Übergangsdiagramms für die Aufgabenverarbeitung
in Aktivitäten.

Die Ausführungsbedingung einer Aktivität wird in den Bedingungsteil des Triggers übernommen. Dadurch wird es dem Bedingungs-Manager ermöglicht, die Ausführungsbedingung
einer konkreten Aufgabe einer Aktivität zu überprüfen.

Der Aktionsteil des Triggers umfaßt sämtliche Vor- und Nachbereitungsschritte für die
Ausführung des Anwendungssystems einer Aktivität. Zu diesen Schritten gehören die Bereitstellung und Übernahme der notwendigen Anwendungsdaten, die Aktionsausführung selbst
sowie notwendige Schritte für die Aufgabenverwaltung und -verteilung. Weiterhin sind in
den Aktionsteil die Fortschreibung der Protokolldaten (Abläufe, Historie einer Aufgabe, etc.)
im Systemkatalog und Maßnahmen der Fehlerbehandlung zu integrieren. Die Funktionalität
zur Datenbereitstellung und -übernahme wird vom Datensystem zur Verfügung gestellt (siehe
Abschnitt 7.6.2), die zur Aufgabenverwaltung und -verteilung vom Ablaufverwaltungssystem
(siehe Abschnitt 7.5).

Die Fortschreibung der Protokolldaten umfaßt die Markierung einer Aufgabe als bearbeitet,
so daß diese Aufgabe dem Triggerverarbeitungssystem nicht mehr als Ereignis angezeigt
werden kann. Im Falle einer nicht erfüllten Ausführungsbedingung einer Aufgabe bleibt die
betroffene Aufgabe in der Aufgabenwarteschlange erhalten und wird als nicht ausführbar
markiert. In diesem Fall sind anwendungsorientierte Maßnahmen zur Bearbeitung der Aufgaben zu treffen. Ebenso sind im Aktionsteil eines Triggers Maßnahmen zur Fehlerbehandlung
vorzusehen, um auf der Basis einer Fehlerbeschreibung die weitere Bearbeitung einer Aufgabe
steuern zu können (siehe Abschnitt 7.5.4).

Der Systemkatalog eines Aktivitätennetzes enthält sämtliche Informationen, um die notwendigen ECA-Trigger für ein Aktivitätennetz erzeugen zu können. Jeder Aktivität wird
genau ein ECA-Trigger zugeordnet. Als Nominatoren für die Trigger, Ereignisse, Bedingungen und Aktionen im Triggerkatalog werden jeweils die Aktivitätennamen aus dem
Systemkatalog eines Aktivitätennetzes verwendet.

7.5   Ablaufverwaltungssystem

Das Ablaufverwaltungssystem realisiert die aufgabenbasierte Kommunikation zwischen den
Aktivitäten einer Anwendung. Nachfolgend werden zunächst die wesentlichen Anforderungen

an das Ablaufverwaltungssystem aufgezeigt; anschließend wird die Funktionalität des Ablaufverwaltungssystems dargestellt. Die aufgabenbasierte Kommunikation erfüllt den Zweck des
Auslösens der Nachfolgeraktivitäten einer Aktivität. Da die aktive Komponente des Ablaufkontrollsystems von der Triggerkomponente des Aktivitätensystems realisiert wird, erfolgt
in Abschnitt 7.5.3 eine detaillierte Beschreibung der Kommunikationsabläufe zwischen dem
Ablaufverwaltungs- und dem Aktivitätensystem. Die Analyse der Kommunikationsabläufe
zwischen diesen beiden Komponenten ermöglicht anschließend die genaue Betrachtung einer
Aufgabenverarbeitung in Form eines Zustands/Übergangsdiagramms. Anhand dieses
Zustands/Übergangsdiagramms wird abschließend die zuverlässige und kontrollierte Aufgabenverarbeitung mit Hilfe von Transaktionen beschrieben.

7.5.1   Anforderungen

Das Ablaufverwaltungssystem stellt die Funktionalität für sämtliche im Zusammenhang mit
den Aufgaben und somit den Abläufen in einem Aktivitätennetz erforderlichen Maßnahmen
bereit und steuert die aufgabenbasierte Kommunikation zwischen den Aktivitäten in einem
Aktivitätennetz. Dem Verarbeitungsmodell für geregelte arbeitsteilige Anwendungssysteme
liegt der Gedanke zugrunde, daß sich die Aktivitäten in einem Aktivitätennetz durch das
Verteilen von Aufgaben gegenseitig aktivieren. Die Aufgaben entsprechen dabei strukturierten
Nachrichten, so daß sich die Metapher anbietet, daß die Aufgaben die Rolle von Standard-
formularen oder Belegzetteln einnehmen, die in Büroumgebungen zur Kommunikation
zwischen Sachbearbeitern ausgetauscht werden. Die Funktionalität des Ablaufverwaltungssystems läßt sich in zwei Bereiche unterteilen, die in den nachfolgenden Abschnitten erläutert
werden:

- die Verwaltung der Aufgaben in den Aufgabenwarteschlangen entsprechend der
  Beschreibung einer Aktivität und

- die Kommunikation mit dem Aktivitätensystem, um die Bearbeitung von Aufgaben
  in Aktivitäten anzustoßen.

7.5.2   Aufgaben- und Ablaufverwaltung

Die Aufgabenverwaltung und -verteilung erfolgt entsprechend der Beschreibung einer
Aktivität im Systemkatalog. Die Softwarekomponenten des Ablaufverwaltungssystems
werden nachfolgend aufgezeigt und kurz erläutert:

- **Aufgabenwarteschlange:** Diese Softwarekomponente enthält sämtliche Routinen zur
  aktivitätenorientierten Verwaltung der Aufgaben in den Aufgabenwarteschlangen. Hierzu

gehören sämtliche Routinen zum Betrieb der Aufgabenwarteschlange, wie z. B. die Überwachung der Zugriffsrechte der Benutzer und die Unterstützung des Zugriffs auf die Aufgaben in den Aufgabenwarteschlangen. Beim Zugriff auf die Aufgaben muß die Abarbeitungsreihenfolge (z. B. FIFO, LIFO oder Prioritätensteuerung) der Aufgaben in den Aufgabenwarteschlangen sichergestellt werden. Bei der Verarbeitung einer Aufgabe in einer Aufgabenwarteschlange durchläuft eine Aufgabe verschiedene Verarbeitungsstatus. Diese Status werden in Abschnitt 7.5.4 in einem Zustands/Übergangsdiagramm erläutert.

- **Aufgabenverteilung**: Die Aufgabenverteilung hat entsprechend der Spezifikation einer Aktivität Aufgaben für die Nachfolgeraktivitäten zu erzeugen und in deren Aufgabenwarteschlange einzutragen. Im Falle einer Allokation von Nachfolgeraktivitäten auf einem anderen Rechnerknoten erfolgt die Aufgabenverteilung in Kommunikation mit den entfernten Instanzen des Ablaufverwaltungssystems. Die mit einem rechnerübergreifenden Aufgabenfluß verbundene nötige Aktualisierung verteilter Datenbestände, wird bei der ablauforientierten verteilten Datenverwaltung in Abschnitt 7.6.3 ausgeführt.

- **Ablaufverwaltung**: In engem Zusammenhang mit der Aufgabenverteilung steht die Verwaltung der Abläufe. Die Ablaufverwaltung protokolliert die Aufgabenhistorien der konkreten Abläufe im Systemkatalog. Auf der Basis dieser Protokolle können die spezifizierten Formen der Zusammenführung verzweigter Abläufe (Aufgabenzusammenführung, kumulierte Aufgabenverteilung und Ablaufzusammenführung) realisiert werden. Die Ablaufverwaltung wird beim Eintragen neuer Aufgaben in eine Aufgabenwarteschlange aktiviert. In einer Aufgabenwarteschlange eingetroffene Aufgaben, die beispielsweise aufgrund einer Aufgaben- oder Ablaufzusammenführung mit anderen Aufgaben zu synchronisieren sind, werden zwar in der Aufgabenwarteschlange festgehalten, sind jedoch nicht zur Verarbeitung freigegeben und werden verzögert, bis die entsprechende Zusammenführung abgeschlossen ist.

- **Zeitkontrolle**: Für jede Aktivität wird eine maximale Verweildauer der Aufgaben in den Aufgabenwarteschlangen spezifiziert. Liegt eine Aufgabe länger als diese definierte Verweildauer in der Aufgabenwarteschlange, so wird ein Alarm ausgegeben. Die Implementierung dieses Alarms erfolgt durch die Benachrichtigung eines bestimmten Benutzers oder das Weiterleiten der Aufgaben an eine ausgezeichnete Überwachungsaktivität.

- **Benutzerschnittstelle**: Im Falle interaktiver Aktivitäten werden die Aufgaben in den Aufgabenwarteschlangen der Aktivitäten zur Bearbeitung selektiert. Das Ablaufverwaltungssystem stellt für diesen Zweck Interaktionsmöglichkeiten zwischen den Benutzern und dem Aktivitätensystem bereit.

- **Ereigniserkennung und -übermittlung**: Das Ablaufverwaltungssystem realisiert die Ereigniserkennung und -übermittlung für das Triggersystem. Die Ereigniserkennung erfolgt entsprechend der Transformation des Aktivitätennetzes in eine Menge von ECA-Triggern. Das Ablaufverwaltungssystem zeigt sowohl für die interaktiven als auch für die automatischen Aktivitäten die auslösenden Triggerereignisse an das Triggersystem an. Die für das Anstoßen einer Aufgabenverarbeitung notwendige Kommunikation zwischen dem Ablaufverwaltungssystem und dem Triggersystem wird ausführlich im nachfolgenden Abschnitt 7.5.3 erläutert.

Die aufgezeigten Softwarekomponenten zur Aufgaben- und Ablaufverwaltung repräsentieren die Funktionalität des Ablaufverwaltungssystems. Wesentliche Grundlage der Realisierung dieser Komponenten bilden die in Abschnitt 7.3.3 eingeführten Systemrelationen zur Verwaltung der konkreten Abläufe und Aufgaben im Systemkatalog.

7.5.3   Kommunikation mit dem Aktivitätensystem

Das Ablaufverwaltungs- und das Aktivitätensystem bilden zwei Hauptbestandteile des Ablaufkontrollsystems. Nachfolgend werden die Kommunikationsabläufe zwischen diesen beiden Komponenten erläutert.

Kommunikation zwischen dem Ablaufverwaltungs- und dem Aktivitätensystem wird erforderlich, um

- die Ereignisse zur Aufgabenverarbeitung in einer Aktivität anzuzeigen,
- die konkreten Aufgaben als Kontext einer Verarbeitung zu übermitteln und
- eine Rückmeldung von der Aufgabenverarbeitung zu erhalten.

Abbildung 7-11 zeigt den Kommunikationsablauf zwischen dem Ablaufverwaltungs- und dem Aktivitätensystem, der nachfolgend schrittweise erläutert wird. Im Ablaufverwaltungssystem werden entweder automatisch oder interaktiv Aufgaben zur Bearbeitung ausgewählt (Schritt 1). Die Auswahl einer Aufgabe ist ein Ereignis, das die Ausführung einer entsprechenden Aktivität veranlaßt. Das Ereignis wird dem Aktivitätensystem angezeigt, indem es in die Mailbox des Ereignis-Managers eingefügt wird (Schritt 2). Als Ereignisname wird der Aktivitätenname verwendet. Neben dem Ereignisnamen und weiteren Verwaltungsinformationen werden insbesondere die Parameter der auszuführenden Aufgabe übergeben, da diese für die Bedingungsauswertung und Aktionsausführung notwendig sind.

Der Ereignis-Manager selektiert zu dem Ereignisnamen aus dem Triggerkatalog den zu feuernden Trigger und initiiert den Bedingungs-Manager (Schritt 3). Dies geschieht dadurch, daß in der Mailbox des Bedingungs-Managers der Name des auszuführenden Triggers einschließlich der Aufgabenparameter abgelegt wird. Der Bedingungs-Manager aktualisiert die Variablen in der auszuwertenden Ausführungsbedingung des Triggers mit den aktuellen

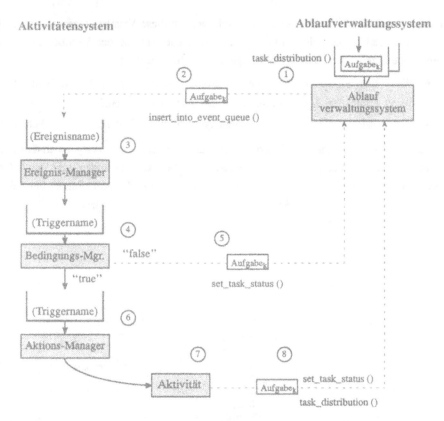

Abbildung 7-11: Kommunikation zwischen Aktivitäten- und Ablaufverwaltungssystem

Aufgabenparametern und wertet die Bedingung aus (Schritt 4). Im Falle einer nicht erfüllten Ausführungsbedingung wird die aktuelle Aufgabe im Ablaufverwaltungssystem als nicht ausführbar markiert (Schritt 5). Bei einer erfüllten Bedingung dagegen wird der Aktions-Manager mit der Ausführung der Aktivität beauftragt. Dazu trägt der Bedingungs-Manager den Triggernamen und die Aufgabenparameter in die Mailbox des Aktions-Managers ein (Schritt 6). Der Aktions-Manager führt den Aktionsteil des entsprechenden ECA-Triggers aus. Neben dem Aufruf des auszuführenden Anwendungssystems einer Aktivität sind wesentliche Bestandteile des Aktionsteils des ECA-Triggers die Aufrufe zur Datenbereitstellung und -übernahme (Bestandteil von Schritt 7) sowie zur Aufgabenverwaltung und -verteilung im Ablaufverwaltungssystem (Schritt 8).

7.5.4   Zustände und Übergänge von Aufgaben

Die Beschreibung des Kommunikationsablaufs zwischen dem Ablaufverwaltungs- und dem Aktivitätensystem hat gezeigt, daß sich eine Aufgabe in verschiedenen Verarbeitungszuständen befinden kann. In diesem Abschnitt werden diese Verarbeitungszustände in Form eines Zustands/Übergangsdiagramms konkretisiert. Die Analyse der Verarbeitungszustände dient insbesondere der Klärung nachfolgender Fragestellungen:

- Wann steht eine Aufgabe in einer Aktivität zur Ausführung zur Verfügung?
- Wann erfolgt die Ereignisanzeige an das Aktivitätensystem?
- Was passiert bei einer nicht erfüllten Ausführungsbedingung oder im Fehlerfall?

Abbildung 7-12 zeigt die möglichen Verarbeitungszustände einer Aufgabe in Form eines Zustands/Übergangsdiagramms. Der Übergang zwischen den Zuständen wird durch Operationsaufrufe vollzogen, die teilweise in Abbildung 7-11 bei der Kommunikation zwischen dem Ablaufverwaltungs- und dem Aktivitätensystem erläutert wurden.

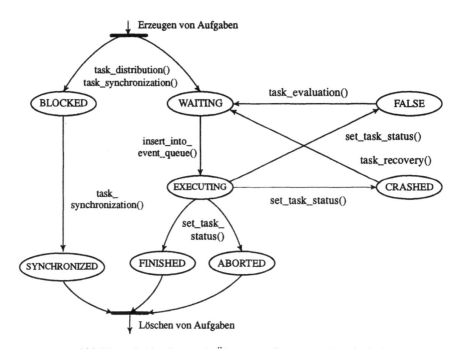

Abbildung 7-12: Zustands/Übergangsdiagramm einer Aufgabe

Eine Aufgabe entsteht nach der Verarbeitung einer Aufgabe in einer Vorgängeraktivität durch Eintragung in die Aufgabenwarteschlange der Nachfolgeraktivität im Rahmen der Aufgabenverteilung (task_distribution ()). Im Fall der Startaktivität (eine Aktivität ohne Vorgängeraktivität) werden Aufgaben aus externen Vorgaben in das System eingeführt.

Beim Eintragen einer Aufgabe in eine Aufgabenwarteschlange sind die beiden Fälle zu unterscheiden, ob die Aufgabe sofort zur Bearbeitung freigegeben werden kann oder die

Aufgabe zu einem verzweigten Ablauf gehört und an der entsprechenden Aktivität eine Zusammenführung definiert ist. Im ersten Fall geht die Aufgabe in den Zustand WAITING über, der zweite Fall ist von der Art der Zusammenführung abhängig (siehe Abschnitt 6.3.2):

- **Aufgabenzusammenführung:** Bei einer Aufgabenzusammenführung geht die Aufgabe in den Zustand BLOCKED über. Sobald die Zusammenführungsbedingung erfüllt ist, wird aus den zusammenzuführenden Aufgaben eine neue Aufgabe (Hilfsaufgabe) erzeugt. Diese Hilfsaufgabe wird als neue Aufgabe in das System eingeführt, während die ursprünglichen Aufgaben in den Zustand SYNCHRONIZED übergehen. Der Übergang in den Zustand SYNCHRONIZED und das Erzeugen der Hilfsaufgabe werden atomar und bei einer mehrstufigen Zusammenführung unter Umständen iterativ ausgeführt.

- **Kumulierte Aufgabenverteilung:** Bei dieser Form der Zusammenführung kommt es erst nach der Aufgabenverarbeitung im Zuge der Aufgabenverteilung zu einer Zusammenführung, so daß die Aufgaben sofort in den Zustand WAITING übergehen.

- **Ablaufzusammenführung:** Da die Ablaufzusammenführung über die Aufgabenzusammenführung definiert wurde, kommen hier auch die gleichen Zustände und Übergänge zum Tragen.

Aufgaben im Zustand WAITING können an den Ereignis-Manager des Aktivitätensystems zur Ausführung gemeldet werden. Wann das Anzeigen eines Ereignisses erfolgt (insert_into_event_queue ()), ist vom Typ und Ausführungsmodus einer Aktivität abhängig. Bei einer interaktiven Aktivität muß ein Benutzer eine Aufgabe auswählen, bei einer automatischen Aktivität dagegen könnte die Aufgabe sofort ausgeführt werden, wenn sie den Zustand WAITING erreicht. Der Ausführungsmodus einer Aktivität reglementiert, ob eine Aktivität mehrmals für verschiedene Aufgaben gleichzeitig aktiv sein kann oder jeweils nur eine Programmausführung (serielle Verarbeitung) möglich ist:[5]

- **interaktiv - Einbenutzerbetrieb:** Eine Aufgabe kann in den Zustand EXECUTING übergehen, wenn sie von einem Benutzer ausgewählt wurde und sich zur betreffenden Aktivität keine andere Aufgabe im Zustand EXECUTING befindet.

- **interaktiv - Mehrbenutzerbetrieb:** Sobald eine Aufgabe von einem Benutzer ausgewählt wurde, geht sie in den Zustand EXECUTING über. Bei solchen Aktivitäten können gleichzeitig mehrere Aufgaben den Zustand EXECUTING einnehmen.

- **automatisch - synchron:** Eine Aufgabe kann in den Zustand EXECUTING übergehen, wenn sich zur betreffenden Aktivität keine andere Aufgabe im Zustand EXECUTING

---

5) Die Ausführungsmodi von Aktivitäten werden in TP-Monitoren ausgiebig im Zusammenhang mit den Nutzungsarten (single-threading und multi-threading) von seriell wiederverwendbarem und eintrittsinvariantem Programmcode diskutiert ([Meye 88]).

befindet. Eine Aufgabenverarbeitung muß beendet sein, bevor mit der nächsten begonnen werden kann.

- **automatisch - asynchron:** Sobald eine Aufgabe in den Zustand WAITING übergeht, kann sie zur Ausführung an den Ereignis-Manager des Aktivitätensystems gemeldet werden. Die Beendigung einer Aufgabenverarbeitung wird somit nicht abgewartet, um mit der nächsten Aufgabe beginnen zu können. Es können sich folglich gleichzeitig mehrere Aufgaben im Zustand EXECUTING befinden.

Nachdem eine Aufgabe an den Ereignis-Manager des Aktivitätensystems gemeldet wurde, geht sie in den Zustand EXECUTING über. Der Ereignis-Manager stößt den Bedingungs-Manager zur Überprüfung der Ausführungsbedingung der Aufgabe an. Eine Aufgabe, deren Ausführungsbedingung nicht erfüllt ist, wird vom Bedingungs-Manager in den Zustand FALSE versetzt (set_task_status ()). Es liegt in der Pflicht der Anwendung, den Ursachen nicht erfüllter Ausführungsbedingungen nachzugehen und dem Ablaufverwaltungssystem die Behebung dieser Situation mitzuteilen (task_evaluation ()), damit die Aufgabe wieder zur Verarbeitung zur Verfügung steht. Eine automatische Behandlung solcher Fälle ist nur begrenzt möglich.

Die Verarbeitung einer Aufgabe in einer Aktivität kann in den Ausführungsstatus FINISHED und ABORTED enden (siehe Beschreibung einer Aktivität in Abschnitt 7.3.2.1). Der Unterschied zwischen beiden Status liegt darin, daß die Beendigung einer Aufgabenverarbeitung im Zustand FINISHED zu korrekten Ergebnisdaten führte, während bei einer Beendigung im Zustand ABORTED keine Ergebnisdaten erzeugt werden konnten und somit ein Anwendungsfehler vorliegen muß. Diese Ausführungsstatus werden auch als Zustände im Zustands/Übergangsdiagramm reflektiert, um bei der Aufgabenverteilung in einer Aktivität auf diese Zustände eingehen zu können. Effektiv gelten jedoch Aufgaben in beiden Zuständen als bearbeitet.

Im Falle eines Abbruchs einer Aufgabenverarbeitung aufgrund eines Systemfehlers (Anwendungs- oder Laufzeitsystem) wird die Aufgabe spätestens beim Wiederanlauf in den Zustand CRASHED versetzt. Für Aufgaben in diesem Zustand muß eine entsprechende Fehlerbehandlung einsetzen. Die Art der Fehlerbehandlung wird in entscheidendem Maße von dem einer Aktivität zugrundeliegenden Anwendungssystem beeinflußt. Jedes System sollte jedoch in der Lage sein, den Ausgangszustand einer Aufgabenverarbeitung bei einem Systemfehler wiederherstellen zu können. Nach der Fehlerbehandlung einer Aufgabe (task_recovery ()) geht die Aufgabe erneut in den Zustand WAITING über, so daß sie nochmals bearbeitet werden kann. Für den Fall eines wiederaufsetzbaren Anwendungssystems, beispielsweise auf der Basis interner Sicherungspunkte, können auch effizientere Fehlerbehandlungsmaßnahmen getroffen werden. In einem solchen Fall wird die Aufgabe nicht erst wieder in den Zustand WAITING zurückversetzt, sondern die Bearbeitung kann von einem Sicherungspunkt aus fortgesetzt werden.

Aufgaben in den Zuständen SYNCHRONIZED, FINISHED und ABORTED befinden sich in Endzuständen. Diese Aufgaben sollen jedoch nicht aus dem System verschwinden, da sie der Rekonstruktion der Abläufe durch das Aktivitätennetz dienen. Jede Aufgabe gehört genau zu einem Ablauf. Erst wenn für einen Ablauf die Endaktivität erreicht wird, können die zugehörigen Einträge aus dem Systemkatalog entfernt und archiviert werden.

7.5.5 Zuverlässige und kontrollierte Aufgabenverarbeitung

Die zuverlässige und kontrollierte Aufgabenverarbeitung in einer Aktivität stellt eine wesentliche Anforderung an das Ablaufkontrollsystem dar. Wie bereits in Abschnitt 5.5.1 angeführt wurde, kennzeichnet eine Transaktion eine Folge von Operationen als Einheit der Recovery und Synchronisation und steht deshalb für eine zuverlässige und kontrollierte Verarbeitung (ACID-Eigenschaften). In diesem Abschnitt wird gezeigt, wie eine zuverlässige und kontrollierte Aufgabenverarbeitung mit Hilfe von Transaktionen sichergestellt werden kann. Nachfolgend werden zunächst verschiedene Möglichkeiten zur Strukturierung der verschiedenen Verarbeitungen im Ablaufkontrollsystem als transaktionale Einheiten diskutiert und anschließend der entworfene Ansatz vorgestellt. Abschließend werden Möglichkeiten zur Ausnahmebehandlung aufgezeigt.

7.5.5.1 Anforderungen und Strukturierungsmöglichkeiten

Für die Aufgabenverarbeitungen in einem Aktivitätennetz wird gefordert, daß sie jeweils auf dauerhafte Ergebnisse der Vorgängeraktivitäten aufsetzen und erzeugte Ergebnisse im Fehlerfall nicht verlorengehen. Ein Ablauf stellt eine Verwaltungseinheit dar und repräsentiert eine Folge zusammengehörender Aufgaben, die bereits bearbeitet sind oder zur Bearbeitung anstehen. Ein Ablauf muß dauerhaft und in Übereinstimmung mit der Aufgabenverarbeitung verwaltet werden. Bei einem Systemausfall oder Anwendungsfehler dürfen Abläufe nicht automatisch zurückgesetzt werden. Statt dessen sollen verschiedene Mechanismen zur Fehlerbehandlung bereitgestellt werden, die von den Typen der Aktivitäten und der vorliegenden Anwendungssituation abhängig sind.

Ein Ablauf durch ein Aktivitätennetz beginnt mit einer Aufgabe in der Startaktivität, deren Bearbeitung zu weiteren Aufgaben für Nachfolgeraktivitäten führt, bis der Ablauf in der Endaktivität des Aktivitätennetzes endet. Anhand dieses Szenarios werden nachfolgend einige Strukturierungsmöglichkeiten für Abläufe in transaktionale Verarbeitungseinheiten diskutiert:

- Der gesamte Ablauf könnte als eine flache ACID-Transaktion realisiert werden. Dieses sehr leicht zu durchschauende Strukturierungskonzept birgt jedoch schwerwiegende Defizite in sich - lange Blockierung von Ressourcen, Verlust von Zwischenergebnissen im Fehlerfall -, so daß diese Möglichkeit verworfen werden muß.

• Bei Anwendung des Konzepts der geschachtelten Transaktionen könnte die Aufgabenverarbeitung in der Startaktivität als Wurzeltransaktion mit den nachfolgenden Aufgaben als geschachtelte Subtransaktionen ablaufen (zu geschachtelten Transaktionen siehe [Moss 85]). Dieser Ansatz ist deshalb inadäquat, da die Aufgabenverarbeitungen nicht in einer Aufrufer/Aufgerufener-Beziehung, sondern in einer Auftraggeber/Auftragnehmer-Beziehung stehen. Diese Kritik gilt mehr oder weniger für sämtliche Erweiterungen des Konzepts der geschachtelten Transaktionen (z. B. *Activities/Transactions Model ATM*, [DaHL 91])

• Die in Abschnitt 5.5.2 diskutierten Transaktionskonzepte für lange andauernde Verarbeitungen (Transaktionsketten, Sagas, ConTracts) sind in der Lage, ACID-Verarbeitungen sequentiell oder mit höheren Kontrollstrukturen in Skripten miteinander zu verknüpfen. Die Untersuchungen dieser Konzepte haben gezeigt, daß die Ansätze es mehr oder weniger ermöglichen, mit ihren Kontrollstrukturen die Aktivitätennetze in Ablaufskripten zu beschreiben. Sie sind jedoch nicht in der Lage, die damit einhergehenden Strukturen von Abläufen, insbesondere die verschiedenen Formen der Zusammenführung (Aufgabenzusammenführung, kumulierte Aufgabenverteilung und Ablaufzusammenführung), adäquat zu unterstützen ([Reut 92b]).

Ein Vergleich dieser Strukturierungsmöglichkeiten mit den gestellten Anforderungen zeigt, daß es durchaus sinnvoll ist, lediglich die Aufgabenverarbeitungen in den Aktivitäten jeweils als ACID-Transaktion zu realisieren und die Ablaufstrukturen nicht in das Transaktionskonzept einzubeziehen. Nach Abschluß der Aufgabenverarbeitung in einem Ablauf sind die erzeugten Ergebnisse auch sämtlichen anderen Abläufen zugänglich. Diese Situation ist in den beschriebenen Anwendungsumgebungen vertretbar, als es weniger um den konkurrierenden Datenzugriff, als vielmehr um die Kontrolle eines Datenentstehungsprozesses geht. Lediglich die Verwaltung der Ablaufhistorie bzw. der Zustände der Aufgaben werden in die transaktionsgesicherte Aufgabenverarbeitung einbezogen. Dieser Ansatz wird im nachfolgenden Abschnitt detailliert erläutert; Abschnitt 7.5.5.3 beschreibt die Ausnahmebehandlung

7.5.5.2   Transaktionsgesicherte Aufgabenverarbeitung

Eine Aufgabenverarbeitung beginnt mit dem Anzeigen eines entsprechenden Ereignisses an den Ereignis-Manager des Aktivitätensystems und endet mit einer Rückmeldung vom Aktivitätensystem über das Ergebnis der Aufgabenverarbeitung. Die in dieser Arbeit gewählte Transaktionssicherung beruht auf klassischen ACID-Transaktionen zur Aufgabenverarbeitung, gekoppelt mit einer transaktionalen Aufgabenverwaltung. Dieses Konzept wird nachfolgend vorgestellt.

Eine Aufgabe nimmt während ihrer Verarbeitung verschiedene Status ein. Abbildung 7-13 zeigt die relevanten Verarbeitungsstatus und dient der nachfolgenden Erläuterung der Transaktionssicherung. Bei der Abbildung handelt es sich um einen Ausschnitt des Zustands/Übergangsdiagramms einer Aufgabe aus Abbildung 7-12. Es gilt strikt zu unterscheiden zwischen Transaktionen, die der Verwaltung der Aufgaben im Systemkatalog dienen, und der Transaktion zur Aufgabenverarbeitung in einer Aktivität. Die Verwaltungstransaktionen ermöglichen eine zuverlässige und kontrollierte Verwaltung der Aufgabenstatus entsprechend dem Zustands/Übergangsdiagramm. Jeder Übergang wird durch eine Transaktion vollzogen. Mit den Zustandsübergängen einer Aufgabe ist die Steuerung der Transaktion zur Aufgabenverarbeitung verbunden (fett gedruckte Anweisungen in Abbildung 7-13). Im folgenden werden nur die Anwendungstransaktionen erläutert.[6]

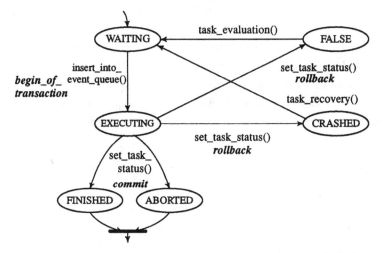

Abbildung 7-13:   Verarbeitungsstatus einer transaktionsgesicherten Aufgabenverarbeitung

Eine Aufgabe im Zustand WAITING wird aus einer Aufgabenwarteschlange zur Verarbeitung ausgewählt. Für die Verarbeitung dieser Aufgabe wird eine Transaktionsidentifikation erzeugt und im Systemkatalog abgelegt. Anschließend kann die Aufgabe einschließlich der Transaktionsidentifikation an den Ereignis-Manager zur Ausführung angezeigt und die Transaktion

---

6)   Die Wechselwirkungen zwischen den Verwaltungs- und Anwendungstransaktionen können über sogenannte Transaktionsabhängigkeiten ("commit-dependency", "abort dependency", siehe [Klei 91a]) ausgedrückt werden.

gestartet werden (*begin_of_transaction*). Die Aufgabe geht im Systemkatalog in den Zustand EXECUTING über. Sämtliche Verarbeitungen im Aktivitätensystem und letztendlich auch die Ausführung des einer Aktivität zugrundeliegenden Anwendungssystems müssen unter der Regie der erzeugten Transaktion ablaufen. Eine Voraussetzung dafür ist, daß sich die zu integrierenden Anwendungssysteme wie Ressourcen-Manager verhalten und somit in der Lage sind, (a) im Kontext einer Transaktion abzulaufen und (b) als Teilnehmer gegenüber einem Transaktions-Manager zu operieren (siehe Abschnitt 5.5.3 bzw. [GrRe 92]).

Nach einer Aufgabenverarbeitung zeigt das Aktivitätensystem dem Ablaufverwaltungssystem die Veränderung des Verarbeitungsstatus einer Aufgabe an, so daß das Ablaufverwaltungssystem über die Beendigung der laufenden Transaktion entscheiden kann. Bei einer erfolgreichen Beendigung geht die Aufgabe in den Endzustand FINISHED über und die Anwendungstransaktion wird freigegeben (*commit*); analog wird bei einem anwendungsbedingten Fehler im Endzustand ABORTED vorgegangen, wenn die Bearbeitung zwar nicht abbricht, jedoch keine Ergebnisdaten erzeugt werden konnten. Bei einem systembedingten Fehler (Absturz des Anwendungssystems, Fehler im Laufzeitsystem, etc.) geht - evtl. erst beim Wiederanlauf - die Aufgabe in den Zustand CRASHED über, und die Anwendungstransaktion wird zurückgesetzt (*rollback*). Abgestürzte Aufgabenverarbeitungen können nach spezifischen Maßnahmen zur Fehlerbehandlung unter Umständen wieder explizit in den Zustand WAITING überführt und somit zur wiederholten Ausführung in die Aufgabenwarteschlange der entsprechenden Aktivität eingereiht werden. Eine analoge Vorgehensweise wird bei nicht erfüllten Ausführungsbedingungen einer Aufgabenverarbeitung verwendet.

7.5.5.3 Ausnahmebehandlung

Aufgrund der Entkopplung der Aufgabenverarbeitung in Anwendungstransaktionen einerseits und Aufgabenverwaltung einschließlich Steuerung der Anwendungstransaktionen andererseits bestehen potentiell zahlreiche Möglichkeiten zur Behandlung abgebrochener oder nicht ausführbarer Aufgabenverarbeitungen. In diesem Abschnitt werden zunächst Fehlerfälle aufgezeigt und anschließend Möglichkeiten zu ihrer Behandlung beschrieben.

Eine laufende Aufgabenverarbeitung kann entsprechend dem Zustands/Übergangsdiagramm einer Aufgabe (siehe Abschnitt 7.5.4) unter anderem in nachfolgenden Zuständen enden:

- ABORTED (abgebrochene Aufgabenverarbeitung),
- FALSE (nicht erfüllte Ausführungsbedingung) und
- CRASHED (abgestürzte Aufgabenverarbeitung).

Ein Anwendungsfehler liegt vor, wenn die Verarbeitung korrekt abläuft, jedoch keine Ergebnisdaten erzeugt werden konnten (ABORTED) bzw. a priori eine Ausführungsbedingung nicht erfüllt ist (FALSE). Bei einem Systemfehler dagegen kommt es zu einem Programmabsturz aufgrund eines Programm-, Hauptspeicher-, Platten- oder Kommunikationsfehlers (CRASHED). Systemfehler werden entsprechend dem Fehlermodell des Transaktionskonzepts durch Wiederherstellen des Ausgangszustandes einer Verarbeitung behandelt. Für die Behandlung von Anwendungsfehlern gibt es zahlreiche weitere Möglichkeiten, die nachfolgend aufgezeigt werden. Diese Möglichkeiten reichen von der einfachen nochmaligen Freigabe der betreffenden Aufgabe in den Zustand WAITING bis hin zu Verfahren, welche die Ablaufhistorie in die Ausnahmebehandlung einbeziehen.

Für Aufgaben im Zustand ABORTED kann in der Aktivitätenbeschreibung generell eine alternative Aufgabenverteilung spezifiziert werden. Dadurch können schon beim Entwurf einer Aktivität Ausnahmebehandlungsmaßnahmen vorgesehen werden, so daß im Fehlerfall ein konkreter Ablauf fortgesetzt werden kann. Sind keine Alternativen spezifiziert, so muß im Fehlerfall adhoc eingegriffen werden, um einen Ablauf fortführen zu können.

Für eine generelle Behandlung von Anwendungsfehlern (Aufgaben im Zustand ABORTED oder FALSE) bestehen prinzipiell nachfolgend beschriebene Möglichkeiten (siehe Abbildung 7-14). Bei der Bearbeitung der Aufgabe $t_{4.3}$ in der Aktivität A_4 soll ein Anwendungsfehler eintreten, der nach folgenden Alternativen behandelt werden kann:

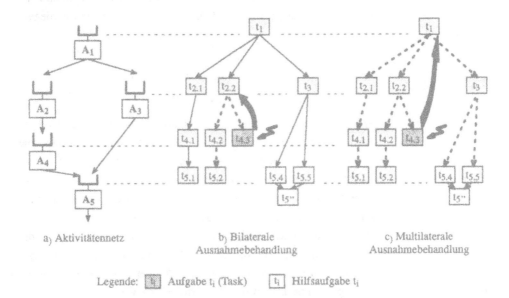

a) Aktivitätennetz   b) Bilaterale   c) Multilaterale
                              Ausnahmebehandlung   Ausnahmebehandlung

Legende: ▨ Aufgabe t_i (Task)   ☐ t_i Hilfsaufgabe t_i

Abbildung 7-14: Ausnahmebehandlung von Anwendungsfehlern

- **Unilaterale Ausnahmebehandlung:** Die Aufgabe wird nochmals in die Aufgabenwarteschlange zur Bearbeitung eingereiht werden, da sich die Umgebung einer Aufgabenverarbeitung geändert hat und somit der Anwendungsfehler nicht mehr auftreten wird.

- **Bilaterale Ausnahmebehandlung:** Die Vorgängeraufgabe[7] der zu behandelnden Aufgabe wird in die Ausnahmebehandlung einbezogen (siehe Abbildung 7-14b). Beispielsweise könnte die Vorgängeraktivität für die Aufgabe $t_{2.2}$ nochmals aktiviert werden, um eine andere Ausgangssituation für die zu behandelnde Aufgabe zu schaffen. Da die Vorgängeraufgabe unter Umständen mehrere Nachfolgeraufgaben erzeugt hat, würden in diesem Fall auch diese in die Ausnahmebehandlung involviert werden (Aufgaben $t_{4.2}$ und $t_{5.2}$).

- **Multilaterale Ausnahmebehandlung:** Bei einer multilateralen Ausnahmebehandlung werden Vorgängeraufgaben über mehrere Stufen hinweg in die Fehlerbehandlung einbezogen, wobei sich in diesem Fall auch der Bereich der involvierten Aufgaben der Ablaufhistorie vergrößert (siehe Abbildung 7-14c).

Im Falle einer multilateralen Ausnahmebehandlung erfolgt eine nochmalige Aufgabenverarbeitung ab dem ausgewählten Rücksetzpunkt (Aufgabe $t_{2.2}$ in Abbildung 7-14b) bzw. Aufgabe t_1 in Abbildung 7-14c). Da prinzipiell keine Kompensierbarkeit bereits ausgeführter Aufgabenverarbeitungen gefordert werden kann ([Paus 88]), wird die nochmalige Aufgabenverarbeitung mit einem entsprechenden Ausnahmevermerk ausgeführt und explizit in der Ablaufhistorie als Iteration festgehalten. Es wird somit nicht auf dem Ausgangszustand einer ursprünglichen Aufgabenverarbeitung aufgesetzt, sondern jeweils auf dem aktuell vorliegenden Zustand.

7.6   Datensystem

Das Datensystem bildet neben dem Aktivitäten- und Ablaufverwaltungssystem die dritte Hauptkomponente des Ablaufkontrollsystems. In diesem Abschnitt werden zunächst die Anforderungen an das Datensystem aufgezeigt. Dabei wird sich zeigen, daß diese Anforderungen jeweils in engem Bezug entweder zum Aktivitäten- oder zum Ablaufverwaltungssystem stehen. Entsprechend diesen Bezügen wurde das Datensystem in zwei Komponenten unterteilt. Der Bezug zum Aktivitätensystem besteht darin, daß das Aktivitätensystem Anforderungen an das Datensystem hinsichtlich der Datenbereitstellung und -übernahme bei der Aufgabenverarbeitung in einer Aktivität stellt; der Bezug zwischen dem Ablaufverwaltungs- und Datensystem betrifft die verteilte Datenverwaltung, da bei einer rechnerübergreifenden Ablaufbearbeitung eine entsprechende Datenverteilung erforderlich wird.

---

7)   Die Vorgängeraufgabe ist die Aufgabe, aus deren Bearbeitung in der Vorgängeraktivität die aktuell zu behandelnde Aufgabe entstanden ist.

7.6.1 Anforderungen

Die Verwaltung des Anwendungsdatenbestandes soll aufgrund der in Abschnitt 5.3.3.1 aufgezeigten Vorteile grundsätzlich mit einem Datenbanksystem erfolgen. Weiterhin soll die Verwaltung dieses Datenbestandes in einem verteilten System erfolgen. Ausgehend von diesen beiden Vorgaben stellen sich die nachfolgenden beiden grundsätzlichen Anforderungen an das Datensystem:

- Die erste Anforderung betrifft die Realisierung der Datenschnittstelle zu den Aktivitäten bzw. ihren ausführenden Anwendungssystemen. Diese Schnittstelle wird mit der Sprache DIDL (*D*ata *I*nterchange *D*efinition *L*anguage, siehe Abschnitt 7.3.2.2) bei der Beschreibung der Aktivitäten festgelegt und umfaßt die Datenbereitstellung und -übernahme. Das Anstoßen der Datenbereitstellung und -übernahme erfolgt jeweils bei einer Aufgabenverarbeitung durch das Aktivitätensystem. Bei der Datenbereitstellung und -übernahme wird jeweils von einem logisch zentralen Datenbestand ausgegangen.

- Die zweite Anforderung beinhaltet die Verwaltung der Anwendungsdaten in einem verteilten System bestehender Anwendungssysteme. Diese Anforderung resultiert aus dem Betrieb der Aktivitäten in einem verteilten System. Die Verteilung der Aktivitäten wird mit der Sprache ADL (*A*ctivity *D*efinition *L*anguage, siehe Abschnitt 7.3.2.1) bei der Beschreibung der Aktivitäten festgelegt. Die verteilte Datenverwaltung verfolgt das Ziel, auf der Basis der Vorgaben der Aktivitätenverteilung eine Datenbereitstellung und -übernahme ausschließlich durch lokale Datenoperationen zu ermöglichen. Aus diesem Grund muß der logisch zentrale Datenbestand partitioniert und auf die verschiedenen Rechnerknoten verteilt werden. Die Aktualisierung der entstehenden replizierten oder abhängigen Daten erfolgt in Abhängigkeit von den Anforderungen an das Ablaufverwaltungssystem, da das Ablaufverwaltungssystem letztendlich den Zeitpunkt einer Aufgabenverarbeitung und somit den Zeitpunkt des Datenbedarfs definiert.

7.6.2 Datenbereitstellung und -übernahme

Die Datenbereitstellung und -übernahme vor bzw. nach der Aufgabenverarbeitung in einer Aktivität realisiert die datenorientierte Anbindung der Aktivitäten an das Ablaufkontrollsystem ActMan. In diesem Abschnitt wird der Architekturanteil des Datensystems vorgestellt, der die Datenschnittstelle zu den Aktivitäten realisiert.

Die datenorientierte Anbindung der Anwendungssysteme an das Kontrollsystem erfolgt durch konfigurierbare Datenkonverter zur Datenbereitstellung und -übernahme. Der Datenaustausch zwischen dem Ablaufkontrollsystem und den Anwendungssystemen wird auf Dateiebene abgewickelt. Die Konfigurationsdaten der Datenkonverter werden durch die DIDL-Beschreibungen der Aktivitäten bereitgestellt (Struktur-, Format- und Inhaltsbeschreibung, siehe Abschnitt 7.3.2.2).

Abbildung 7-15 zeigt im Überblick das Zusammenwirken zwischen der Datenbereitstellung und -übernahme, dem Anwendungssystem einer Aktivität, der Anwendungsdatenbank und den DIDL-Beschreibungen einer Aktivität. Die Datenbereitstellung wird durch das Aktivitätensystem initiiert. Dabei werden die Parameter der aktuell zu verarbeitenden Aufgabe übergeben. Anhand dieser Parameter ist es möglich, den konkreten Kontext einer Aufgabenverarbeitung zu erzeugen. Die Datenbereitstellung und -übernahme erfolgt in nachfolgendem Verarbeitungszyklus:

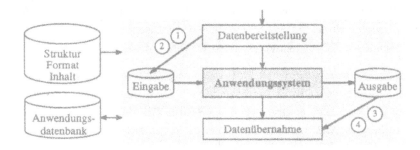

Abbildung 7-15: Datenbereitstellung und -übernahme für eine Aktivität

1. **Selektieren der Daten aus der Anwendungsdatenbank:** Die Selektion der Daten aus der globalen Anwendungsdatenbank erfolgt mit Hilfe der Datenbanksprache SQL. Prinzipiell können auch mächtigere Sprachen, die komplexe Objekte verarbeiten können, eingesetzt werden. Die Inhaltsbeschreibung für eine Aktivität enthält die zur Selektion notwendigen Datenbankoperationen. Es handelt sich um parametrisierte Operationen, deren Variablen - sie sind mit "task." gekennzeichnet - durch die konkreten Aufgabenparameter aktualisiert werden. Die extrahierten Daten werden in der Datenbank als "in Bearbeitung befindlich" gekennzeichnet (Checkout-Operation).

2. **Strukturieren, Formatieren und Erzeugen der Eingabedaten:** Die im ersten Schritt selektierten Daten werden unter der Vorgabe der Struktur- und Formatbeschreibung aufbereitet und somit dem Anwendungssystem in der jeweils benötigten Form als Eingabedaten bereitgestellt.

3. **Einlesen und Strukturieren der Ausgabedaten:** Dieser Schritt verläuft analog zum Schritt 2. Auf der Basis der Struktur- und Formatbeschreibung werden die vom Anwendungssystem erzeugten Ausgabedaten eingelesen und entsprechend strukturiert.

4. **Einbringen der Daten in die Anwendungsdatenbank**: Die im Schritt 3 strukturierten Daten werden in die Anwendungsdatenbank eingebracht. Dies erfolgt anhand der in der Inhaltsbeschreibung festgelegten Einfüge- oder Änderungsoperationen. Analog zu den Selektionsoperationen in Schritt 1 handelt es sich bei den Operationen um parametrisierte SQL-Datenbankoperationen, deren Parameter durch die Aufgabenparameter der aktuell verarbeiteten Aufgabe aktualisiert werden. Alle in Schritt 1 mit "in Bearbeitung befindlich" gekennzeichnete Daten werden mit dem Einbringen der Daten freigegeben.

7.6.3   Ablauforientierte verteilte Datenverwaltung

Bei der Verwaltung der globalen Anwendungsdaten eines Aktivitätennetzes muß von der Umgebung eines verteilten Systems ausgegangen werden. Aus diesem Grund wird in diesem Abschnitt das Konzept der ablauforientierten verteilten Datenverwaltung eingeführt. Anschließend wird auf Realisierungsansätze dieses Konzepts eingegangen und eine Bewertung vorgenommen. Auf der Basis dieser Bewertung wird der in dieser Arbeit verfolgte Realisierungsansatz zur ablauforientierten verteilten Datenverwaltung entwickelt.

7.6.3.1   *Konzept*

Die notwendigen Daten zur Aufgabenverarbeitung in einer Aktivität müssen an den jeweiligen Rechnerknoten bereitstehen, an denen sie aufgrund der Aktivitätenbeschreibungen gebraucht werden. Ein Aktivitätennetz beschreibt, wann und wo welche Daten entstehen und auf welche Daten zugegriffen wird. Daten werden von Aktivitäten auf einem Rechnerknoten erzeugt und von anderen Aktivitäten - unter Umständen auf anderen Knoten - verarbeitet. Das im Aktivitätennetz dokumentierte Wissen über den Datenentstehungsprozeß kann zur Optimierung der verteilten Datenverwaltung herangezogen werden. Da sich der konkrete Datenbedarf an den Aufgaben orientiert, die den aktuellen Fortschritt von Abläufen repräsentieren, wird diese Form der Datenverwaltung als ablauforientierte verteilte Datenverwaltung bezeichnet ([ReWe 92b], [Rein 92]).

Bei der Beschreibung eines Aktivitätennetzes wird unter anderem das konzeptionelle Schema der globalen Anwendungsdaten definiert. Diese Anwendungsdaten müssen unter der Zielsetzung einer lokalen Datenbereitstellung entsprechend den Datenanforderungen der Aktivitäten verteilt werden. Dazu wird der globale Datenbestand durch horizontale und/oder vertikale Fragmentierung in Datenpartitionen zerlegt werden und auf die einzelnen Rechnerknoten verteilt. Die Datenallokation erfolgt gemäß der Verteilung der Aktivitäten in einem verteilten System.

Abbildung 7-16 verdeutlicht für zwei Knoten eines verteilten Systems das Zusammenwirken zwischen einem Aktivitätennetz auf Aktivitätenebene und der verteilten Datenverwaltung auf Datenebene. An jedem Rechnerknoten werden die Datenpartitionen allokiert, die für den lokalen Betrieb der Aktivitäten erforderlich sind. Auf diese Weise kann die Datenbereitstellung und -übernahme durch lokale Datenzugriffe erfolgen (siehe Pfeiltyp 1 in Abbildung 7-16). Da sich die Datenpartitionen an unterschiedlichen Knoten überlappen können, entstehen Abhängigkeiten zwischen den Datenpartitionen hinsichtlich ihrer Aktualität. Wann abhängige Datenpartitionen zu aktualisieren sind, wird durch den Aufgabenfluß in einem Aktivitätennetz definiert, da die Aufgaben letztendlich den Zeitpunkt des Datenbedarfs festlegen. Eine knotenübergreifende Datenaktualisierung von Knoten K_i nach Knoten K_j wird erst dann erforderlich, wenn ein knotenübergreifender Aufgabenfluß (Pfeiltyp 2) erfolgt und somit am Zielknoten die aktuellen Anwendungsdaten der Vorgängeraktivitäten gebraucht werden. Insbesondere verursacht ein lokaler Aufgabenfluß von Aktivität A_1 nach Aktivität A_2 keine knotenübergreifenden Datenoperationen. Die rechnerübergreifende Aufgabenverteilung kann vom Ablaufverwaltungssystem angezeigt werden (Pfeiltyp 3), so daß auf Datenebene eine entsprechende Datenaktualisierung durchgeführt werden kann (Pfeiltyp 4).

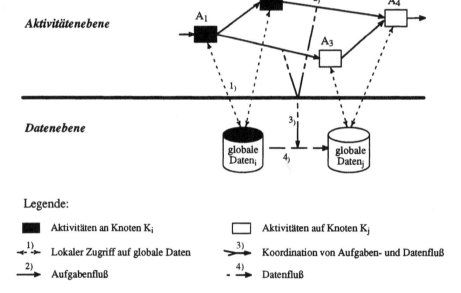

Abbildung 7-16: Ablauforientierte verteilte Datenverwaltung

7.6.3.2 Bewertung von Ansätzen

Für die generelle Realisierung einer verteilten Datenverwaltung stehen verschiedene Architekturen zur Auswahl. Nachfolgende Architekturen werden in diesem Abschnitt hinsichtlich der Realisierbarkeit einer ablauforientierten verteilten Datenverwaltung bewertet. Als mögliche Ansätze wurden in Abschnitt 5.3.3.2 eingeführt:

- verteilte Datenbanksysteme,
- föderative Datenbanksysteme,
- Multidatenbanksysteme und
- interoperable Datenbanksysteme.

Der Vergleich dieser Ansätze in Abschnitt 5.3.3.2 hat gezeigt, daß verteilte, föderative und Multidatenbanksysteme mit mehr oder weniger Einschränkungen das Ubiquitätsprinzip bei der verteilten Datenverwaltung verfolgen. Beim Entwurf des physischen Datenschemas besteht jeweils die Möglichkeit, auf die spezifischen Anforderungen der Anwendung einzugehen und die Daten an den Rechnerknoten zu allokieren, wo sie gebraucht werden. Daten, die nach dem physischen Entwurf lediglich logisch verfügbar sind, werden durch einen Datenfernzugriff bereitgestellt. Physisch verfügbare Daten an einem Rechnerknoten können lokal zugegriffen werden; die Datenbankoperationen müssen jedoch aufgrund des Konsistenzbegriffs des Ubiquitätsprinzips an allen Knoten, die ebenfalls Replikate dieser Daten verwalten, im Rahmen einer verteilten Transaktion ausgeführt werden ("one copy serializability", [BeHG 87]). Diese verteilten Transaktionen erfordern aufwendige verteilte Synchronisations- und Freigabeprotokolle.

Die genannten Architekturansätze zur verteilten Datenverwaltung verfolgen die Zielsetzung der Integration bestehender Datenverwaltungssysteme. Dies geschieht jeweils mit dem Anspruch der breiten Anwendbarkeit eines Ansatzes, da keinerlei zusätzliches Anwendungswissen bezüglich der Datenaktualität in die verteilte Datenverwaltung einbezogen wird. Statt dessen wird stets von dem ungünstigsten Fall ausgegangen, daß sämtliche replizierten Daten jeweils im gleichen aktuellen Zustand vorliegen müssen.

Von den oben aufgelisteten Ansätzen zur verteilten Datenverwaltung bieten lediglich die interoperablen Datenbanksysteme entsprechende Freiheitsgrade, durch die Unterstützung von Beziehungen zwischen abhängigen Daten zusätzliches Anwendungswissen zu berücksichtigen. Der Begriff der abhängigen Daten involviert die replizierten Daten. Bei replizierten Daten wird von einem logisch gemeinsamen Datum ausgegangen, wobei die Replikate jeweils in einer Gleichheitsbeziehung zueinander stehen. Die abhängigen Daten können unterschiedliche Datenelemente sein, die durch ein breites Spektrum von Beziehungen, unter anderem auch die Gleichheitsbeziehung, zueinander in Relation stehen. Aus diesem Grund wird sich nachfolgend für die Architektur der interoperablen Datenbanksysteme entschieden.

7.6.3.3   Realisierungsansatz

Das DDMS (*Distributed Data Management System*) ist ein an der Universität Erlangen-
Nürnberg entwickeltes Konzept zur verteilten Datenverwaltung, das nach den Ausführungen
in Abschnitt 5.3.3.3 den interoperablen Datenbanksystemen zuzurechnen ist. Der DDMS-
Ansatz geht von einem globalen konzeptionellen Datenschema aus und stellt zahlreiche
Möglichkeiten zur Datenallokation und -aktualisierung für verteilte, abhängige Datenbestände
bereit. Aus diesem Grund wird im Rahmen des Ablaufkontrollsystems ActMan die Verwaltung der globalen Datenbestände mit dem DDMS realisiert. In diesem Abschnitt wird
erläutert, wie die Beschreibung von Aktivitätennetzen in die Definition der Datenallokation
und -aktualisierung nach dem DDMS-Ansatz einbezogen werden kann.

Die Definition der Datenallokation und -aktualisierung nach dem DDMS-Ansatz erfolgt in
nachfolgenden Schritten ([Jabl 90]):

1. Beschreibung des konzeptionellen Schemas der globalen Anwendungsdaten,

2. Definition der Datenpartitionen (horizontale und/oder vertikale Fragmentierung),

3. Allokation der Datenpartitionen auf die Knoten des verteilten Systems und

4. Spezifikation der Datenaktualisierungsstrategien zwischen den Datenpartitionen.

Diese Definitionsschritte sind unter Berücksichtigung des Anwendungswissens in Aktivitätennetzen wie nachfolgend zu gestalten:

zu 1. Das konzeptionelle Datenschema der globalen Anwendungsdaten in Aktivitätennetzen
wird mit der Datendefinitionssprache DDL (*Data Definition Language*, siehe Abschnitt
7.3.2.3) bei der Definition eines Aktivitätennetzes definiert. Die Beschreibung der
Datenschemata wird im Systemkatalog des Ablaufkontrollsystems verwaltet und kann
unmittelbar für das DDMS übernommen werden.

zu 2. Die Definition der Datenpartitionen basiert auf den Inhaltsbeschreibungen der Aktivitäten (Datenbereitstellung und -übernahme), die mit der Datenaustauschsprache DIDL
(*Data Interchange Definition Language*, siehe Abschnitt 7.3.2.2) vorgenommen
werden. In der DIDL ist der Datenbedarf der einzelnen Aktivitäten in Anlehnung
an die Datenbanksprache SQL definiert, so daß sich eine Fragmentierung unmittelbar
ableiten läßt. Die DIDL bezieht sich auf das definierte globale konzeptionelle Datenschema.

zu 3. Die Datenpartitionen sind an den Knoten allokiert, an denen auch die Aktivitäten
entsprechend den Vorgaben im Aktivitätennetz allokiert werden. Die Allokation der
Aktivitäten ist im Systemkatalog festgehalten. Überlappende Datenpartitionen an
unterschiedlichen Rechnerknoten stellen abhängige Daten dar. Falls nach der Daten-

fragmentierung in Schritt 2 an einem Rechnerknoten für unterschiedliche Aktivitäten überlappende Datenpartitionen allokiert werden, können diese integriert werden. Dies bedeutet, daß innerhalb eines Rechnerknotens keine abhängigen Daten eingeführt werden, sondern lediglich über Rechnergrenzen hinweg.

zu 4. Die Definition der Datenaktualisierungsstrategien resultiert (a) aus dem Aufgabenfluß zwischen den Aktivitäten verschiedener Knoten (*wann*) und (b) dem Datenbedarf der Nachfolgeraktivitäten (*welche Daten*). Aus dem gesamten Spektrum an DDMS-Datenaktualisierungsstrategien wird das indirekte Propagieren und sofortige Einbringen der Daten am Zielknoten verwendet.[8] Der Datenbedarf der Nachfolgeraktivitäten am Zielknoten ist in der jeweiligen Inhaltsbeschreibung enthalten.

Die Begründung für die in Schritt 4 gewählte indirekte Datenaktualisierungsstrategie liegt darin, daß am Zielknoten die betreffenden Anwendungsdaten nicht sofort zugegriffen werden, sondern erst, wenn auf Anwendungsebene eine Aufforderung in Form einer Aufgabe vorliegt. Eine Datenaktualisierung wird somit nur bei einem rechnerübergreifender Aufgabenfluß im Aktivitätennetz erforderlich. Übertragene Daten werden am Zielknoten sofort in den lokalen Datenbestand eingebracht, da die Aufgabenverarbeitung erst dann beginnen kann, wenn die Anwendungsdaten lokal verfügbar sind.

Das DDMS kann den rechnerübergreifenden Aufgabenfluß in einem Aktivitätennetz als Ereignis zum indirekten Propagieren von Datenbeständen nicht erkennen. Das *wann* eines Datenaustausches muß somit dem DDMS vom Ablaufverwaltungssystem als externes Ereignis angezeigt werden.

In Abbildung 7-17 wird für das Szenario in Abbildung 7-16 die Spezifikation der Datenallokation und -aktualisierung anhand der Sprachkonstrukte des DDMS skizziert ([Jabl 90]). Es werden zwei Datenpartitionen p_i und p_j definiert, die an den beiden Knoten k_i und k_j zu allokieren sind. Die Definition der beiden Datenpartition orientiert sich an den Anforderungen der Aktivitäten an den jeweiligen Knoten (sql-clause$_i$ und sql-clause$_j$). Die Propagating-Klausel INDIRECT bei Partition p_i bedeutet, daß beim Eintreten des im Trigger $a_1\_to\_a_3$ definierten Ereignisses ein Datenaustausch von Partition p_i nach Partition p_j ausgeführt wird. Die Receiving-Klausel INTEGRATED bei Partition p_j legt das sofortige Einbringen der propagierten Daten in die Partition p_j fest. Als Einbringstrategie am Zielknoten wird INCREMENTAL verwendet (d. h. eventuell existierende Dateneinträge in der Partition p_j werden überschrieben), da die Nachfolgeraktivität die jeweils aktuellen Daten der Vorgängeraktivitäten verwenden soll. Ein Datenaustausch zwischen den beiden Partitionen soll nur

---

8) Bei einem indirekten Propagieren und sofortigen Einbringen werden die auszutauschenden Daten unmittelbar beim Eintreten eines definierten Ereignisses aus dem Quellknoten extrahiert und sofort am Zielknoten eingebracht. Die Propagierungsstrategie heißt "indirekt", da der Datenaustausch zeitlich versetzt zur ursprünglichen Datenmodifikation erfolgt (siehe Abschnitt 5.3.3.3).

ALLOCATE p_i **AT** k_i
    DEFINED AS sql-clause$_i$
    PROPAGATING UPDATE indirect **TO** p_j **ON** a$_1$_to_a$_3$;

ALLOCATE p_j **AT** k_j
    DEFINED AS sql-clause$_j$
    RECEIVING UPDATE integrated **FROM** p_i (incremental);

DEFINE TRIGGER a$_1$_to_a$_3$ **AS** on_demand;

Abbildung 7-17: DDMS-Spezifikation der ablauforientierten verteilten Datenverwaltung

stattfinden, wenn eine Aufgabenverteilung zwischen den Aktivitäten A_1 und A_3 oder A_2 und A_4 erfolgt. Für diesen Zweck wird mit Hilfe des TRIGGER-Konstrukts ein externes Ereignis a$_1$_to_a$_3$ als on_demand-Ereignis definiert. Dieses Ereignis wird dem DDMS-System in der beschriebenen Situation vom Ablaufverwaltungssystem angezeigt.

Der aufgezeigte Ansatz zur Datenallokation und -verteilung ermöglicht das Einbeziehen des in Aktivitätennetzen vorhandenen Anwendungswissens zur Optimierung der verteilten Daten-verwaltung. Die Optimierung besteht zum einen in der lokalen Bereitstellung der Daten an den Rechnerknoten, wo sie aufgrund der Aktivitätenverteilung gebraucht werden; zum anderen erfolgt eine Datenaktualisierung erst dann, wenn die Daten auch tatsächlich aufgrund des Ablauffortschritts an den entfernten Rechnerknoten zugegriffen werden. In diesen Fällen kann auf einen synchronen Abgleich replizierter Datenbestände nach dem strengen Konsi-stenzbegriff des Ubiquitätsprinzips verzichtet werden.

8 Ausgewählte Implementierungsaspekte

In diesem Kapitel werden ausgewählte Implementierungsaspekte der in Kapitel 7 dargestellten Architektur des Ablaufkontrollsystems ActMan beschrieben. Die Rahmenarchitektur des Ablaufkontrollsystems in Abschnitt 7.2 und dessen verteilte Konfiguration dienen dabei als Orientierungshilfe.

Nachfolgend wird zunächst die bei der Implementierung zum Einsatz gekommene Entwicklungsumgebung für das Ablaufkontrollsystem aufgezeigt. Bei den ausgewählten Implementierungsaspekten handelt es sich im wesentlichen um das Definitions-, Aktivitäten- und Ablaufverwaltungssystem. Bezüglich des Datensystems wird im Rahmen des Aktivitätensystems auf die Datenbereitstellung und -übernahme eingegangen, hinsichtlich des Anteils zur verteilten Datenverwaltung wird auf [Jabl 90] verwiesen.

8.1 Entwicklungsumgebung

Die prototypische Implementierung des Ablaufkontrollsystems ActMan wurde in einer Rechnerumgebung bestehend aus zwei VAX-Clustern (Shared Disk-System) mit jeweils mehreren VAX-Stations (2000/3100) der Firma Digital Equipment Corporation (DEC) vorgenommen. Die Implementierung erfolgte unter dem Betriebssystem VMS und dem Kommunikationssystem DECnet. DECnet unterstützt unter anderem eine Programm-zu-Programm-Kommunikation (Task-to-Task), einen Dateitransfer sowie einen direkten Fernzugriff auf alle Dateien und Betriebsmittel im Netzwerk.

Als Datenverwaltungssystem sowohl für die Systemkataloge als auch für die Anwendungsdaten wurde das relationale Datenbanksystem VAX Rdb/VMS mit der Rdb/VMS-SQL-Schnittstelle (kurz Rdb und SQL) verwendet. Rdb kann in die verteilte Transaktionsverarbeitung unter DECdtm einbezogen werden.

Als Implementierungssprachen für die meisten ActMan-Komponenten wurden VAX Pascal und VAX C mit jeweils eingebetteter Datenbanksprache SQL (teilweise dynamisches SQL) verwendet. Besonders hervorzuheben an VAX Pascal sind die Sprachelemente für den direkten und indexsequentiellen Zugriff auf VAX RMS-Dateien, externe Prozedur- und Funktionsvereinbarungen sowie die Verknüpfung von Prozeduren und Funktionen zu Modulen mit einer vom Hauptprogramm getrennten Compilierung. Die Interprozeß-Kommunikation der ActMan-Laufzeitkomponenten erfolgt über VMS-Mailboxes. Umfangreichere Syntaxprüfungen wurden unter dem Compilergenerator VAX SCAN, einfachere unter VAX CLI (*Command Language Interpreter*) programmiert.

Für die Programmierung einfacher Bildschirmmasken wurde das Maskensystem VAX FMS eingesetzt. Die Visualisierung von Abläufen in Aktivitätennetzen erfolgt unter DECWindows/ Motif.

8.2   Definitionssystem

In diesem Abschnitt wird das implementierte Definitionssystem beschrieben. Die Funktionalität des Systems umfaßt die Spezifikation der Aktivitäten, deren Verwaltung in einem globalen Systemkatalog sowie das Erzeugen einer verteilten Systemkonfiguration durch Generierung der jeweils lokalen Systemkataloge. Nachfolgend wird zunächst eine Übersicht über das Definitionssystem gegeben und anschließend auf wichtige Module eingegangen.

8.2.1   Übersicht

Abbildung 8-1 zeigt im Überblick die entwickelte Programmstruktur des Definitionssystems mit den wesentlichen Programmkomponenten. Die einzelnen Komponenten werden nachfolgend kurz erläutert. Auf die Komponenten zum Erzeugen der Trigger für das Aktivitätensystem (Modul Compile), zur Datenallokation und -verteilung (Modul Data_Distribution) und zum Generieren der verteilten Systemkonfiguration (Modul Install) wird in Abschnitt 8.2.2 näher eingegangen. Für eine detailliertere Beschreibung sei auf [Hüsi 90] und [Thal 92] verwiesen.

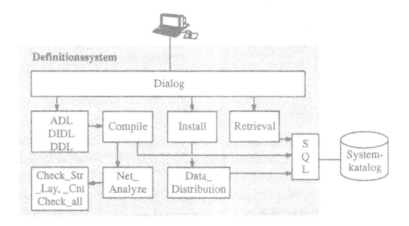

Abbildung 8-1:   Programmstruktur des Definitionssystems

Die Aktivitätenbeschreibung basiert auf der Aktivitätenbeschreibungssprache ActSpec (siehe Abschnitt 7.3). Als Spezifikationsschnittstelle wurde eine graphisch-interaktive Benutzerschnittstelle mit Dialogsteuerung entwickelt. Es stehen Dialogeinheiten für die Beschreibung der Aktivitäten (ADL, *Activity Definition Language*), des Datenaustauschs (DIDL, *Data Interchange Definition Language*) und die Definition des konzeptionellen Schemas der globalen Anwendungsdaten (DDL, *Data Definition Language*) zur Verfügung. Die Beschreibungen der Aktivitäten werden im globalen Systemkatalog abgelegt und mit dem Datenbanksystem Rdb verwaltet. Der Systemkatalog enthält auch die Angaben über die Systemumgebung und die zugangsberechtigten Benutzer. Die Beschreibungen zum Datenaustausch (Struktur-, Format- und Layoutbeschreibungen) werden in RMS-Dateien des VMS-Dateisystems verwaltet.

Zusätzlich zu den Syntaxprüfungen bei der Aktivitätenbeschreibung mit ActSpec werden zahlreiche Restriktionen und Querbeziehungen zwischen den verschiedenen Beschreibungen überprüft, um die Konsistenz eines Aktivitätennetzes gewährleisten zu können (Modul Net_Analyze). Zu den Konsistenzüberprüfungen gehören beispielsweise das Erkennen isolierter Aktivitäten, die korrekte hierarchische Verfeinerung in einem Aktivitätennetz oder die Existenz referenzierter Relationen und Attribute bei der Beschreibung des Datenaustausches einer Aktivität.

Die Module Check_Str, Check_Lay, Check_Cnt und Check_All realisieren die syntaktischen und semantischen Überprüfungen der Datenaustauschbeschreibung. Die zu beachtenden Regeln bei der Beschreibung des Datenaustauschs (Struktur-, Format- und Inhaltsbeschreibung) und die zahlreichen Querbeziehungen zwischen den Beschreibungen sind in [Thal 92] beschrieben. Beispielsweise müssen die logischen Blöcke der Format- und Inhaltsbeschreibung auch Bestandteil der Strukturbeschreibung sein und umgekehrt.

Die Aktivitätenbeschreibung im Systemkatalog kann nach beliebigen Kriterien ausgewertet werden. Daraus ergeben sich umfangreiche Informationsmöglichkeiten über eine Systembeschreibung (Modul Retrieval).

8.2.2   Beschreibung wichtiger Module

In diesem Abschnitt werden die nachfolgenden Module des Definitionssystems einzeln beschrieben:

- Modul Compile,
- Modul Data_Distribution und
- Modul Install

Das Modul *Compile* erzeugt aus den Aktivitätenbeschreibungen die notwendigen Trigger für das Aktivitätensystem. Die Triggerbeschreibungen werden in RMS-Dateien abgelegt. Dazu existieren vier indexsequentielle Dateien: TRIGGER, EVENT, CONDITION und ACTION. Abbildung 8-2 zeigt die Datenstrukturen des Triggerkatalogs. Diese Strukturen sind für ein allgemeines Triggersystem entworfen worden, so daß sie einige Elemente enthalten, die für den vorliegenden eingegrenzten Verwendungszweck nicht relevant sind. Die Ereignisstruktur enthält beispielsweise ein Attribut "type", das eine Ereignisklassifikation ermöglicht. Dadurch könnten Ereignistypen wie Zeit- (periodisch, aperiodisch) und Datenbankereignisse (Operationen insert, delete, update und select) unterschieden werden, was für eine Ereignis-erkennung wesentlich ist. Da im vorliegenden Fall die Ereigniserkennung extern im Ablauf-verwaltungssystem erfolgt, wird auf diese Verfeinerung verzichtet und statt dessen jedes Ereignis als externes Ereignis betrachtet. Analog könnten bei den Aktionen verschiedene Aktionstypen unterschieden werden; im vorliegenden Fall werden jedoch als Aktionen nur Betriebssystemkommandos ausgeführt. Das entsprechende Attribut in der Aktions-beschreibung wird daher mit "dcl_command" vorbesetzt ([Krei 90], [ReRu 92]).

```
event = RECORD                           dcl_action = RECORD
   name :   [KEY(0)] name_type;             name    : [KEY(0)] name_type;
   type  :  char18_type;                    path    : directory;
END;                                        command : dcl_command;
                                         END;

condition = RECORD
   name        : [KEY(0)] name_type;
   database    : db_name;
   operation   : database_operation;     trigger = RECORD
END;                                        name      : [KEY(0)] name_type;
                                            event     : [KEY(1)] name_type;
                                            condition : [KEY(2)] name_type;
action = RECORD                             action    : [KEY(3)] name_type;
   name :   [KEY(0)] name_type;             priority  : INTEGER;
   type  :  char15_type;                 END;
END;
```

Abbildung 8-2:   Datenstrukturen des Triggerkatalogs

Entsprechend der in Abschnitt 7.4.3 skizzierten Vorgehensweise zur Generierung von ECA-Triggern für Aktivitäten wird für jede Aktivität ein Ereignis mit dem Namen der Aktivität definiert. Die Bedingungen werden ebenfalls durch Aktivitätennamen bezeichnet. Die aus-zuführenden Operationen zur Überprüfung dieser Bedingungen ergeben sich aus den Aus-führungsbedingungen der Aktivitäten (Attribut PRE_CONDITION in der Systemrelation ACTIVITY). Die Aktionen der Trigger entstehen aus den Aktionen der Aktivitäten (Attribut START_COMMAND in der Relation ACTIVITY). Aus Sicht des Triggersystems entspricht die Aktionsausführung dem Aufruf eines Betriebssystemkommandos. Auf die Ausführung

der Aktionen und die dazu notwendigen Vor- und Nachbereitungsschritte wird in Abschnitt
8.3 näher eingegangen. Die ECA-Trigger für die Aktivitäten ergeben sich durch Zusammensetzung der Namen der entsprechenden Ereignis-, Bedingungs- und Aktionsteile ([Erha 91]).

Im Modul *Data_Distribution* wird die Definition der Datenallokation und -aktualisierung
realisiert. Das Modul enthält entsprechende Dialogschritte, um die erforderlichen Datenpartitionen und Datenaustauschstrategien zwischen den Datenpartitionen definieren zu können
(siehe Abschnitt 7.6.3.3).

Das Modul *Install* dient der automatischen Installation einer verteilten Systemkonfiguration
entsprechend den Beschreibungen im globalen Systemkatalog. Dazu sind die nachfolgenden
Schritte notwendig:

- **Lokaler Systemkatalog auf jedem Knoten**: Der Aufbau der lokalen Systemkataloge
  entspricht dem des globalen Katalogs, erweitert um Relationen zur Verwaltung der
  konkreten Abläufe und Aufgaben (Relationen TASK, TASK_VALUES, HISTORY und
  COURSE, siehe Abschnitt 7.3.3). Der globale Systemkatalog ist nicht vollständig repliziert,
  sondern es werden nur die jeweils lokal notwendigen Kataloginformationen in die lokalen
  Systemkataloge aufgenommen. Weiterhin ist für den Betrieb des Datensystems eine
  Beschreibung der Datenallokation und -verteilung im lokalen Systemkatalog erforderlich.

- **Lokale Anwendungsdatenbanken**: Die im lokalen Systemkatalog beschriebenen Partitionen der globalen Anwendungsdaten werden in einer lokalen Anwendungsdatenbank
  erzeugt.

- **ActMan-Instanzen**: Auf jedem Knoten wird eine ActMan-Instanz, bestehend aus den
  Komponenten Aktivitäten-, Ablaufverwaltungs- und Datensystem, installiert (siehe
  Abbildung 7-3 in Abschnitt 7.2).

8.3   Aktivitätensystem

Den Kern des Aktivitätensystems bildet ein Triggersystem, bestehend aus Ereignis-,
Bedingungs- und Aktions-Manager. Nachfolgend wird zunächst die Implementierung dieser
drei Komponenten beschrieben und anschließend detailliert auf den Aufbau des Aktionsteils
der Trigger eingegangen. Der Aktionsteil der Trigger umfaßt nicht nur das auszuführende
Anwendungssystem, sondern realisiert gänzlich die daten- und ablauftechnische Integration
des Anwendungssystems in ein Aktivitätennetz.

8.3.1   Aufbau und Arbeitsweise des Triggersystems

Das Laufzeitsystem des Triggersystems besteht aus den drei eigenständigen Prozessen
Ereignis-, Bedingungs- und Aktions-Manager. Die Prozesse greifen auf den gemeinsamen

Triggerkatalog zurück, dessen wesentliche Datenstrukturen in Kapitel 8.2 (Abbildung 8-2) bei der Definition der Trigger eingeführt wurden. Nachfolgend werden der Aufbau und die Arbeitsweise der drei Prozesse skizziert.[1)]

Die Interprozeßkommunikation zwischen den Prozessen wurde durch eine nachrichtenbasierte Kommunikation über VMS-Mailboxen realisiert. Die VMS-Mailboxen unterstützen eine asynchrone Kommunikation mit Nachrichtenpufferung in FIFO-Reihenfolge und sowie das Aktivieren und Deaktivieren von Prozessen, die auf Nachrichten warten. Diese Funktionalität wurde bei der Implementierung der drei Prozesse des Triggersystems ausgenutzt.

Der *Ereignis-Manager* hat die Aufgabe, angezeigte Ereignisse entgegenzunehmen und den Bedingungs-Manager mit der Bedingungsüberprüfung der von einem Ereignis betroffenen Trigger zu beauftragen. Die angezeigten Ereignisse werden in FIFO-Reihenfolge verarbeitet. Ein Ereignis wird durch seinen Namen und eine Liste von Parametern angezeigt. Die Parameter dienen dazu, entsprechende Variablen bei der Bedingungsauswertung und Aktionsausführung zu aktualisieren und somit einen entsprechenden Kontext zu erzeugen.

Der Ereignis-Manager befindet sich in einem Wartezustand, bis Ereignisse angezeigt werden; zwischenzeitlich ist der Prozeß deaktiviert. Durch das Eintragen eines Ereignisses in die Ereignis-Mailbox wird der Ereignis-Manager aktiviert. Wird ein angezeigtes Ereignis aus der Mailbox entnommen, können die entsprechenden Trigger aus dem Triggerkatalog ausge-

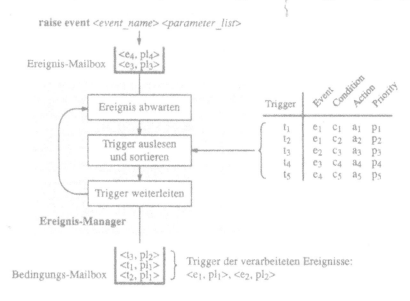

Abbildung 8-3:   Programmablaufdiagramm des Ereignis-Managers

---

1)   Auf die Implementierungsbeschreibung von Softwarekomponenten zum Anzeigen von Ereignissen an den Ereignis-Manager wird an dieser Stelle verzichtet und statt dessen auf [Krei 90] verwiesen.

lesen werden. Gehören mehrere Trigger zu einem Ereignis, so werden diese nach einer spezifizierten Priorität geordnet und in dieser Reihenfolge an den Bedingungs-Manager weitergeleitet. Abbildung 8-3 zeigt den beschriebenen Programmablauf des Ereignis-Managers. Die Einträge in der Ereignis-Mailbox bestehen jeweils aus einem Ereignisnamen (e_i) und einer Parameterliste (pl_i), während sich die Einträge in der Bedingungs-Mailbox aus einem Triggername (t_i) und der zugehörigen Parameterliste (pl_i) zusammensetzen.

Die derzeitige Implementierung des Ereignis-Managers ist auf elementare Ereignisse beschränkt, da dies für das Aktivitätensystem ausreichend ist. Der Entwurf eines Ereignis-Managers für logisch zusammengesetzte Ereignisse für generellere Anwendungen befindet sich in Entwicklung ([ReWe 93b]).

Ähnlich dem Ereignis-Manager befindet sich der *Bedingungs-Manager* in einem Warte-zustand, bis entsprechende Einträge in der Bedingungs-Mailbox vorliegen. Der Anstoß des Bedingungs-Managers erfolgt durch einen Eintrag in der Bedingungs-Mailbox (siehe Abbildung 8-4). Der Bedingungs-Manager wertet die Ausführungsbedingungen der Trigger aus. Dazu wird aus dem Triggerkatalog die auszuwertende Bedingung eines Triggers selektiert. Etwaige Variablen in einer Bedingung werden durch die übergebenen konkreten Parameterwerte aktualisiert. Dazu sind die entsprechenden Variablen in den Bedingungen

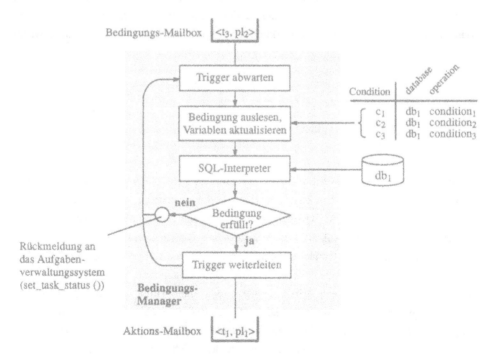

Abbildung 8-4:   Programmablaufdiagramm des Bedingungs-Managers

mit dem Präfix "Task." gekennzeichnet. Im Zusammenhang mit dem Ablaufkontrollsystem handelt es sich bei den Ausführungsbedingungen um SQL-Anfragen an eine Datenbank. Die auszuführenden SQL-Anfragen werden von einem SQL-Interpreter ausgewertet. Falls die auszuwertende Bedingung erfüllt ist, wird der Trigger an die Aktions-Mailbox weitergeleitet. Für den Fall einer nicht erfüllten Bedingung erfolgt der Aufruf einer spezifizierbaren Funktion, um eine Rückmeldung von der Bedingungsauswertung liefern zu können. In der ActMan-Implementierung wird bei einer nicht erfüllten Ausführungsbedingung eine Funktion des Ablaufverwaltungssystems aufgerufen, um die Aufgabe als nicht ausführbar zu kennzeichnen.

Der *Aktions-Manager* wird durch einen Eintrag in der Aktions-Mailbox aktiviert. Der Ablaufzyklus zur Verarbeitung der Nachrichten in der Aktions-Mailbox entspricht dem des Ereignis- und Bedingungs-Managers. Der Aktions-Manager entnimmt den Trigger-Namen aus der Mailbox, selektiert aus dem Triggerkatalog die auszuführende Aktion (den Startbefehl der benutzerdefinierten Aktion) und leitet letztendlich die Ausführung des Aktionsteils des Triggers ein. Der Aktionsteil der Trigger umfaßt neben dem Aufruf der benutzerdefinierten Aktion noch diverse weitere Schritte, die für die Integration der Aktionen in das Ablaufkontrollsystem notwendig sind. Der Aufbau des Aktionsteils der Trigger wird im nachfolgenden Abschnitt 8.3.2 ausführlich erläutert. Die Verarbeitung des Aktionsteils der Trigger erfolgt im Rahmen eines Subprozesses, den der Aktions-Manager erzeugt. Die in der Aktions-Mailbox übergebenen Parameter zur Aktionsausführung werden an den Subprozeß weitergereicht.

8.3.2   Aktionsteil eines Triggers

Im Mittelpunkt der Aktionsverarbeitung eines Triggers steht die Ausführung des benutzerdefinierten Anwendungssystems einer Aktivität. Da diese spezifizierten Anwendungssysteme mit der Einbindung in das Aktivitätennetz in einen Daten- und Funktionsverbund integriert werden, müssen sie auch (a) auf den gemeinsamen Datenbestand zugreifen und (b) die Abläufe durch das Aktivitätennetz sicherstellen. Die für die Integration in den Daten- und Funktionsverbund notwendigen Arbeitsschritte sind Bestandteil der Verarbeitungen im Aktionsteil der Trigger. Diese Arbeitsschritte bilden eine "Hülle" um das auszuführende Anwendungssystem einer Aktivität. Diese Form der Integration wird als Black-Box-Integration bezeichnet, da die Anwendungssysteme durch diese Hülle unverändert in den Daten- und Funktionsverbund eingebunden werden (siehe Abschnitt 5.7). Nachfolgend werden die einzelnen Softwarekomponenten der Integrationshülle eingeführt und ihre Implementierung vorgestellt. Die einzelnen Softwarekomponenten umfassen nachfolgende Arbeits-schritte:

1. Datenbereitstellung,
2. Aufruf des spezifizierten Anwendungssystems,
3. Datenübernahme und
4. Aufgabenverwaltung und -verteilung.

Die Datenbereitstellung erzeugt aus dem gemeinsamen Datenbestand die Eingabedaten für die auszuführende Aktion, die Aktion wird aufgerufen und verarbeitet die Eingabedaten zu Ausgabedaten, die von der Datenübernahme in den gemeinsamen Datenbestand übernommen werden. Anschließend werden Protokollierungsmaßnahmen zur Aufgabenverwaltung aus-geführt und in der Aufgabenverteilung Aufgaben für nachfolgende Aktivitäten erzeugt.

Der in den Arbeitsschritten dargestellte Verarbeitungszyklus kann als generelles Modell zur daten- und ablauftechnischen Black-Box-Integration betrachtet werden. Entsprechend diesem Modell erhält der Aktionsteil eines Triggers im wesentlichen den in Abbildung 8-5 gezeigten Aufbau ([Erha 91]). Sämtliche Arbeitsschritte sind jeweils mit Parameterlisten versehen. Diese Parameter enthalten neben dem Namen der auszuführenden Aktivität die Aufgaben-parameter der aktuell zu verarbeitenden Aufgabe.

```
$      INCLUDE <parameter_list>
$      RUN <application_function>
$      EXTRACT <parameter_list>
$      TASK_DISTRIBUTION <parameter_list>
```

Abbildung 8-5:   Aktionsteil eines Triggers

Die Module INCLUDE und EXTRACT realisieren die Dateikopplung mit den auszuführenden Anwendungssystemen, indem sie die Dateibereitstellung und -übernahme implementieren. Zielsetzung bei der Realisierung dieser Module war die Erstellung genereller Werkzeuge, mit denen auf der Basis der Struktur-, Format- und Inhaltsbeschreibungen die Transformation von Daten zwischen einer relationalen Datenbank und maschinell weiterzuverarbeitenden Dateien möglich ist ([Thal 92]).

Das Modul INCLUDE selektiert aus dem Systemkatalog (Relation DATA_INTERCHANGE) jeweils die drei Beschreibungen für die bereitzustellenden Dateien des auszuführenden Anwendungssystems. Aus der Strukturbeschreibung wird eine Baumstruktur von logischen Blöcken generiert und im Zusammenhang mit der Inhaltsbeschreibung eine Zuordnung zwischen den logischen Blöcken und den Daten in der Anwendungsdatenbank vorgenommen. Die Selektion der konkreten Daten erfolgt durch die Ausführung von SQL-Datenbank-operationen, wobei etwaige Variablen vorher durch die aktuellen Aufgabenparameter aktualisiert werden. Die Selektion der Daten aus der Datenbank in die spezifizierten Dateien erfolgt in einer Checkout-Operation, bei der die selektierten Daten mit "in Bearbeitung befindlich" gekennzeichnet werden. Das Ausschreiben der Daten in die Dateien geschieht unter Beachtung der Formatbeschreibungen.

Das RUN-Modul im oben spezifizierten Aufbau des Aktionsteils eines Triggers startet das benutzerdefinierte Anwendungssystem und macht dem Benutzer im Falle eines interaktiven Systems den Programmablauf zugänglich. Die aktuelle Implementierung dieses Moduls erzeugt lediglich einen Subprozeß, in welchem das Anwendungssystem abläuft. Unter Einbeziehung zusätzlicher Informationen über die interne Verarbeitung in den auszuführenden Aktionen könnten hier Optimierungen hinsichtlich der benötigten Systemressourcen vorgenommen werden. Beispielsweise können eintrittsinvariante Programme nur einmal im Hauptspeicher gehalten und gleichzeitig mehrmals benutzt werden (Multi-Threading). Allgemein betrachtet können sämtliche Techniken zur Programmverwaltung herangezogen werden, wie sie in TP-Monitoren bekannt sind ([Meye 88]).

Beim Modul EXTRACT zur Datenübernahme liegt eine ähnliche Ablauffolge wie beim Modul INCLUDE vor. Struktur-, Format- und Inhaltsbeschreibungen werden auch hier zur Datenverarbeitung herangezogen. Statt der Datenselektion werden jedoch Datenbankänderungsoperationen (Insert und Update) zur Datenübernahme in die Anwendungsdatenbank ausgeführt. Die beim Checkout gesetzten Kennzeichnungssperren werden beim Checkin freigegeben. Eine zusätzliche Aufgabe des Moduls EXTRACT besteht darin, den Abbruch einer Aufgabenverarbeitung zu erkennen. Ein solcher Anwendungsfehler liegt dann vor, wenn keine Ausgabedaten produziert werden konnten. In diesem Fall sind keine Ausgabedaten in die Datenbank einzubringen; statt dessen wird die bearbeitete Aufgabe im Ablaufverwaltungssystem als ABORTED gekennzeichnet, so daß bei der Aufgabenverteilung auf diesen Sachverhalt Bezug genommen werden kann. Im fehlerfreien Fall wird die bearbeitete Aufgabe als FINISHED markiert.

Das Modul TASK_DISTRIBUTION ist Bestandteil des Ablaufverwaltungssystems. Es wird im Rahmen des Aktionsteils eines Triggers ausgeführt, um Aufgaben an Nachfolgeraktivitäten zu verteilen. Die Spezifikation der Aufgabenverteilung ist im Systemkatalog enthalten (Relation DISPATCH). Die Aufgabenverteilung erfolgt in Abhängigkeit vom protokollierten Status der Aufgabenverarbeitung. Dies bedeutet, daß für eine Aufgabe im Zustand FINISHED eine andere Aufgabenverteilung erfolgt als für eine Aufgabe, die im Zustand ABORTED endet. Die Aufgaben werden durch die Ausführung von SQL-Operationen auf den Anwendungsdaten generiert und in die Warteschlangen der Nachfolgeraktivitäten unter einer eindeutigen systemgenerierten Identifikation eingetragen (Relation TASK). Im Rahmen dieser Operation wird auch die Ablaufhistorie in der Relation HISTORY fortgeschrieben.

Neben obigen integrationsspezifischen Schritten sind in den Aktionsteil zusätzliche Maß-nahmen für Fehlerfälle einzubringen. Bei der vorgenommenen Implementierung unter dem Betriebssystem VMS können dazu VMS-spezifische Mechanismen verwendet werden. So müssen beispielsweise sämtliche Schritte im Aktionsteil eines Triggers unter der Kontrolle einer Anwendungstransaktion ablaufen, die vom Transaktionsmanager DECdtm verwaltet wird. Für die Kommunikation mit dem Transaktionsmanager ist es erforderlich, daß die auszuführenden Anwendungssysteme die Protokolle nach X/Open DTP unterstützen, um an der transaktionalen Verarbeitung teilnehmen zu können. Die Protokollierung der aktuellen Verarbeitungszustände einer Aufgabe im Systemkatalog erfolgt in separaten Transaktionen, die aber mit den Anwendungstransaktionen in Beziehung stehen. Das Zurücksetzen einer Anwendungstransaktion darf nicht zur Konsequenz haben, daß auch die Protokollierung zurückgesetzt wird (Ausgangszustand WAITING einer Aufgabe); statt dessen muß ein Zustand FALSE oder CRASHED protokolliert werden (siehe Abschnitt 7.5.5.2).

Die beschriebene Form der Einbettung von Anwendungssystemen unterstützt ausschließlich den sequentiellen Verarbeitungszyklus Datenbereitstellung mit nachfolgender Daten-verarbeitung und einer anschließenden Datenübernahme. Es gibt auch Ansätze, die es ermög-lichen, Anwendungssysteme während des Programmablaufs in eine Ausführungsumgebung zu integrieren. Bei diesen Ansätzen werden die relevanten Aufrufe des Anwendungssystems an das Betriebssystem (OPEN(), CLOSE(), etc.) von einer Integrationssoftware mit Hilfe von Interrupts abgefangen und mit den entsprechenden Umgebungsinformationen (z. B. Pfad-namen für Dateizugriffe) versehen oder vollständig modifiziert. Ein Implementierungskonzept dieses Ansatzes ist in [Kraf 91] auf der Basis der Integrationssoftware PowerFrame beschrie-ben ([EDA 89] bzw. [DECp 91]). Mit dieser Vorgehensweise kann eine generelle Einbettung von Programmen in eine Anwendungsumgebung erfolgen, bei der nicht nur obiger Ver-arbeitungszyklus, sondern auch eine mehrmalige Datenbereitstellung während der Ver-arbeitung unterstützt wird.

8.4   Ablaufverwaltungssystem

Das Ablaufverwaltungssystem realisiert die Verwaltung der Aufgaben und Abläufe in den Aktivitätennetzen. In diesem Abschnitt wird zunächst die Programmstruktur des implemen-tierten Ablaufverwaltungssystems erläutert und anschließend auf die Protokollierung der Abläufe im Systemkatalog eingegangen. Zum Schluß wird eine Softwarekomponente zur Visualisierung der Aufgaben und Abläufe in Aktivitätennetzen vorgestellt.

8.4.1   Programmstruktur

Die Programmstruktur des Ablaufverwaltungssystems wird in Abbildung 8-6 im Überblick
aufgezeigt. Die einzelnen Systemkomponenten werden nachfolgend kurz erläutert. Eine
detailliertere Beschreibung der Komponenten ist in [Brun 91] zu finden. Bezüglich der
Komponenten Protokollierung und Visualisierung sei auf die nachfolgenden Abschnitte
verwiesen.

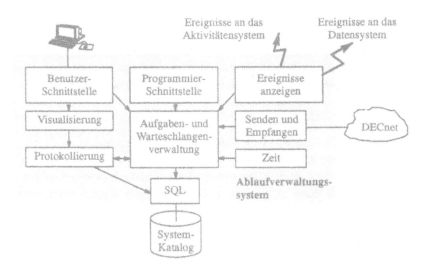

Abbildung 8-6:   Programmstruktur des Ablaufverwaltungssystems

- **Aufgaben- und Warteschlangenverwaltung:** Sämtliche im Aktivitätennetz enthaltene
  Aufgaben werden im Systemkatalog mit dem relationalen Datenbanksystem Rdb verwaltet. Jede Aufgabe verfügt über eine eindeutige Identifikation und befindet sich in
  einem protokollierten Verarbeitungszustand. Da die Aufgaben in einer relationalen Datenbank verwaltet werden, können sie nach beliebigen Kriterien ausgewertet und aufbereitet
  werden. Auf diese Art und Weise werden die Abarbeitungsstrategien (FIFO, LIFO und
  prioritätengeordnet) bei der Aufgabenverarbeitung in den Warteschlangen realisiert.
  Weiterhin wird die Funktionalität zur Überwachung der Zugriffsrechte der Benutzer auf
  die Aufgabenwarteschlangen vom Datenbanksystem bereitgestellt.

Der konkurrierende Zugriff mehrerer Benutzer auf die Aufgaben im Systemkatalog wird
durch kurze Transaktionen sowie die Verwaltung der Aufgabenzustände und der operieren-
den Benutzer geregelt. Dies erfolgt aus zwei Gründen: zum einen sollten die Benutzer-
prozesse nicht an einer gesperrten Aufgabe blockiert werden, zum anderen ist es in

Mehrbenutzerumgebungen notwendig, den Benutzer(-prozeß), der eine Aufgabe selektieren und verändern möchte, identifizieren zu können. Aus diesem Grund werden die selektierten und in Bearbeitung befindlichen Aufgaben mit einer Benutzeridentifikation gekennzeichnet und sind somit für andere Benutzer nicht mehr ausführbar.

- **Benutzerschnittstelle**: Die Benutzerschnittstelle des Ablaufverwaltungssystems ermöglicht den Zugang zu den Aufgaben interaktiver Aktivitäten. Der Realisierung der Benutzerschnittstelle liegt der Gedanke zugrunde, daß die Aufgaben Nachrichten entsprechen, die dem Benutzer angezeigt werden. Die Aufgaben werden dem Benutzer in Nachrichtenformularen präsentiert, die in Form von Lückentexten vorliegen und durch die konkreten Aufgabenparameter aktualisiert werden (siehe Beispiel in Abbildung 8-7). Für jede Aktivität gibt es einen Aufgabentyp und ein entsprechendes Nachrichtenformular. Die aktuellen Aufgabenparameter werden getrennt vom Nachrichtenformular verwaltet und erst bei der Benutzerpräsentation auf die Leerstellen des Formulars abgebildet. An der Benutzerschnittstelle stehen Funktionen zum Anzeigen, Auswählen (unter Beachtung der Abarbeitungsstrategie der Aufgabenwarteschlange) und Ausführen einer Aufgabe bereit. Eine Aufgabe wird ausgeführt, indem das Aktivitätensystem dazu veranlaßt wird, im Kontext dieser Aufgabe die entsprechende Aktivität zu starten und dem Benutzer zugänglich zu machen. Eine nicht erfüllte Ausführungsbedingung einer Aufgabe wird dem Benutzer vom Aktivitätensystem mitgeteilt.

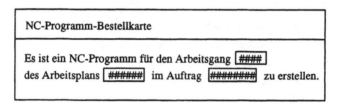

Abbildung 8-7: Nachrichtenformular für die Aufgaben einer Aktivität "NC-Programmierung"

- **Programmierschnittstelle**: Die Programmierschnittstelle stellt Funktionen bereit, die vom Aktivitätensystem aufgerufen werden, aber im Ablaufverwaltungssystem implementiert sind. Dies sind beispielsweise Funktionen, um den Status im Laufe einer Aufgabenverarbeitung zu verändern ("set_task-status ()") oder um die Aufgabenverteilung zu realisieren ("task_distribution ()").

- **Ereignisanzeige**: Das Ablaufverwaltungssystem realisiert im Aktivitätensystem die Ereigniserkennung für die Aufgabenverarbeitung und im Datensystem die ablauforientierte verteilte Datenverwaltung mit Hilfe des DDMS. Die Ereignisse zum Anstoßen der Aktivitäten werden angezeigt, sobald eine Aufgabe in der Aufgabenwarteschlange einer Aktivität zur Bearbeitung ansteht - d. h. die Zusammenführungsschritte sind bereits abgeschlossen - und sämtliche Restriktionen in Abhängigkeit vom Typ und Modus einer Aktivität erfüllt sind. Die Ereignisse werden dem Aktivitätensystem angezeigt, indem die Namen der auszuführenden Aktivitäten einschließlich der Parameterliste der Aufgaben in die Mailbox des Ereignis-Managers eingefügt werden ("insert_into_event_queue ()"). Ereignisse zum Anstoßen der verteilten Datenverwaltung werden direkt an das DDMS gemeldet.

Mit dem Anzeigen eines Ereignisses an den Ereignis-Manager wird eine eindeutige Transaktions-Identifikation für die Anwendungstransaktion erzeugt, unter der die Aufgabenverarbeitung in der Aktivität ablaufen soll. Zu diesem Zweck wird die Funktionalität des in das Betriebssystem VMS integrierten Transaktionsmanagers DECdtm herangezogen (siehe Abschnitt 5.5.3).

- **Senden und Empfangen von Aufgaben:** In einer verteilten Umgebung existiert auf jedem beteiligten Rechnerknoten eine Instanz des Ablaufverwaltungssystems. Das Versenden von Aufgaben für Aktivitäten auf einem entfernten Knoten erfolgt durch Kommunikation zwischen den beteiligten Instanzen. Das Senden und Empfangen der Aufgaben wurde auf der Basis der Netzübertragungsdienste von DECnet realisiert ("transparent task-to-task communication"). Der DECnet-Kommunikationsdienst ist in Form einer dateiorientierten Programmierschnittstelle zugänglich.

- **Zeitüberwachung:** Die Zeitüberwachung beachtet die Verweilzeiten der Aufgaben in den Aufgabenwarteschlangen der Aktivitäten und leitet bei einer Überschreitung einer maximalen Zeitgrenze spezifizierbare Maßnahmen ein, beispielsweise die Benachrichtigung eines ausgezeichneten Benutzers. Die Zeitüberwachung wurde als eigenständiger Prozeß realisiert, der die Verweilzeiten aller Aufgaben kontrolliert. Die Implementierung beruht auf den Zeitfunktionen des Betriebssystems VMS.

8.4.2   Protokollierung von Abläufen

Die Protokollierung der Aufgabenverarbeitung und somit des Ablauffortschritts erfolgt im wesentlichen in den drei Systemrelationen COURSE, HISTORY und TASK. Die Zusammenhänge werden nachfolgend anhand von konkreten Einträgen in diesen Protokollrelationen in einem Beispiel erläutert.

Abbildung 8-8 zeigt ein Aktivitätennetz mit fünf Aktivitäten und einer konkreten Aufgabe t_9 in Aufgabe A_5. Die Entwicklungsgeschichte dieser Aufgabe kann anhand der Eintragungen in drei dargestellten Protokollrelationen rekonstruiert werden. Die Relation COURSE verwaltet die Abläufe mit der jeweils in der Startaktivität auslösenden Aufgabe, die Relation TASK enthält die Beschreibung und Zuordnung der Aufgaben zu den Aktivitäten und die Relation HISTORY die Vorgänger/Nachfolger-Relation zwischen den Aufgaben.

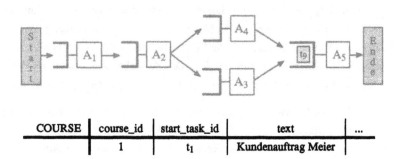

COURSE	course_id	start_task_id	text	...
	1	t_1	Kundenauftrag Meier	

TASK	task_id	predecessor _activity	at_ activity	serial_no	course_id	current _status	...
	t_1	START	A_1	1	1	finished	
	t_2	A_1	A_2	1	1	finished	
	t_3	A_2	A_3	1	1	finished	
	t_4	A_2	A_4	1	1	finished	
	t_5	A_2	A_4	2	1	finished	
	t_6	A_3	A_5	1	1	synchr	
	t_7	A_4	A_5	1	1	synchr	
	t_8	A_4	A_5	2	1	synchr	
	t_9	A_{5_synchr}	A_5	1	1	waiting	

HISTORY	predecessor _task_id	successor _task_id	...
	t_1	t_2	
	t_2	t_3	
	t_2	t_4	
	t_2	t_5	
	t_3	t_6	
	t_4	t_7	
	t_5	t_8	
	t_6	t_9	
	t_7	t_9	
	t_8	t_9	

Abbildung 8-8:   Protokolldaten eines Ablaufs durch ein Aktivitätennetz

Die Rekonstruktion der Entwicklungsgeschichte der Aufgabe t_9 verläuft wie folgt: Aus der Relation TASK kann für die Aufgabe t_9 entnommen werden, daß die Aufgabe durch die Zusammenführung eines verzweigten Ablaufs entstanden ist (Vorgängeraktivität "A_{5_synchr}"). Die Eintragungen in der Relation HISTORY zeigen an, daß an der Zusammenführung die Aufgaben t_6, t_7 und t_8 beteiligt waren. Diese drei Aufgaben wurden laut Eintragungen in der Relation TASK von den Aktivitäten A_3 (Aufgabe t_6) bzw. A_4 (Aufgaben t_7 und t_8) erzeugt und sind als SYNCHRONIZED markiert. Die Entstehung dieser drei Aufgaben kann wiederum aus der Relation HISTORY abgeleitet werden: Die Aufgabe t_6 entstand aus der Aufgabe t_3 an der Aktivität A_3 und die Aufgaben t_7 und t_8 aus den Aufgaben t_4 und t_5 an Aktivität A_4.

Die Rekonstruktion der Entwicklungsgeschichte kann nach der aufgezeigten Vorgehensweise schließlich bis zur Aufgabe t_1 an der Startaktivität A_1 fortgeführt werden. Die Aufgabe t_1 bildet den Ausgangspunkt des Ablaufs (Relation COURSE), zum dem Aufgabe t_9 gehört.

Wie obiges Beispiel zeigt, können die Einträge in den Protokollrelationen TASK und HISTORY auch zur Implementierung der verschiedenen Formen der Zusammenführung verzweigter Abläufe genutzt werden (Aufgabenzusammenführung, kumulierte Aufgabenverteilung und Ablaufzusammenführung). Die Protokollkomponente stellt ausreichende Informationen bereit, damit die Synchronisationseinheit beim Entstehen einer neuen Aufgabe entscheiden kann, ob die Aufgabe Teil eines zusammenzuführenden Ablaufzweigs ist und somit blockiert werden muß oder sofort in die Aufgabenwarteschlange einer Aktivität zur Bearbeitung eingereiht werden kann. Auf der Basis obiger Protokollierungsmaßnahmen und der Strukturinformation eines Aktivitätennetzes wurde ein Synchronisationsalgorithmus entworfen, der die verschiedenen Formen der Zusammenführung realisiert. Der Algorithmus eruiert an einer Zusammenführung im Aktivitätennetz zunächst die korrespondierende Verzweigung. Im Falle einer tatsächlichen Verzweigung eines konkreten Ablaufs wird eine eingetroffene Aufgabe blockiert, bis sämtliche Aufgaben paralleler Ablaufzweige beendet sind ([Sich 92]).

8.4.3   Visualisierung von Abläufen

Für die graphische Darstellung der Protokolldaten im Systemkatalog wurde eine Monitoring-Komponente unter DECwindows/Motif entwickelt. Die graphische Bedienoberfläche bietet unter anderem Anzeigefunktionen für die vollständige Aktivitätenbeschreibung sowie die Visualisierung und Animation der Aufgabenentstehung und des Ablauffortschritts durch ein Aktivitätennetz. Die Strukturbeschreibung eines Aktivitätennetzes wird als Graph repräsentiert. Hinsichtlich des Algorithmus zur graphischen Anordnung des Graphen sei auf die Implementierungsbeschreibung in [Lott 92] verwiesen.

Abbildung 8-9 zeigt die Benutzeroberfläche der Monitoring-Komponente mit den wichtigsten Darstellungsmöglichkeiten. Das Monitor-Fenster (links oben in der Abbildung) erlaubt die

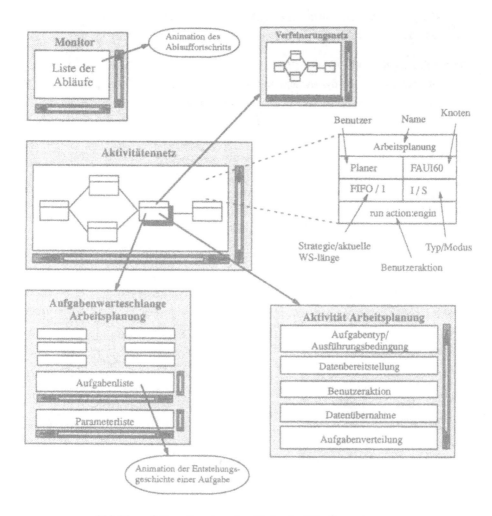

Abbildung 8-9:   Benutzeroberfläche des Monitorsystems

Animation sämtlicher Abläufe, die in der Systemrelation COURSE enthalten sind. Das Fenster
mit dem Aktivitätennetz zeigt die Struktur des Aktivitätennetzes mit einigen Detail-
informationen der Aktivitätenbeschreibung sowie dynamischer Belegungsinformation (z. B.
aktuelle Länge der Aufgabenwarteschlange). Das Fenster mit dem Aktivitätennetz ist Ausgangspunkt für weitere Fenster mit Anzeigemöglichkeiten wie beispielsweise dem Verfeinerungsnetz einer komplexen Aktivität, der Aufgabenwarteschlange oder einer detaillierten
Aktivitätenbeschreibung. Das Fenster mit der Aufgabenwarteschlange enthält die aktuell
anstehenden Aufgaben einschließlich der Aufgabenparameter an einer Aktivität. Das Fenster
einer Aktivität zeigt die Spezifikation einer Aktivität einschließlich Aufgabentyp, Ausfüh-

rungsbedingung, Datenschnittstelle und Aufruf des auszuführenden Anwendungssystems sowie die Aufgabenverteilung.

Die Monitoring-Komponente visualisiert sowohl die statische Beschreibungsinformation des Aktivitätennetzes als auch dynamische Information zu den aktuellen Aufgaben und Abläufen. Die Aktualisierung der dynamischen Laufzeitinformationen in den Fenstern kann sowohl zeitgesteuert als auch benutzerinitiiert erfolgen.

D   Zusammenfassung und Ausblick

In diesem abschließenden Hauptabschnitt werden, ausgehend von den grundlegenden Zielsetzungen beim Entwurf und Betrieb geregelter arbeitsteiliger Anwendungssysteme, die
wesentlichen Charakteristika von Ablaufkontrollsystemen herausgestellt und anschließend
zukünftige Entwicklungslinien aufgezeigt.

Der fortschreitende Einzug der Informationstechnik in große Organisationen hat zur Entwicklung zahlreicher dedizierter Teilanwendungssysteme geführt, welche die Sachbearbeiter an
ihren Arbeitsplätzen in der täglichen Ausführung ihrer Aktivitäten wesentlich unterstützen.
Die mit der Einführung der Teilanwendungssysteme erwarteten Nutz- und Rationalisierungseffekte bleiben jedoch bei einer ganzheitlichen Betrachtung der organisatorischen Struktur
aufgrund einer fehlenden durchgängigen Gesamtkonzeption häufig aus. Die Ursache dafür
liegt in der aufwendigen Integration von Teilanwendungssystemen in eine bestehende
Umgebung; dieser Aufwand übersteigt häufig die durch die Einführung der Teilanwendungssysteme erreichbaren Rationalisierungseffekte. Eine Konsequenz daraus ist das isolierte
Nebeneinander von Insellösungen einschließlich der damit verbundenen Defizite.

Eine nähere Betrachtung der Ursachen des oben skizzierten Mißstandes läßt erkennen, daß
mit der Einführung von Teilanwendungssystemen auch die Geregeltheit und Arbeitsteiligkeit
in komplexen Gesamtanwendungen zu unterstützen sind. Zu diesem Zweck wurde im Rahmen
in dieser Arbeit ein Aktivitätenmodell entwickelt. Das Aktivitätenmodell integriert den
Kontroll- und Datenfluß zwischen den verschiedenen Aktivitäten in geregelten arbeitsteiligen
Anwendungssystemen. Hauptmerkmale des entwickelten Aktivitätenmodells sind die aktivitätenorientierte Definitionsform sowie die indirekte Kommunikation zwischen den Aktivitäten
durch das Versenden von Aufgaben.

Die Verarbeitung eines definierten Aktivitätenmodells erfolgt durch das Ablaufkontrollsystem
ActMan. Das Ablaufkontrollsystem nimmt bei der Entwicklung großer, komplexer Anwendungssysteme eine integrierende Stellung gegenüber den Teilanwendungssystemen ein. Zu
den wesentlichen Komponenten des Kontrollsystems gehören das Aktivitätensystem zur
Verarbeitung der Aufgaben, das Ablaufverwaltungssystem zur Kontrolle und Verwaltung der
Abläufe zwischen den Aktivitäten und das Datensystem zur Verwaltung der globalen Anwendungsdaten in einem verteilten System.

Der aktive Betrieb eines verteilten Anwendungssystems in einem Aktivitätennetz erfolgt im
Rahmen des Ablaufkontrollsystems in ereignisorientierter Weise durch ein Triggersystem.
Das Triggersystem ruft zu bestimmten Ereignissen automatisch Aktivitäten auf. Der Kritik,

daß Triggersysteme undurchschaubar und unüberblickbar sind, wird in ActMan durch eine systematische und systemgestützte Spezifikation der Geregeltheit einer Anwendung in Aktivitätennetzen entgegengewirkt. In ActMan kommt das Triggersystem somit lediglich als flexibles Ausführungssystem zum Einsatz. Das Ablaufverwaltungssystem dient der aufgabenbasierten Kommunikation zwischen den Aktivitäten und stellt die Eingabedaten für zahlreiche Auswertungsmöglichkeiten bereit. Grundlage dafür ist die aufgabenbasierte Protokollierung der Abläufe in einer Anwendung. Zum Verwaltungssystem gehören zum einen die Ablaufsteuerung selbst und zum anderen auch das Monitoring zu Informations- oder Lastbalancierungszwecken. Wesentliche Merkmale des Datensystems resultieren aus dem integrierten Kontroll- und Datenfluß zwischen Aktivitäten. Diese integrierte Betrachtung ermöglicht sowohl eine mit dem Fortschritt der Abläufe verbundene automatische Datenbereitstellung und -übernahme als auch eine Optimierung der verteilten Datenverwaltung, da das zusätzliche Anwendungswissen in einem Aktivitätennetz (d. h. wann und wo welche Daten zugegriffen werden) in die verteilte Datenverwaltung einbezogen werden kann.

Ein abschließender Ausblick auf mögliche Weiterentwicklungen des vorgestellten Ansatzes soll in zwei Richtungen geführt werden: zum einen sollen mögliche Erweiterungen des Aktivitätenmodells aufgezeigt und zum anderen ein Statement bezüglich der zukünftigen Entwicklung von (Teil-)Anwendungssystemen abgegeben werden.

Das eingeführte Aktivitätenmodell kann im wesentlichen um nachfolgende Aspekte erweitert werden. Ein sogenanntes Rollenkonzept könnte die organisatorischen Verbindungen der Bearbeitungsstellen sowie Rechte und Pflichten von Benutzern aufeinander abbilden. Auf dieser Basis werden flexible Strategien zur Zuteilung von zu verarbeitenden Aufgaben an Bearbeiter ermöglicht. Beispielsweise können durch Berücksichtigung von Urlaubslisten anstehende Aufgaben an andere Benutzer weitergeleitet werden. Neben diesem Rollenkonzept müssen in arbeitsteiligen Anwendungen temporale Zusammenhänge bei der Abwicklung von Abläufen berücksichtigt werden. Dies kann prinzipiell durch entsprechende Zeitplanungsverfahren erfolgen, welche die Aufgabenverarbeitung durch eine Prioritätenvergabe beeinflussen. Neben diesen konzeptionellen Erweiterungen ist die aktuelle Implementierung des Ablaufkontrollsystems durch einen visuellen Programmeditor zu ergänzen, der die Funktionalität der Aktivitätenbeschreibungssprache in Form einer graphischen Sprache bereitstellt. Unmittelbarer Nutzen eines solchen Editors stellt sich dann ein, wenn auch eine graphische Darstellung des Organisationsdiagramms einer Anwendung vorliegt und so für einen besseren Überblick sorgt.

Um Anwendungssysteme auch in zukünftigen integrierten Umgebungen effizient und zuverlässig einsetzen zu können, müssen sie von vorneherein dem Integrationsgedanken Rechnung tragen. Dies betrifft zum einen die Bereitstellung offener Standardschnittstellen, um auf diese Anwendungssysteme zugreifen zu können. Möglichkeiten dazu bestehen in Form von

Kommandoschnittstellen, Anwendungsprogrammierschnittstellen (API, *Application Programming Interface*) oder der Benutzung gemeinsamer Funktionsbibliotheken, die im Integrationsfall angepaßt werden können. Zum anderen müssen die Entwickler von Anwendungssystemen selbst auf die Verwendung von Standardschnittstellen und -protokollen achten, beispielsweise beim Zugriff auf Ressourcen-Manager. Durch die Offenlegung und Standardisierung von Schnittstellen kann die Integrationsfähigkeit von unabhängig voneinander entwickelten Anwendungssystemen auf heterogenen Plattformen in Zukunft gewährleistet werden. Standards wie XPG (*X*/Open *P*ortability *G*uide) zur Gewährleistung der Portabilität von Anwendungssystemen und OSF-DCE (*O*pen *S*oftware *F*oundation *D*istributed *C*omputing *E*nvironment) als herstellerneutrale Infrastruktur in Form von Diensten (RPC, Namensverwaltung, Dienste zur verteilten Datenhaltung, etc.) kommt in diesem Zusammenhang eine außerordentliche Bedeutung zu.

Die Integration heterogener Anwendungssysteme zu durchgängigen Anwendungsumgebungen als eine der verbleibenden großen Aufgaben der Informatik kann endgültig nur durch die Bereitstellung genereller Anwendungssteuerungs- und -kontrolldienste gelöst werden. Solche Dienste müssen bereitstehen, um die Integration der Kernfunktionalität eines Anwendungssystems in einen größeren Zusammenhang zu ermöglichen. Nur auf diese Weise kann in Zukunft die Masse der (bereits bestehenden) Altlast-Anwendungen ("legacy applications") gering gehalten und ein durchgängiger Betrieb von Anwendungssystemen ermöglicht werden.

Literaturverzeichnis

[AAST 89]   Alagappan, K.; Artsy, Y.; Somalwar, K.; Ting, D.: *Hermes: A Framework for Constructing Highly Distributed Applications.* Technischer Bericht DEC-TR-682, Digital Equipment Corp. (Littleton, MA), 1989

[ABCL 90]   Antunes, F.; Baker, S.; Caulfield, B.; Lopez, M.; Sheppard, M.: A pragmatic approach for integrating data management and tasks management: modelling and implementation issues. In: Bancilhon, F.; Thanos, C.; Tsichritzis D. (eds.): *Advances in Database Technology - EDBT '90* (Proc. of the International Conference, Venedig), LNCS 416, Berlin: Springer-Verlag, 1990, S. 422 - 436

[Acti 87]   Action Technologies: *The Coordinator.* Reference and Workbook & Tutorial Manual, Alameda (CA), 1987

[AiWH 92]   Aiken, A.; Widom, J.; Hellerstein, J.: Behavior of Database Production Rules: Termination, Confluence, and Observable Determinism. In: Stonebraker, M. (ed.): *Proc. of the ACM SIGMOD* (San Diego), 1992, S. 59 - 68

[AlBG 88]   Alonso, R.; Barbara, D.; Garcia-Molina, H.: Quasi-Copies: Efficient Data Sharing for Information Retrieval Systems. In: Schmidt, J.; Ceri, S.; Missikoff, M. (eds.): *Advances in Database Technology - EDBT '88* (Proc. of the International Conference, Venedig), LNCS 303, Berlin: Springer-Verlag, 1988, S. 443 - 468

[Ande 93]   Anderl, R.: STEP - Grundlagen der Produktmodelltechnologie. In: Stucky, W.; Oberweis, A. (Hrsg.): *Datenbanksysteme in Büro, Technik und Wissenschaft* (GI-Fachtagung, Braunschweig), Informatik aktuell, Berlin: Springer-Verlag, 1993, S. 33 - 53

[Andr 91]   Andrews, G.: Paradigms for Process Interaction in Distributed Programs. *ACM Computing Surveys* 23 (1991) 1, S. 49 - 90

[AnSc 83]   Andrews, G.; Schneider, F.: Concepts and Notations for Concurrent Programming. *ACM Computing Surveys* 15 (1983) 1, S. 3 - 43

[Aper 88]   Apers, P.: Data Allocation in Distributed Database Systems. *ACM Transactions on Database Systems* 13 (1988) 3, S. 263 - 304

[Appe 89]   Appelt, W.: Normen im Bereich der Dokumentverarbeitung. *Informatik-Spektrum* 12 (1989), S. 321 - 330

[Arts 90a]   Artsy, Y.: *Designing a Generic Object Routing Service.* Technischer Bericht DEC-TR-683, Digital Equipment Corp. (Littleton, MA), 1990

[Arts 90b]   Artsy, Y.: Routing Objects on Action Paths. In: *Proc. of the 10th International Conference on Distributed Computing Systems* (Paris), 1990, S. 572 - 579

[AtSe 88]   Athas, W.; Seitz, C.: Multicomputers: Message-passing concurrent computers. *IEEE Computer* 21 (1988) 8, S. 9 - 24

[AWSL 91]   Ahmed, S.; Wong, A.; Sriram, D.; Logcher, R.: *A Comparison of Object-Oriented Database Management Systems for Engineering Applications.* Research Report R91-12, Intelligent Engineering Systems Laboratory (MIT), 1991

[BaCG 83]   Balzer, R.; Cheatham, T.; Green, C.: Software technology in the 1990's: using a new paradigm. *IEEE Computer* 16 (1983) 11, S. 39 - 45

[BaCN 91]   Batini, C.; Ceri, S.; Navathe, S.: *Conceptual Database Design: An Entity-Relationship Approach.* Redwood City (CA): Benjamin/Cummings, 1991

[BaGa 90]   Barbara, D.; Garcia-Molina, H.: The case for controlled inconsistency in replicated data. In: Cabrera, L.; Pâris, J. (eds.): *Proc. of the IEEE Workshop on the Management of Replicated Data* (Houston, TX), 1990, S. 35 - 38

[BaST 89]   Bal, H.; Steiner, J.; Tanenbaum, A.: Programming Languages for Distributed Computing Systems. *ACM Computing Surveys* 21 (1989) 3, S. 261 - 322

[Beck 92]   Becker, W.: *Lastbalancierung in heterogenen Client-Server Architekturen.* Bericht Nr. 1992/1, Institut für Parallele und Verteilte Höchstleistungsrechner (IPVR), Universität Stuttgart, 1992

[BeEd 91]   Behrmann-Poitiers, J.; Edelmann, J.: A Model to Support Routine Office-Work. In: Appelrath, H.-J. (Hrsg.): *Datenbanksysteme in Büro, Technik und Wissenschaft* (GI-Fachtagung, Kaiserslautern), Informatik-Fachbericht 270, Berlin: Springer-Verlag, 1991, S. 72 - 88

[BeET 91]   Bernstein, P.; Emberton, W.; Trehan, V.: DECdta - Digital's Distributed Transaction Processing Architecture. *Digital Technical Journal* 3 (1991) 1, S. 10 - 17

[BeFP 87]   Bever, M.; Feldhoffer, M.; Pappe, S.: OSI Services for Transaction Processing. In: Gawlick, D.; Haynie, M.; Reuter, A. (eds.): *High Performance Transaction Systems* (Proc. of the 2nd International Workshop, Asilomar, CA), LNCS 359, Berlin: Springer-Verlag, 1987, S. 2 - 19

[BeHG 87]   Bernstein, P.; Hadzilacos, V.; Goodman, N.: *Concurrency Control and Recovery in Database Systems.* Reading (MA): Addison-Wesley, 1987

[BeHM 90]   Bernstein, P.; Hsu, M.; Mann, B.: Implementing Recoverable Requests Using Queues. In: Garcia-Molina, H.; Jagadish, H. (eds.): *Proc. of the ACM SIGMOD* (Atlantic City), 1990, S. 112 - 122

[Bern 90]   Bernstein, P.: Transaction Processing Monitors. *Communications of the ACM* 33 (1990) 11, S. 75 - 86

[Bert 83]   Berthold, H.-J.: Aktionsdatenbanken in einem kommunikationsorientierten EDV-System. *Informatik-Spektrum* 6 (1983), S. 20 - 26

[Beve 89]   Bever, M.: OSI Application Layer - Entwicklungsstand und Tendenzen. In: Tutorium *Kommunikation in verteilten Systemen* der Deutschen Informatik Akademie (Stuttgart), 1989, S. 1-1 - 1-36

[Bhar 87]   Bhargava, B. (ed.): *Concurrency Control and Reliability in Distributed Systems.* New York: Van Nostrand Reinhold, 1987

[BoCR 88]   Bowers, J.; Churcher, J.; Roberts, T.: Structuring computer-mediated communication in COSMOS. In: Speth, R. (ed.): *Research into Networks and Distributed Applications* (European Teleinformatics Conference, EUTECO '88, Wien), Amsterdam: North-Holland, 1988, S. 195 - 209

[Brag 91]   Braginsky, E.: The X/Open DTP Effort. In: [HPTS 91]

[Bräu 93]   Bräunl, T.: *Parallele Programmierung: eine Einführung.* Braunschweig: Verlag Vieweg, 1993

[BrCe 92]   Brodie, M.; Ceri, S.: On Intelligent and Cooperative Information Systems: A Workshop Summary (Como, 1991). *International Journal of Intelligent and Cooperative Information Systems* 1 (September 1992) 2

[BrCL 90]   Brunet, J.; Cauvet, J.; Lasoudris, L.: Why Using Events in a High-Level Specification. In: Kangassalo, H. (ed.): *Proc. of the 9th International Conference on Entity-Relationship Approach* (Lausanne), 1990, S. 221 - 233

[BrGS 92]   Breitbart, Y.; Garcia-Molina, H.; Silberschatz, A.: *Overview of Multidatabase Transaction Management.* Report No. STAN-CS-92-1432, Department of Computer Science, Stanford University, 1992

[BrHP 92]   Bright, M.; Hurson, A.; Pakzad, S.: A Taxonomy and Current Issues in Multi-database Systems. *IEEE Computer* März 1992, S. 50 - 60

[Brod 84]   Brodie, M.: On the Development of Data Models. In: Brodie, M.; Mylopoulos, J.; Schmidt, J. (eds.): *On Conceptual Modelling, Perspectives from Artificial Intelligence, Databases, and Programming Languages,* Berlin: Springer-Verlag, 1984, S. 19 - 47

[BrPe 84]   Bracchi, G.; Pernici, B.: The Requirements of Office Systems. *ACM Transactions on Office Information Systems* 2 (1984) 2, S. 151 - 170

[Brun 91]   Brunzendorf, T.: *Entwurf und Implementierung eines Message-Handlers.* Studienarbeit am IMMD VI der Universität Erlangen-Nürnberg, 1991

[BuSm 91]   Burkhardt, H.; Smith, B. (Hrsg.): *Handbook of Metaphysics and Ontology.* München: Philosophia Verlag GmbH, 1991

[CABK 88]   Copeland, G.; Alexander, W.; Boughter, E.; Keller, T.: Data Placement in Bubba. In: *Proc. of the ACM SIGMOD* (Chicago), 1988, S. 99 - 108

[CaNa 87]   Carswell, J.L.; Navathe, S.B.: SA-ER: A methodology that links structured analysis and entity-relationship modeling for database design. In: Spaccapietra, S. (ed.): *Proc. of the 5th International Conference on Entity-Relationship Approach,* Amsterdam: North-Holland, 1987, S. 381 - 397

[CePe 85]   Ceri, S.; Pelagatti, G.: *Distributed Databases - principles & systems.* New York: Mc Graw-Hill Publishers, 1985

[Ceri 92]   Ceri, S.: A Declarative Approach to Active Databases. In: Golshani, F. (ed.): *Proc. of the 8th International Conference on Data Engineering* (Tempe, Arizona), 1992, S. 454 - 456

[CeWi 90]   Ceri, S.; Widom, J.: Deriving production rules for constraint maintenance. In: *Proc. of the 16th International Conference on VLDB* (Brisbane), S. 566 - 577

[CeWi 91]   Ceri, S.; Widom, J.: Deriving production rules for view maintenance. In: *Proc. of the 17th International Conference on VLDB* (Barcelona), S. 577 - 589

[CeWi 92]   Ceri, S.; Widom, J.: Production rules in parallel and distributed database environments. In: *Proc. of the 18th International Conference on VLDB* (Vancouver), 1992, S. 339 - 351

[ChAM 93]   Chakravarthy, S.; Anwar, E.; Maugis, L.: *Design and Implementation of Active Capability for an Object-Oriented Database.* Technical Report UF-CIS-TR-93-001, Computer and Information Sciences, University of Florida (Gainesville), 1993

[Chak 92]   Chakravarthy, S. (guest issue editor): Special Issue on Active Databases. *Bulletin of the IEEE Computer Society Technical Committee on Data Engineering* 15 (1992) 1/4

[ChKK 91]   Chiueh, T.; Katz, R.; King, V.: Managing the VLSI Design Process. In: Sriram, D.; Logcher, R.; Fukuda, S. (eds.): *Computer-Aided Cooperative Product Development* (Proc. of MIT-JSME Workshop, Cambridge, 1989), LNCS 492, Berlin: Springer-Verlag, 1991, S. 183 - 199

[CHKS 91]   Ceri, S.; Houtsma, M.; Keller, A.; Samarati, P.: *A Classification of Update Methods for Replicated Databases.* Report STAN CS /1000-1999*1392, Computer Science Department, Stanford University, 1991

[CHKS 92]   Ceri, S.; Houtsma, M.; Keller, A.; Samarati, P.: The Case for Independent Updates. In: Pâris, J.; Garcia-Molina, H. (eds.): *Proc. of the 2nd IEEE Workshop on the Management of Replicated Data* (Monterey, CA), 1992, S. 17 - 19

[ChMi 93]   Chakravarthy, S.; Mishra, D.: *Snoop: An Expressive Event Specification Language For Active Databases.* Technical Report UF-CIS-TR-93-007, Computer and Information Sciences, University of Florida (Gainesville), 1993

[ChPu 92]   Chen, S.; Pu, C.: An Analysis of Replica Control. In: Pâris, J.; Garcia-Molina, H. (eds.): *Proc. of the 2nd IEEE Workshop on the Management of Replicated Data* (Monterey, CA), 1992, S. 22 - 25

[ChRa 90]   Chrysanthis, P.; Ramamritham, K.: ACTA: The SAGA Continues. In: [Elma 92], S. 349 - 397

[Chro 92]   Chroust, G.: Software-Entwicklungsumgebungen - Synthese und Integration. *Informatik Forschung und Entwicklung* 7 (1992), S. 165 - 174

[ChSh 84]   Chung, A.; Sherman, R.: An Extensive Bibliography on Computer Networks. *ACM Computer Communication Review* 14 (1984), S. 78 - 98

[Citr 91]   Citron, A.: LU 6.2 Directions. In: [HPTS 91]

[CMSV 86]   Cindio de, F.; Michelis de, G.; Simone, C.; Vassallo, R.; Zababoni, A.: CHAOS as Coordination Technology. In: *Proc. of the Conference on Computer-Supported Cooperative Work* (CSCW '86, Austin), 1986, S. 325 - 342

[CoDo 89]   Coulouris, G.; Dollimore, J.: *Distributed systems: concepts and design.* Reading (MA): Addison-Wesley, 1989

[CrLe 88]   Croft, B.; Lefkowitz, L.: Using a Planner to Support Office Work. In: Allen, R. (ed.): *Proc. of the Conference on Office Information Systems* (Palo Alto, CA), SIGOIS Bulletin 9 (1988) 2/3, S. 55 - 62

[CuKO 92]   Curtis, B.; Kellner, M.; Over, J.: Process Modeling. *Communications of the ACM* 35 (1992) 9, S. 75 - 90

[DaBM 88]   Dayal, U.; Buchmann, A.; McCarthy, D.: Rules Are Objects Too: A Knowledge
             Model For An Active, Object-Oriented System. In: Dittrich, K. (ed.): *Advances
             in Object-Oriented Database Systems* (2nd International Workshop on Object-
             Oriented Database Systems, Bad Münster), LNCS 334, Berlin: Springer-Verlag,
             1988, S. 129 - 143

[DaHL 91]   Dayal, U.; Hsu, M.; Ladin, R.: A Transactional Model for Long-Running
             Activities. In: *Proc. of the 17th International Conference on VLDB* (Barcelona),
             1991, S. 113 - 122

[DaMC 89]   Dayal, U.; McCarthy, D.: The Architecture of an Active Data Base Management
             System. In: Clifford, J.; Lindsay, B.; Maier, D.: (eds.): *Proc. of the ACM
             SIGMOD* (Portland), 1989, S. 215 - 224

[Davi 72]   Davies, C.: *A Recovery/Integrity Architecture for a Data System.* Technischer
             Bericht TR 02.529, IBM San Jose, CA, Mai 1972

[Davi 73]   Davies, C.: Recovery Semantics For A DB/DC System. In: *Proc. of the ACM
             National Conference* (Atlanta), 1973, S. 136 - 141

[Davi 78]   Davies, C.: Data processing spheres of control. *IBM Systems Journal*
             17 (1978) 2, S. 179 - 198

[Davi 91]   Davis, D.: Software That Makes Your Work Flow. *Datamation* April 15 (1991),
             S. 75 - 78

[Daya 88]   Dayal, U.: Active Database Management Systems. In: *Proc. of the 3rd Interna-
             tional Conference on Data and Knowledge Bases* (Jerusalem), 1988, S. 150 - 169

[DBBC 88]   Dayal, U.; Blaustein, B.; Buchmann, A.; Carey, M.; Chakravarthy, U.; Hsu, M.;
             Jauhari, R.; Ladin, R.; Livny, M.; McCarthy, D.; Rosenthal A.: *HiPAC: A
             Research Project in Active Time-Constrained Database Management.* Technical
             Report XAIT-88-02, XAIT Reference No. 164, Xerox, Cambridge (MA), 1988

[DECa 91]   Digital Equipment Corp.: *VAX ACMS: Introduction; Getting Started; Concepts
             and Design Guidelines; ADU Reference Manual.* Maynard (MA), 1991

[DECa 92]   Digital Equipment Corp.: *DEC ACA Services for VMS.* Maynard (MA), 1992

[DECd 91]   Digital Equipment Corp.: *VAX Rdb/VMS: Guide to Distributed Transactions.*
             Maynard (MA), 1991

[DECp 91]   Digital Equipment Corp.: *PowerFrame Handbook.* Maynard (MA), 1991

[DeGr 90]   Deiters, W.; Gruhn, V.: *Software Process Model Analysis based on FUNSOFT
             NETS.* Internes Memorandum Nr. 55 des Lehrstuhls Software-Technologie der
             Universität Dortmund, 1990

[DeGr 92]   DeWitt, D.; Gray, J.: Parallel Database Systems: The Future of High Perfor-
             mance Database Systems. *Communications of the ACM* 35 (1992) 6, S. 85 - 98

[DeGS 89]   Deiters, W.; Gruhn, V.; Schäfer, W.: Systematic Development of Formal Soft-
             ware Process Models. In: Ghezzi, C.; Mc Dermid, J. (eds.): *ESEC '89* (2nd
             European Software Engineering Conference, Warwick, UK), LNCS 387, Berlin:
             Springer-Verlag, 1989, S. 100 - 117

[DeHo 66] Dennis, J.; van Horn, E.: Programming Semantics for Multiprogrammed Computations. *Communications of the ACM* 9 (1966) 3, S. 143 - 155

[DGHK 93] Dayal, U.; Garcia-Molina, H.; Hsu, M.; Kao, B.; Shan, M.: Third Generation TP Monitors: A Database Challenge. In: Buneman, P.; Jajodia, S. (eds.): *Proc. of the ACM SIGMOD* (Washington D.C.), 1993, S. 393 - 397

[DGKO 86] Deppisch, U.; Günauer, J.; Küspert, K.; Obermeit, V.; Walch, G.: Überlegungen zur Datenbank-Kooperation zwischen Server und Workstations. In: Hommel, G.; Schindler, S. (Hrsg.): *Proc. der GI-16. Jahrestagung.* Berlin: Springer-Verlag, 1986, S. 565 - 580

[Dijk 68] Dijkstra, E.: Cooperating Sequential Processes. In: Genuys, F. (ed.): *Programming Languages.* London: Academic Press, 1968

[DiSp 92] Dietzen, S.; Spector, A.: Distributed Transaction Systems. In: Cerutti, D.; Pierson, D.: *Distributed Computer Environments.* New York: Mc Graw-Hill Publishers, 1992 (to appear)

[Ditt 91] Dittrich, J.: Koordinationsmodelle für Computerunterstützte Gruppenarbeit. In: Friedrich, J.; Rödiger, K. (Hrsg.): *Computergestützte Gruppenarbeit - CSCW,* (1. Fachtagung, Bremen), Stuttgart: B. G. Teubner, 1991, S. 107 - 117

[DoGP 90] Downing, A.; Greenberg, I.; Peha, J.: OSCAR: A System for Weak-Consistency Replication. In: Cabrera, L.; Pâris, J. (eds..): *Proc. of the IEEE Workshop on the Management of Replicated Data* (Houston, TX), 1990, S. 26 - 30

[Drob 81] Drobnik, O.: Verteiltes DV-System. *Informatik-Spektrum* 4 (1981), S. 271 - 276

[Eber 84] Eberlein, W.: *CAD-Datenbanksysteme - Architektur technischer Datenbanken für integrierte Ingenieursysteme.* Berlin: Springer-Verlag, 1984

[EDA 89] EDA Systems Inc.: *PowerFrame.* EDA-Workshop-Unterlagen, Santa Clara (CA), 1989

[Effe 87] Effelsberg, W.: Datenbankzugriff in Rechnernetzen. *Informationstechnik it* 29 (1987) 3, S. 140 - 153

[EfFl 86] Effelsberg, W.; Fleischmann, A.: Das ISO-Referenzmodell für offene Systeme und seine sieben Schichten. *Informatik-Spektrum* 9 (1986), S. 280 - 299

[EKTW 87] Eder, J.; Kappel, G.; Tjoa, A.; Wagner, R.: BIER - The Behaviour Integrated Entity Relationship Approach. In: Spaccapietra, S. (ed.): *Proc. of the International Conference on Entity-Relationship Modelling* (Dijon, 1986), Amsterdam: North-Holland, 1987, S. 147 - 166

[ElBe 82] Ellis, C.; Bernal, M.: Officetalk-D: An Experimental Office Information System. In: *Proc. of the ACM SIGOA Conference on Office Information Systems* (Philadelphia, PA), 1982, S. 131 - 140

[ElGR 91] Ellis, C.; Gibbs, S.; Rein, G.: GROUPWARE - Some Issues and Experiences. *Communications of the ACM* 34 (1991) 1, S. 39 - 58

[Elli 79] Ellis, C.: Information Control Nets: A Mathematical Model of Office Information Flow. In: *Proc. of the ACM Conference on Simulation, Modeling, and Measurement of Computer Systems* (Boulder, CO), 1979, S. 225 - 240

[Elma 91]   Elmagarmid, A. (ed.): Special Issue on Unconventional Transaction Manage-
             ment. *Bulletin of the IEEE Computer Society Technical Committee on Data
             Engineering* 14 (1991) 1

[Elma 92]   Elmagarmid, A. (ed.): *Database Transaction Models for Advanced Applications.*
             San Mateo (CA): Morgan Kaufmann Publishers, 1992

[ElNa 89]   Elmasri, R.; Navathe, S.: *Fundamentals of Database Systems.* Redwood
             City (CA): Benjamin/Cummings, 1989

[ElPu 90]   Elmagarmid, A.; Pu., C. (guest eds.): Special Issue on Heterogeneous Databases.
             ACM Computing Surveys 22 (1990) 3

[EmGr 90]   Emmerich, W.; Gruhn, V.: *Software Process Modelling with FUNSOFT Nets.*
             Internes Memorandum des Lehrstuhls Software-Technologie der Universität
             Dortmund, Memo Nr. 47, 1990

[Ensl 78]   Enslow, P.: What is a 'Distributed' Data Processing System? *IEEE Computer*
             11 (1978) 1, S. 13 - 21

[EpMS 91]   Eppinger, J.; Mummert, L.; Spector, A. (ed.): *Camelot and Avalon - A Distributed
             Transaction Facility.* San Mateo (CA): Morgan Kaufmann Publishers, 1991

[EpSS 92]   Eppinger, J.; Saxena, N.; Spector, A.: Transactional RPC. In: *Proc. of the Silicon
             Valley Networking Conference*, 1992, S. 333 - 342

[Erha 91]   Erhard, B.: *Entwurf eines Kontrollsystems für Aktivitätennetze.* Diplomarbeit am
             IMMD VI der Universität Erlangen-Nürnberg, 1991

[ErSc 92]   Erdl, G.; Schönecker, H.: *Geschäftsprozessmanagement: Vorgangssteuerungs-
             systeme und integrierte Vorgangsbearbeitung.* Baden-Baden: FBO-Fachverlag,
             1992

[Eswa 76]   Eswaran, K.: *Specifications, Implementations, and Interactions of a Trigger
             Subsystem in a Relational Database System.* IBM Research Report RJ 1820, San
             Jose (CA), 1976

[FaOP 92]   Falkenberg, E.; Oei, J.; Proper, H.: A Conceptual Framework for Evolving
             Information Systems. In: Sol, H.; Crosslin, R. (eds.): *Dynamic Modelling of
             Information Systems II* (Proc. of the 2nd International Working Conference,
             Washington D.C., 1991), Amsterdam: North-Holland, 1992, S. 353 - 375

[FeFi 85]   Feldman, P.; Fitzgerald, G.: Action Modelling: A Symmetry of Data and
             Behaviour Modelling. In: Grundy, A. (ed.): *Proc. of the 4th British National
             Conference on Databases* (BNCOD 4), Cambridge University Press, 1985,
             S. 81 - 104

[Feld 90]   Feldbrugge, F.: Petri net tool overview 1989. In: Rozenberg, G. (ed.): *Advances
             in Petri Nets*, Part I., LNCS 424, Berlin: Springer-Verlag, 1990

[Forg 82]   Forgy, C.: Rete: A Fast Algorithm for the Many Pattern/Many Object Pattern
             Match Problem. *Artificial Intelligence* 19 (1982), S. 17 - 37

[Fran 91]   Frank, U.: Anwendungsnahe Standards der Datenverarbeitung: Anforderungen
             und Potentiale - Illustriert am Beispiel von ODA/ODIF und EDIFACT.
             Wirtschaftsinformatik (1991) 2, S. 100 - 111

[Frei 87]   Freisleben, B.: *Mechanismen zur Synchronisation paralleler Prozesse*. Infor-
             matik-Fachbericht 133, Berlin: Springer-Verlag, 1987

[FrPW 90]   Frauenstein, T.; Pape, U.; Wagner, O.: *Objektorientierte Sprachkonzepte und
             Diskrete Simulation*. Berlin: Springer-Verlag, 1990

[FrWa 80]   Freeman, P.; Wasserman, A.: *Tutorial on Software Design Techniques*. 3rd
             Edition, IEEE Computer Society, 1980

[GaDi 93]   Gatziu, S.; Dittrich, K.: Eine Ereignissprache für das aktive, objektorientierte
             Datenbanksystem SAMOS. In: Stucky, W.; Oberweis, A. (Hrsg.): *Datenbank-
             systeme in Büro, Technik und Wissenschaft* (GI-Fachtagung, Braunschweig),
             Informatik aktuell, Berlin: Springer-Verlag, 1993, S. 94 - 103

[GaHe 92]   Gappmaier, M.; Heinrich, L.: Computerunterstützung kooperativen Arbeitens
             (CSCW). Rubrik 'Das aktuelle Schlagwort'. *Wirtschaftsinformatik* 34 (1992) 3,
             S. 340 - 343

[GaSa 79]   Gane, C.; Sarson, T.: *Structured Systems Analysis: Tools and Techniques*.
             Englewood Cliffs (N. J.): Prentice-Hall, 1979

[GaSa 87]   Garcia-Molina, H.; Salem, K.: Sagas. In: *Proc. of the ACM SIGMOD* (San
             Francisco), 1987, S. 249 - 259

[GeHo 90]   Geihs, K.; Hollberg, U.: Retrospective on DACNOS. *Communications of the
             ACM* 33 (1990) 4, S. 439 - 448

[Geih 93]   Geihs, K.: Infrastrukturen für heterogene verteilte Systeme. *Informatik-
             Spektrum* 16 (1993), S. 11 - 23

[GeJa 92]   Gehani, N.; Jagadish, H.: Active Database Facilities in Ode. In: [Chak 92],
             S. 19 - 22

[GeJS 92]   Gehani, N.; Jagadish, H.; Shmueli O.: Event Specification in an Active Object-
             Oriented Database. In: Stonebraker, M. (ed.): *Proc. of the ACM SIGMOD* (San
             Jose, CA), 1992, S. 81 - 90

[GGKK 90]   Garcia-Molina, H.; Gawlick, D.; Klein, J.; Kleissner, K.; Salem, K.: *Coordi-
             nating Multi-Transaction Activities*. Technical Report CS-TR-247-90, Princeton
             University, 1990

[Gibb 89]   Gibbs, S.: CSCW and Software Engineering. In: Tsichritzis, D. (ed.): *Object
             Oriented Development*. Bericht der Universität Genf, 1989, S. 31 - 40

[Glin 91]   Glinz, M.: Probleme und Schwachstellen der Strukturierten Analyse. In:
             Timm, M. (Hrsg.): *Requirements Engineering '91: "Structured Analysis" und
             verwandte Ansätze* (Proc., Marburg). Informatik-Fachbericht 273, Berlin:
             Springer-Verlag, 1991, S. 14 - 39

[Gloo 89]   Gloor, P.: *Synchronisation in verteilten Systemen*. Stuttgart: B. G. Teubner, 1989

[Godb 83]   Godbersen, H.: *Funktionsnetze, Eine Modellierungskonzeption zur Entwurfs-
             und Entscheidungsunterstützung*. Birkach: Ladewig-Verlag, 1983

[Gray 79]   Gray, J.: *A Discussion of Distributed Systems*. IBM Research Report RJ 2699,
             San Jose (CA), 1979

[Grei 88]   Greif, I.: Panel Discussion: CSCW: What Does it Mean? In: *Proc. of the Conference on Computer-Supported Cooperative Work* (CSCW'88, Portland), ACM, 1988, S. 191 - 192

[GrRe 92]   Gray, J.; Reuter, A.: *Transaction Processing: Concepts and Techniques.* San Mateo (CA): Morgan Kaufmann Publishers, 1992

[GyWi 91]   Gyllstrom, P.; Wimberg, T.: STDL - A Portable Transaction Processing Language. In: [HPTS 91]

[HaKu 80]   Hammer, M.; Kunin, J.: Design Principles of an Office Specification Language. In: Medley, D. (ed.): *Proc. of the AFIPS National Computer Conference* (Anaheim, CA), 1980 S. 541 - 548

[Hall 91]   Hallmann, M.: Semantikdefinition von Anforderungsdefinitionssprachen. *Informatik Forschung und Entwicklung* 6 (1991), S. 79 - 89

[Hans 89]   Hanson, E.: An Initial Report on the Design of Ariel: A DBMS with an Integrated Production Rule System. *ACM SIGMOD RECORD* 18 (1989) 3, S. 12 - 19

[HäRa 87]   Härder, T.; Rahm, E.: Hochleistungs-Datenbanksysteme - Vergleich und Bewertung aktueller Architekturen und ihrer Implementierung. *Informationstechnik it* 29 (1987) 3, S. 127 - 140

[HäRe 83]   Härder, T.; Reuter, A.: Principles of Transaction-Oriented Recovery. *ACM Computing Surveys* 15 (1983) 4, S. 287 - 317

[HäSB 87]   Hämmäinen, H.; Sulonen, R.; Bérard, C.: PAGES: Intelligent forms, intelligent mail and distribution. In: Bracchi, G.; Tsichritzis, D. (eds.): *OFFICE Systems: Methods and Tools* (Proc. of the IFIP Working Conference, Pisa, 1986), Amsterdam: North-Holland, 1987, S. 45 - 57

[HeHo 89]   Herrtwich, R.; Hommel, G.: *Kooperation und Konkurrenz: Nebenläufige, verteilte und echtzeitabhängige Programmsysteme.* Berlin: Springer-Verlag, 1989

[Herb 92]   Herbig, W.: *Ein anwendungsorientierter Vergleich ausgewählter aktiver Datenbanksysteme.* Studienarbeit am IMMD VI der Universität Erlangen-Nürnberg, 1992

[Herz 89]   Herzog, U.: *Kommunikationssysteme I.* Vorlesungsskript am IMMD VII der Universität Erlangen-Nürnberg, 1989

[Heue 92]   Heuer, A.: *Objektorientierte Datenbanken: Konzepte, Modelle, Systeme.* Bonn: Addison-Wesley, 1992

[HHKW 77]   Hammer, M.; Howe, W.; Kruskal, V.; Wladawsky, I.: A Very High Level Programming Language for Data Processing Applications. *Communications of the ACM* 20 (1977) 11, S. 832 - 840

[HMMS 87]   Härder, T.; Meyer-Wegener, K.; Mitschang, B.; Sikeler, A.: PRIMA - a DBMS Prototype Supporting Engineering Applications. In: Stocker, M.; Kent, W. (Hrsg.): *Proc. of the 13th International Confernce on VLDB* (Brighton), 1987, S. 433 - 442

[HMSC 88]   Haskin, R.; Malachi, Y.; Sawdon, W.; Chan, G.: Recovery Management in Quicksilver. *ACM Transactions on Computer Systems* 6 (1988) 1, S. 82 - 108

[Hofm 84]   Hofmann, F.: *Betriebssysteme: Grundkonzepte und Modellvorstellungen.* Stuttgart: B. G. Teubner, 1984

[Hofm 88]   Hofmann, J.: *Aktionsorientierte Datenverarbeitung im Fertigungsbereich.* Reihe Betriebs- und Wirtschaftinformatik 27, Berlin: Springer-Verlag, 1988

[HoGa 84]   Hogg, J.; Gamvroulas, S.: An Active Mail System. In: Yormark, B. (ed.): *Proc. of the SIGMOD Annual Meeting* (Boston), SIGMOD Record 14 (1984) 2, S. 215 - 223

[HPTS 91]   *Proc. of the 4th International Workshop on High Performance Transaction Systems* (Asilomar), 1991

[HsCh 88]   Hsu, M.; Cheatham, T.: Rule Execution in CPLEX: A Persistent Objectbase. In: Dittrich, K. (ed.): *Advances in Object-Oriented Database Systems* (2nd International Workshop on Object-Oriented Database Systems, Bad Münster), LNCS 334, Berlin: Springer-Verlag, 1988, S. 150 - 155

[HsLM 88]   Hsu, M.; Ladin, R.; McCarthy, D.: An Execution Model for Active Database Management Systems. In: Beeri, C.; Schmidt, J.W.; Dayal. U. (eds.): *Proc. of the 3rd International Conference on Data and Knowledge Bases* (Jerusalem), 1988, S. 171 - 179

[Huet 80]   Huet, G.: Confluent reductions: Abstract properties and applications to term rewriting systems. *Journal of the ACM* 27 (1980) 4, S. 797 - 821

[HuKi 87]   Hull, R.; King, R.: Semantic Database Modeling: Survey, Applications, and Research Issues. *ACM Computing Surveys* 19 (1987) 3, S. 201 - 260

[Hüsi 90]   Hüsing, A.: *Entwurf eines Ausführungsmodells für kooperiende Aktivitäten.* Diplomarbeit am IMMD VI der Universität Erlangen-Nürnberg, 1990

[HüSu 89]   Hübel, C.; Sutter, B.: Aspekte der Datenbank-Anbindung in workstation-orientierten Ingenieuranwendungen. In: Paul, M. (Hrsg.): *Proc. der 19. GI-Jahrestagung* (München), Informatik-Fachbericht 222, Berlin: Springer-Verlag, 1989, S. 259 - 273

[IBM 81]   IBM (Hrsg.): *IBM/370 Communuication Oriented Message System (CORMES).* General Information Manual, IBM Form SH 12-5127-3, 1981

[IbWi 92]   Ibáñez-Espiga, M.; Williams, M.: Data Placement Strategy for a parallel Database System. In: Tjoa, A.; Ramos, I. (eds.): *Database and Expert Systems Applications - DEXA* (Proc. of the International Conference, Valencia), Wien: Springer-Verlag, S. 48 - 54

[Ingr 91a]   Ingres: *INGRES/SQL Reference Manual.* Release 6.4, Alameda (CA), 1991

[Ingr 91b]   Ingres: *INGRES/Star Users's Guide.* Release 6.4, Alameda (CA), 1991

[Jabl 90]   Jablonski, S.: *Datenverwaltung in verteilten Systemen.* Informatik-Fachbericht 233, Berlin: Springer-Verlag, 1990

[JaRR 90]   Jablonski, S.; Reinwald, B.; Ruf, T.: A case study for data management in a CIM environment. In: *Proc. of the 2nd International Conference on Computer Integrated Manufacturing* (Troy, N.Y.), 1990, S. 500 - 506

[JaRR 91]   Jablonski, S.; Reinwald, B.; Ruf, T.: Eine Fallstudie zur Datenverwaltung in
             CIM-Systemen. *Informatik Forschung und Entwicklung* 6 (1991), S. 71 - 78

[Joha 88]   Johansen, R.: *Groupware: Computer Support for Business Teams.* New York:
             The Free Press (Macmillan, Inc.), 1988

[Joha 91]   Johansen, R.: *Leading Business Teams.* Reading: Addison-Wesley, 1991

[JoSc 80]   Jones, A.; Schwarz, P.: Experience using multiprocessor systems - A status
             report. *ACM Computing Surveys* 12 (1980) 2, S. 121 - 165

[JRRW 90]   Jablonski, S.; Reinwald, B.; Ruf, T.; Wedekind, H.: Von Transaktionen zu
             Problemlösezyklen: Erweiterte Verarbeitungsmodelle für Non-Standard-Daten-
             banksysteme. In: Härder, T.; Wedekind, H.; Zimmermann, G. (Hrsg.): *Entwurf
             und Betrieb verteilter Systeme* (Proc. der Fachtagung der Sonderforschungs-
             bereiche 124 und 182, Dagstuhl), Informatik-Fachbericht 264, Berlin: Springer-
             Verlag, 1990, S. 221 - 247

[JRRW 92]   Jablonski, S.; Reinwald, B.; Ruf, T.; Wedekind, H.: Event-oriented Management
             of Functions and Data in Distributed Systems. In: Sol, H.; Crosslin, R.: *Dynamic
             Modelling of Information II* (Proc. of the 2nd International Working Conference,
             Washington D. C., 1991), Amsterdam: North-Holland, 1992, S. 167 - 189

[Kais 90]   Kaiser, G.: A Flexible Transaction Model for Software Engineering. In: *Proc. of
             the 6th International Conference on Data Engineering* (Los Angeles),
             S. 560 - 567

[Karc 92]   Karcher, H.: Marktspiegel Bürokommunikation. *COMPUTER ZEITUNG* 22
             (Okt. 1992), S. 35

[KaRS 91]   Kambayashi, Y.; Rusinkiewicz, M.; Sheth, A.: *Proc. of the 1st International
             Workshop on Interoperability in Multidatabase Systems* (IMS '91, Kyoto,
             Japan), 1991

[KaRW 90]   Karbe, B.; Ramsperger, N.; Weiss, P.: Support of Cooperative Work by Eletronic
             Circulation Folders. In: Lochovsky, F.; Allen, R. (eds.): *Proc. of the Conference
             on Office Information Systems* (Cambridge), SIGOIS Bulletin 11 (1990) 2/3,
             S. 109 - 117

[KePr 92]   Keim, D.; Prawirohardjo, E.: *Datenbankmaschinen - Performanz durch Paral-
             lelität.* Reihe Informatik Band 86, Mannheim: B. I. Wissenschaftsverlag, 1992

[Klei 91a]   Klein, Johannes: Advanced Rule Driven Transaction Management. In: *Proc. of
             the 36th IEEE Compcon*, 1991, S. 562 - 567

[Klei 91b]   Klein, P.: *Verarbeitungsmechanismen in aktiven Datenbanksystemen.* Diplom-
             arbeit am IMMD VI der Universität Erlangen-Nürnberg, 1991

[Klei 92b]   Klein, Joachim: *Datenintegrität in heterogenen Informationssystemen: Ereignis-
             orientierte Aktualisierung globaler Datenredundanzen.* Deutscher Universitäts-
             Verlag (DUV). Wiesbaden: Gabler-Verlag, 1992

[Klid 90]   Klidas, A.: *Daten- und Prozeßanalyse in der Arbeitsvorbereitung eines rechner-
             integrierten Produktionssystems.* Diplomarbeit am IMMD VI der Universität
             Erlangen-Nürnberg, 1990

[KlKu 91]   Kleinjohann, B.; Kupitz, E.: Tool Communication in an Integrated Synthesis Environment. In: *Proc. of the European Conference on Design Automation* (Amsterdam), 1991, S. 28 - 32

[Kohu 93]   Kohut, M.: *Verarbeitung komplexer Ereignisse.* Studienarbeit am IMMD VI der Universität Erlangen-Nürnberg, 1993

[Kotz 89]   Kotz, A.: *Triggermechanismen in Datenbanksystemen.* Informatik-Fachbericht 201, Berlin: Springer-Verlag, 1989

[Kraf 91]   Kraft, N.: Embedded Tool Encapsulation. In: Rammig, F.; Waxman, R. (eds.): *Electronic Design Automation Frameworks* (Proc. of the 2nd IFIP Workshop, Charlottesville, VA), Amsterdam: North-Holland, 1991, S. 9 - 20

[Krat 86]   Kratzer, K.: *Komponenten der Datenverwaltung in der Büroorganisation.* Dissertation, Arbeitsbericht 19/10 des IMMD der Universität Erlangen-Nürnberg, 1986

[Krei 83]   Kreifelts, T.: Bürovorgänge: Ein Modell für die Abwicklung kooperativer Arbeitsabläufe in einem Bürosystem. In: Wißkirchen, P.; Kreifelts, T.; Krückeberg, F.; Richter, G.; Wurch, G. (Hrsg.): *Informationstechnik und Bürosysteme.* Stuttgart: B. G. Teubner, 1983, S. 215 - 245

[Krei 84]   Kreifelts, T.: DOMINO: Ein System zur Abwicklung arbeitsteiliger Vorgänge im Büro. *Angewandte Informatik* 4 (1984), S. 137 - 146

[Krei 90]   Kreimendahl, M: *Konzeption und Implementierung eines Triggersystems.* Diplomarbeit am IMMD VI der Universität Erlangen-Nürnberg, 1990

[Krem 92]   Kremer, H.: *Rechnernetze nach OSI.* Bonn: Addison-Wesley, 1992

[KrLS 86]   Kronenberg, N.; Levy, H.; Strecker, W.: VAXclusters: A Closely-Coupled Distributed System. *ACM Transactions on Computer Systems* 4 (1986) 2, S. 130 - 146

[KrRo 91]   Krishnamurthy, B.; Rosenblum, D.: An Event-Action Model of Computer-Supported Cooperative Work: Design and Implementation. In: Gorling, K.; Sattler, C. (eds.): *Proc. of the International Workshop on CSCW* (Berlin), Berlin: iir Informatik, Informationen, Reporte (1991) 4, S. 132 - 145

[KüPE 92]   Kühn, E.; Puntigam, F.; Elmagarmid, A.: Multidatabase Transaction and Query Processing in Logic. In: [Elma 92], S. 297 - 348

[KuSö 86]   Kung, C.; Sölvberg, A.: Activitiy Modeling and Behavior Modeling. In: Olle, T.; Sol, H.; Verrijn-Stuart, A. (eds.): *Information System Design Methodologies: Improving the Practice* (IFIP), Amsterdam: North-Holland, 1986, S. 145 - 171

[KVNG 89] Kappel, G.; Vitek, J.; Nierstrasz, O.; Gibbs, S.; Junod, B.; Stadelmann, M.; Tsichritzis, D.: An Object-Based Visual Scripting Environment. In: Tsichritzis, D. (ed.): *Object Oriented Development.* Bericht der Universität Genf, 1989, S. 123 - 142

[LaJL 91]   Laing, W.; Johnson, J.; Landau, R.: Transaction Management Support in the VMS Operating System Kernel. *Digital Technical Journal* 3 (1991) 1, S. 33 - 44

[LaNe 78]   Lauer, H.; Needham, R.: On the Duality of Operating System Structures. In: *Proc. of the 2nd International Symposium on Operating Systems* (1978), Reprinted in *Operating Systems Review* 13 (1979) 2, S. 3 - 19

[Lehm 89]   Lehmke, F.: *Formale Spezifikation der Syntax und Semantik einer Sprache zur Programmierung computergestützter Bürovorgänge*. Diplomarbeit am Institut für Informatik und Praktische Mathematik der Universität Kiel, 1989

[LiSc 83]   Liskov, B.; Scheifler, R.: Guardians and Actions: Linguistic Support for Robust, Distributed Programs. *ACM Transactions on Programming Languages and Systems* 5 (1983) 3, S. 381 - 404

[LiSu 88]   Liebelt, W.; Sulzberger, M.: *Grundlagen der Ablauforganisation*. Schriftenreihe "Der Organisator", Band 9, Gießen: Verlag Dr. Götz Schmidt, 1988

[LiHo 89]   Liu, L.; Horowitz, E.: A Formal Model for Software Project Management. *IEEE Transactions on Software Engineering* 15 (1989) 10, S. 1280 - 1293

[LiZe 88]   Litwin, W.; Zeroual, A.: Advances in Multidatabase Systems. In: Speth, R. (ed.): *Research into Networks and Distributed Applications* (European Teleinformatics Conference, EUTECO '88, Wien), Amsterdam: North-Holland, 1988, S. 1137 - 1151

[LoPl 83]   Lorie, R.; Plouffe, W.: Complex Objects And Their Use in Design Transactions. In: *Database Week - Focus on Engineering Database* (San Jose, CA), 1983, S. 115 - 121

[Lore 86]   Lorenzen, P.: *Lehrbuch der konstruktiven Wissenschaftstheorie*. Mannheim: B. I. Wissenschaftsverlag, 1986

[Lore 90]   Lorenz, K.: *Einführung in die philosophische Anthropologie*. Darmstadt: Wissenschaftliche Buchgesellschaft, 1990

[LoSc 87]   Lockemann, P.; Schmidt, J. (Hrsg.): *Datenbank-Handbuch*. Berlin: Springer-Verlag, 1987

[Lott 92]   Lotter, N.: *Monitoring von Aktivitätennetzen unter X-Windows*. Studienarbeit am IMMD VI der Universität Erlangen-Nürnberg, 1992

[LuKo 91]   Lutze, R.; Kohl, A. (Hrsg.): *Wissensbasierte Systeme im Büro: Ergebnisse aus dem WISDOM-Verbundprojekt*. München: R. Oldenbourg Verlag, 1991

[Lutz 88]   Lutze, R.: Customizing Cooperative Office Procedures by Planning. In: Allen, R. (ed.): *Proc. of the Conference on Office Information Systems* (Palo Alto, CA), SIGOIS Bulletin 9 (1988) 2/3, S. 63 - 77

[MaLo 84]   Mazer, M.; Lochovsky, F.: Logical Routing Specifications in Office Information Systems. *ACM Transactions on Office Information Systems* 2 (1984) 4, S. 303 - 330

[Mano 89]   Manola, F.: *An Evaluation of Object-Oriented DBMS Developments*. Technical Report TR-0066-10-89-165, GTE Laboratories (Waltham, MA), 1989

[Marc 78]   DeMarco, T.: *Structured Design and System Specification*. Englewood Cliffs (N. J.): Prentice-Hall, 1978

[Marc 89]   Marca, D.: Specifying Coordinators: Guidelines For Groupware Developers. In: *Proc. of the 5th International Workshop on Software Specification and Design* (Pittsburgh), ACM SIGSOFT Engineering Notes 14 (1989) 3, S. 235 - 237

[Mark 90]   Markowitz, V.: Representing processes in the extended entity-relationship model. In: *Proc. of the 6th International Conference on Data Engineering* (Los Angeles), 1990, S. 103 - 110

[MaSi 58]   March, J.; Simon, H.: *Organizations*. New York: J. Wiley & Sons Inc., 1958

[Matt 89]   Mattern, F.: *Verteilte Basisalgorithmen*. Informatik-Fachbericht 226. Berlin: Springer-Verlag, 1989

[MeGr 91]   Mertens, P.; Griese, J.: *Integrierte Informationsverarbeitung - Band 2: Planungs- und Kontrollsysteme in der Industrie*. 6. Auflage, Wiesbaden: Gabler-Verlag, 1991

[MeHa 85]   Meyer, M.; Hansen, K.: *Planungsverfahren des Operations Research: für Informatiker, Ingenieure und Wirtschaftswissenschaftler*. WiSo-Kurzlehrbücher, Reihe Betriebswirtschaft, 3., überarbeitete Auflage, München: Verlag Franz Vahlen, 1985

[Mert 93]   Mertens, P.: *Integrierte Informationsverarbeitung - Band 1: Administrations- und Dispositionssysteme*. 9. Auflage, Wiesbaden: Gabler-Verlag, 1993

[MeSi 93]   Melton, J.; Simon, A.: *Understanding the new SQL - a complete guide*. San Mateo (CA): Morgan Kaufmann Publishers, 1993

[Meye 88]   Meyer-Wegener, K.: *Transaktionssysteme*. Leitfäden der Angewandten Informatik, Stuttgart: B. G. Teubner, 1988

[MGLR 87]   Malone, T.; Grant, K.; Lai, K.; Rao, R.; Rosenblitt, D.: Semi-Structured Messages are surprisingly Useful for Computer-Supported Co-ordination. *ACM Transactions on Office Information Systems* 5 (1987) 2, S. 115 - 131

[Mint 73]   Mintzberg, H.: *The Nature of Managerial Work*. New York: Harper & Row, 1973

[Mits 88]   Mitschang, B.: *Ein Molekül-Atom-Datenmodell für Non-Standard-Anwendungen*. Informatik-Fachbericht 185, Berlin: Springer-Verlag, 1988

[Mitt 84]   Mittelstraß, J.: *Enzyklopädie Philosophie und Wissenschaftstheorie*. Mannheim: Bibliographisches Institut, 1984

[MoLO 86]   Mohan, C.; Lindsay, B.; Obermarck, R.: Transaction Management in the R* Distributed Database Management System. *ACM Transactions on Database Systems* 11 (1986) 4, S. 378 - 396.

[Mong 92]   Monge, R.: *Kommunikation in verteilten, objektbasierten Systemen*. Dissertation, Arbeitsbericht 25/7 des IMMD der Universität Erlangen-Nürnberg, 1992

[Morr 78]   Morrison, J.: Data Stream Linkage Mechanism. *IBM Systems Journal* 17 (1978) 4, S. 383 - 408

[Moss 85]   Moss, J.: *Nested Transactions - An Approach to Reliable Distributed Computing*. Cambridge (MA): MIT Press, 1985

[Mull 89]   Mullender, S. (ed.): *Distributed Systems*. New York: Addison-Wesley, 1989

[MuMP 83]   Mueller, E.; Moore, J.; Popek, G.: A Nested Transaction Mechanism for LOCUS. In: *Proc. of the 9th Symposium on Operating System Principles*, 1983, S. 71 - 89

[MüSc 92]   Mühlhäuser, M.; Schill, A.: *Software Engineering für verteilte Anwendungen.* Berlin: Springer-Verlag, 1992

[Nehm 88]   Nehmer, J.: Entwurfskonzepte für verteilte Systeme - eine kritische Bestandsaufnahme. In: Valk, R. (Hrsg.): *Proc. der 18. GI-Jahrestagung* (Berlin), Informatik-Fachbereicht 187, Berlin: Springer-Verlag, 1988

[Nils 82]   Nilsson, N.: *Principles of Artificial Intelligence.* Berlin: Springer-Verlag, 1982

[Nord 34]   Nordsieck, F.: *Grundlagen der Organisationslehre.* Stuttgart: C. E. Poeschel, 1934

[NTMS 91]   Nierstrasz, O.; Tsichritzis, D.; Mey de, V.; Stadelmann, M.: Objects + Scripts = Applications. In: Tsichritzis, D. (ed.): *Object Composition.* Bericht der Universität Genf, 1991, S. 11 - 29

[Ober 90]   Oberweis, A.: *Petri-Netz-Beschreibungstechniken für Exception-Handling-Mechanismen in der Automatisierungstechnik.* Forschungsbericht 207 des Instituts für Angewandte Informatik und Formale Beschreibungsverfahren der Universität Karlsruhe, 1990

[OHMR 88]   Olle, W.; Hagelstein, J.; Mc Donald, I.; Rolland, C.; Sol, H.; Von Assche, F.; Verrijn-Stuart, A.: *Information Systems Methodologies: A Framework for Understanding.* Reading: Addison-Wesley, 1988

[Öste 81]   Österle, H.: *Entwurf betrieblicher Informationssysteme.* München: Carl Hanser Verlag, 1981

[ÖzVa 91]   Özsu, M.; Valduriez, P.: *Principles of Distributed Database Systems.* Englewood Cliffs (N. J.): Prentice-Hall, 1991

[Pagn 90]   Pagnoni, A.: *Project Engineering. Computer-Oriented Planning and Operational Decision Making.* Berlin: Springer-Verlag, 1990

[Part 90]   Partsch, H.: *Specification and Transformation of Programs: A Formal Approach to Software Development.* Berlin: Springer-Verlag, 1990

[Paus 88]   Pausch, R.: *Adding Input and Output to the Transactional Model.* Ph.D. Thesis CMU-CS-88-171, Carnegie Mellon University, Pittsburgh, 1988

[PeMa 88]   Peckham, J.; Maryanski, F.: Semantic Data Models. *ACM Computing Surveys* 20 (1988) 3, S. 153 - 189

[Pete 81]   Peterson, J.: *Petri net theory and the modelling of systems.* Englewood Cliffs (N. J.): Prentice-Hall, 1981

[Prin 89]   Prinz, W.: Survey of Group Communication Models and Systems. In: Pankoke-Babatz, U. (ed.): *Computer-Based Group Communication - The AMIGO Activity Model.* New York: Ellis Horwood, 1989, S. 128 - 181

[PuKH 88]   Pu, C.; Kaiser, G.; Hutchinson, N.: Split-Transactions for Open-Ended Activities. In: *Proc. of the 14th International Conference on VLDB* (Los Angeles), 1988

[PuLe 91]   Pu, C.; Leff, A.: Replica Control in Distributed Systems: An Asynchronous Approach. In: *Proc. of the ACM SIGMOD* (Denver), 1991, S. 377 - 386

[RaSt 92]   Rammig, F.; Steinmüller, B.: Frameworks und Entwurfsumgebungen. *Informatik-Spektrum* 15 (1992), S. 33 - 43

[Raut 91]   Rautenberg, M.: *Entwicklung eines Datenverwaltungskonzepts für die Arbeitsvorbereitung eines Fertigungsbetriebs.* Diplomarbeit am IMMD VI der Universität Erlangen-Nürnberg, 1991

[RaVe 92]   Ramackers, G.; Verrijn-Stuart, A.: First and Second Order Dynamics in Information Systems. In: Sol, H.; Van Hee, K. (eds.): *Dynamic Modelling of Information Systems I* (Proc. of the 2nd International Working Conference, Washington D.C., 1991), Amsterdam: North-Holland, 1992, S. 237 - 256

[Rein 92]   Reinwald, B.: Ablaufsteuerung in CIM-Systemen. *CIM Management* 6 (1992), S. 56 - 61

[Reis 86]   Reisig, W.: *Petrinetze - Eine Einführung.* 2. überarbeitete und erweiterte Auflage, Berlin: Springer-Verlag, 1986

[Reis 90]   Reiss, S.P.: Connecting Tools Using Message Passing in the Field Environment. *IEEE Software* (Juli 1990), S. 57 - 66

[ReRu 92]   Reinwald, B.; Ruf, T.: Implementierung von Komponenten des Ablaufkontrollsystems ActMan. In: Wedekind, H. (Hrsg.): *Datenbankunterstützung für geregelte und ungeregelte arbeitsteilige Anwendungen.* Arbeitsbericht 25/1 des IMMD der Universität Erlangen-Nürnberg, 1992, S. 43 - 76

[ReSW 92]   Reuter, A.; Schwenkreis, F.; Wächter, H.: Zuverlässige Abwicklung großer verteilter Anwendungen mit ConTracts - Architektur einer Prototypimplementierung. In: Bayer, R.; Härder, T.; Lockemann, P. (Hrsg.): *Objektbanken für Experten* (Kolloquium des DFG-Schwerpunktprogramms, Stuttgart). Berlin: Springer-Verlag, 1992, S. 197 - 219

[Reut 81]   Reuter, A.: *Fehlerbehandlung in Datenbanksystemen.* München: Carl Hanser Verlag, 1981

[Reut 86]   Reuter, A.: Mehrprozessor-Datenbanksysteme - Ein Überblick über die wichtigsten Entwurfsprobleme. In: *Tagungsbericht der NTG/GI-Fachtagung Architektur und Betrieb von Rechensystemen* (Stuttgart), NTG-Fachbericht 93, Berlin: VDE-Verlag, 1986, S. 141 - 150

[Reut 92a]   Reuter, A.: Grenzen der Parallellität. *Informatikstechnik it* 34 (1992) 1, S. 62 - 74

[Reut 92b]   Reutzel, C.: *Transaktionsgestützte Abwicklung von Abläufen in geregelten arbeitsteiligen Anwendungen.* Diplomarbeit am IMMD VI der Universität Erlangen-Nürnberg, 1992

[ReWe 92a]   Reinwald, B.; Wedekind, H.: Integrierte Aktivitäten- und Datenverwaltung zur systemgestützten Kontroll- und Datenflußsteuerung. *Informatik Forschung und Entwicklung* 7 (1992), S. 73 - 82

[ReWe 92b]   Reinwald, B.; Wedekind, H.: Automation of Control and Data Flow in Distributed Application Systems. In: Tjoa, A.; Ramos, I. (eds.): *Database and Expert Systems Applications - DEXA* (Proc. of the International Conference, Valencia), Wien: Springer-Verlag, 1992, S. 475 - 481

[ReWe 93a]   Reinwald, B.; Wedekind, H.: Transaktionen in verteilten Systemen. In: Wedekind, H. (Hrsg.): *Verteilte Systeme - Grundlagen und zukünftige Entwicklungen aus der Sicht des Sonderforschungsbereichs 182 "Multiprozessor- und Netzwerkkonfigurationen"*, Mannheim: B. I. Wissenschaftsverlag, 1993 (in Vorbereitung)

[ReWe 93b]   Reinwald, B.; Wedekind, H.: Logische Grundlagen eines Triggerentwurfs- systems. *Informationstechnik und Technische Informatik it + ti* 35 (1993) 1, S. 25 - 33

[RoSc 77]   Ross, D.; Schoman, K.: Structured Analysis for requirements definition. *IEEE Transactions on Software Engineering* 3 (1977) 1, S. 6 - 15.

[Ross 77]   Ross, D.: Structured Analysis (SA): A language for communicating ideas. *IEEE Transactions on Software Engineering* 3 (1977) 1, S. 16 - 34

[Ross 85]   Ross, D.: Applications and extensions of SADT. *IEEE Computer* 18 (1985) 4, S. 25 - 34

[Ruf 91]   Ruf, T.: *Featurebasierte Integration von CAD/CAM-Systemen.* Informatik- Fachbericht 297. Berlin: Springer-Verlag, 1991

[SaAM 91]   Sarin, S.; Abbot, K.; McCarthy, D.: A Process Model and System for Supporting Collaborative Work. In: De Jong, P. (ed.): *Proc. of the Conference on Organizational Computing Systems* (Atlanta), SIGOIS Bulletin 12 (1991) 2/3, S. 213 - 224

[Sahl 89]   Sahlender, F.: *Ein Transaktionskonzept im Rahmen einer Implementierung regelbasierter Büroprozeduren in einem Datenbank-System.* Diplomarbeit am Institut für Informatik und Praktische Mathematik der Universität Kiel, 1989

[Saka 90]   Sakai, H.: An Object Behavior Modeling Method. In: Tjoa, M.; Wagner, R. (eds.): *Database and Expert Systems Applications - DEXA* (Proc. of the International Conference). Wien: Springer-Verlag, 1990, S. 42 - 48

[Sche 90]   Scheer, A.-W.: *CIM: Der computergesteuerte Industriebetrieb.* 4. Auflage, Berlin: Springer-Verlag, 1990

[Schi 90]   Schill, A.: *IPSO: A Facility for Representation and Management of Distributed Office Procedures.* IBM Research Report RC 16249, Yorktown Heights, 1990

[Schi 92a]   Schill, A.: Remote Procedure Call: Fortgeschrittene Konzepte und Systeme - ein Überblick, Teil 1: Grundlagen, Teil 2: Erweiterte RPC-Ansätze. *Informatik- Spektrum* 15 (1992), S. 79 - 87, 15 (1992), S. 145 - 155

[Schi 92b]   Schill, A.: Das OSF Distributed Computing Environment. *Informatik-Spektrum* 15 (1992), S. 333 - 334

[Schn 87]   Schneider, H.-J.: *Algorithmische Grundlagen regelbasierter Systeme.* Vorlesungsskript am IMMD II der Universität Erlangen-Nürnberg, 1987

[ScNé 90]   Schönthaler, F.; Németh, T.: *Software-Entwicklungswerkzeuge: Methodische Grundlagen.* Stuttgart: B. G. Teubner, 1990

[ScWe 88]   Schäfer, W.; Weber, H.: *The ESF-Profile.* Forschungsbericht Nr. 242 des Fachbereichs Informatik der Universität Dortmund, 1988

[ScWe 91]   Schek, H.-J.; Weikum, G.: Erweiterbarkeit, Kooperation, Föderation von Daten-
            banksystemen. In: Appelrath, H.-J. (Hrsg.): *Datenbanksysteme in Büro, Technik
            und Wissenschaft* (Proc. der GI-Fachtagung, Kaiserslautern), Informatik-Fach-
            bericht 270, Berlin: Springer-Verlag, 1991

[Sear 82]   Searle, J.: *Ausdruck und Bedeutung*. Frankfurt: Suhrkamp, 1982

[Sher 90]   Sherpa Corp.: *Sherpa DMS: DMS Product Description*. San Jose, CA, 1990

[ShLa 90]   Sheth, A.; Larson, J.: Federated Database Systems for Managing Distributed,
            Heterogeneous, and Autonomous Databases. *ACM Computing Surveys*
            22 (1990) 3, S. 183 - 236

[ShMR 88]   Shrivastava, S.; Mancini, L.; Randell, B.: On the Duality of Fault Tolerant
            System Structures. In: Nehmer, J. (Hrsg.): *Experiences with Distributed Systems*
            (International Workshop, Kaiserslautern, 1987), LNCS 309, Berlin: Springer-
            Verlag, 1988, S. 19 - 37

[ShRu 90]   Sheth, A.; Rusinkiewicz, M.: Management of Interdependent Data: Specifying
            Dependency and Consistency Requirements. In: Cabrera, L.; Pâris, J. (eds.):
            Proc. of the IEEE Workshop on the Management of Replicated Data (Houston,
            TX), 1990, S. 133 - 136

[Sich 92]   Sichart von Sichartshofen, A.: *Modellierung des Ablaufgeschehens im Bereich
            der Arbeitsvorbereitung*. Studienarbeit am IMMD VI der Universität Erlangen-
            Nürnberg, 1992

[Smit 88]   Smith, J.: A Survey of Process Migration Mechanisms. *Operating Systems
            Review* 22 (1988) 3, S. 28 - 40

[SNI 90]   Siemens-Nixdorf: *Nixdorf A.S.E Advanced Software Environment*. Produkt-
            beschreibung, Bestell-Nr. 10799.00.4.93, 1990

[SPAM 91]   Schreier, U.; Pirahesh, H.; Agrawal, R.; Mohan, C.: Alert: an Architetecture for
            Transforming a Passive DBMS into an Active DBMS. In: *Proc. of the 17th
            International Conference on VLDB* (Barcelona), 1991, S. 469 - 478

[SpJa 93]   Spaniol, O.; Jakobs, K.: *Rechnerkommunikation: OSI-Referenzmodell, Dienste
            und Protokolle*. Düsseldorf: VDI-Verlag, 1993

[SpPB 88]   Spector, A.; Pausch, R.; Bruell, G.: Camelot: A Flexible, Distributed Transaction
            Processing System. In: *Proc. of the 33rd IEEE Compcon* (San Francisco), 1988,
            S. 432 - 437

[Stev 82]   Stevens, W.: How data flow can improve application development productivity.
            IBM Systems Journal 21 (1982) 2, S. 162 - 178

[StHP 88]   Stonebraker, M.; Hanson, E.; Potamianos, S.: The POSTGRES Rule Manager.
            IEEE Transactions on Software Engineering 14 (1988) 7, S. 897 - 907

[StHP 89]   Stonebraker, M.; Hearst, M.; Potamianos, S.: A Commentary on the POSTGRES
            Rules System. *ACM SIGMOD RECORD* 18 (1989) 3, S. 5 - 11

[Ston 85]   Stonebraker, M.: The Case for Shared Nothing. In: *Proc. of the Int. Workshop on
            High Performance Transaction Systems* (Asilomar), 1985, S. 20-1 - 20-5

[StRK 87]   Stankovic, J.; Ramamritham, K.; Kohler, W.: A Review of Current Research and Critical Issues in Distributed System Software. In: Bhargava, B. (ed.): *Concurrency Control and Reliability in Distributed Systems*. New York: Van Nostrand Reinhold Company, 1987, S. 556 - 601

[Svob 85]   Svobodova, L.: Client/Server Model of Distributed Processing. In: Heger, D.; Krüger, G.; Spaniol, O.; Zorn, W.: *Kommunikation in verteilten Systemen I* (Proc. der GI-NTG-Fachtagung, Karlsruhe), Informatik-Fachbericht 95, Berlin: Springer-Verlag, 1985, S. 485 - 498

[Syba 89]   Sybase Inc.: *Transact-SQL User's Guide*. Release 4.0, Emeryville (CA), 1989

[TAGL 90]   Tueni, M.; Alsina, J.; Graffigna, A.; Li, J.; Michelis, G.; Monguio, J.; Wiegmann, H.: *Towards a Common Activity Coordination System*. Technischer Bericht ITHACA.BULL.89.U2.#1, ESPRIT Projekt #2121-ITHACA, 1990

[Taka 91]   Takagi, A.: Multivendor Integration Architecture and its Transaction Processing. In: [HPTS 91]

[Tane 88]   Tanenbaum, A.: *Computer Networks*. Second Edition. Englewood Cliffs (N. J.): Prentice-Hall, 1988

[TaRe 85]   Tanenbaum, A.; Van Renesse, R.: Distributed Operating Systems. *ACM Computing Surveys* 17 (1985) 4, S. 419 - 470

[TeHe 77]   Teichroew, D.; Hershey, E.: PSL/PSA: A Computer-Aided Technique for Structured Documentation and Analysis of Information Processing Systems. *IEEE Transactions on Software Engineering* 3 (1977) 1, S. 41 - 48

[Thal 92]   Thaldorf, M.: *Konzeption und Implementierung eines Werkzeugs zur anwendungsneutralen Datentransformation*. Diplomarbeit am IMMD VI der Universität Erlangen-Nürnberg, 1992

[Tse 91]   Tse, T.: *A Unifying Framework for Structured Analysis and Design Models: An Approach using Initial Algebra Semantics and Category Theory*. New York: Cambridge University Press, 1991

[TuLF 88]   Tueni, M.; Li, J.; Fares, P.: AMS: A Knowledge-based Approach to Tasks Representation, Organization and Coordination. In: Allen, R. (ed.): *Proc. of the Conference on Office Information Systems* (Palo Alto, CA), SIGOIS Bulletin 9 (1988) 2&3, S. 78 - 87

[Upto 91]   Upton, F.: OSI Distributed Transaction Processing, An Overview. In: [HPTS 91]

[Ward 86]   Ward, P.: The Transformation Schema: An Extension of the Data Flow Diagram to Represent Control and Timing. *IEEE Transactions on Software Engineering* 12 (1986) 2, S. 199 ff.

[WäRe 92]   Wächter, H.; Reuter, A.: The ConTract Model. In: [Elma 92], S. 219 - 263

[Wede 88a] Wedekind, H.: Grundbegriffe Verteilter Systeme aus der Sicht der Anwendung. *Informationstechnik it* 30 (1988) 4, S. 263 - 271

[Wede 88b] Wedekind, H.: Ubiquity and Need-to-know: Two Principles of Data Distribution. *Operating Systems Review* 22 (1988), 4, S. 39 - 45

[Wede 91]   Wedekind, H.: *Datenbanksysteme I.* 3., durchgesehene Auflage, Reihe Infor-
              matik Band 16, Mannheim: B. I. Wissenschaftsverlag, 1991

[Wede 92a]   Wedekind, H.: *Objektorientierte Schemaentwicklung - ein kategorialer Ansatz
              für Datenbanken und Programmierung.* Reihe Informatik Band 85, Mannheim:
              B. I. Wissenschaftsverlag, 1992

[Wede 92b]   Wedekind, H.: Die drei Konstruktionsprinzipien für komplexe Kontrollbereiche
              (spheres of control). Rubrik "Zur Diskussion gestellt", *Informatik-Spektrum* 15
              (1992), S. 326 - 329

[WiCL 91]   Widom, J.; Cochrane, R.; Lindsay, B.: Implementing Set-Oriented Production
              Rules as an Extension to Starburst. In *Proc. of the 17th International Conference
              on VLDB* (Barcelona), 1991, S. 275 - 285

[WiFi 89]   Widom, J.; Finkelstein, S.: *A Syntax and Semantics for Set-Oriented Production
              Rules in Relational Database Systems.* Research Report RJ 6880, IBM Research
              Division, Almaden Research Center, San Jose, 1989

[WiFl 87]   Winograd, F.; Flores, F.: *Understanding computers and Cognition.* Reading
              (MA): Addison-Wesley, 1987

[Wils 88]   Wilson, P.: Key Research in Computer Supported Cooperative Work (CSCW).
              In: Speth, R. (ed.): *Research into Networks and Distributed Applications*
              (European Teleinformatics Conference, EUTECO '88, Wien), Amsterdam:
              North-Holland, 1988, S. 211 - 226

[WiQi 87]   Wiederhold, G.; Qian, X.: Modeling Asynchrony in Distributed Databases. In:
              Proc. of the 3rd IEEE International Conference on Data Engineering (Los
              Angeles), 1987, S. 246 - 250

[Woit 91]   Woitass, M.: *Koordination in strukturierten Konversationen: Ein Koordinations-
              modell für kooperierende Agenten und seine Anwendung im Bereich Computer-
              Supported Cooperative Work (CSCW).* GMD-Bericht Nr. 190, München: R.
              Oldenbourg Verlag, 1991

[WoKr 87]   Woetzel, G.; Kreifelts, T.: *Die Vorgangssprache CoPlan Version 2.*
              FB-GMD-87-34, Forschungsbericht der GMD St. Augustin, 1987

[ZeBu 90]   Zertuche, D.; Buchmann, A.: *Execution Models for Active Database Systems: A
              Comparison.* TM-0238-01-90-165, GTE Laboratories, Waltham (MA), 1990

[ZhHs 90]   Zhou, Y.; Hsu, M.: A Theory for Rule Triggering Systems. In: Bancilhon, F.;
              Thanos, C.; Tsichritzis, D. (eds.): *Advances in Database Technology - EDBT '90*
              (Proc. of the International Conference, Venedig), LNCS, 416, Berlin: Springer-
              Verlag, 1990, S. 407 - 421

[Zism 77]   Zisman, M.: *Representation, Specification, and Automation of Office Proce-
              dures.* Ph. D. Thesis, University of Pennsylvania, 1977

[Zörn 88]   Zörntlein, G.: *Flexible Fertigungssysteme: Belegung, Steuerung, Datenorgani-
              sation.* München: Carl Hanser Verlag, 1988

Stichwortverzeichnis

GPSR Compliance
The European Union's (EU) General Product Safety Regulation (GPSR) is a set
of rules that requires consumer products to be safe and our obligations to
ensure this.

If you have any concerns about our products, you can contact us on

ProductSafety@springernature.com

In case Publisher is established outside the EU, the EU authorized
representative is:

Springer Nature Customer Service Center GmbH
Europaplatz 3
69115 Heidelberg, Germany